当代城市规划著作大系

寒地城市环境的宜居性研究

冷红　著

中国建筑工业出版社

图书在版编目（CIP）数据

寒地城市环境的宜居性研究/冷红著. —北京：中国建筑工业出版社，2009
（当代城市规划著作大系）
ISBN 978-7-112-10794-0

Ⅰ.寒…　Ⅱ.冷…　Ⅲ.城市环境：居住环境-城市建设-研究-中国
Ⅳ.TU984.2

中国版本图书馆CIP数据核字（2009）第031451号

本书立足于中国的国情，系统地分析了气候特征对北方寒冷地区城市宜居性产生的影响，总结了国际的成功经验并进一步对国内外寒地城市环境的不同建设背景进行比较，提出中国寒地城市环境宜居性建设面临的困扰和机遇。在此基础上，提出寒地城市环境宜居性建设的科学理念，最后，针对寒地城市的地域特点，从城市发展政策层面、城市规划设计层面和城市建设管理的层面提出了寒地城市环境宜居性建设的对策序列。

本书可供城市规划师、建筑师、城市规划管理者以及城市规划设计理论研究人员参考。

责任编辑：徐　冉　李迪悃
责任设计：崔兰萍
责任校对：刘　钰　关　健

当代城市规划著作大系
寒地城市环境的宜居性研究
冷红　著
*
中国建筑工业出版社出版、发行（北京西郊百万庄）
各地新华书店、建筑书店经销
北京嘉泰利德公司制版
北京建筑工业印刷厂印刷
*
开本：850×1168毫米　1/16　印张：16½　字数：448千字
2009年4月第一版　2009年4月第一次印刷
定价：69.00元
ISBN 978-7-112-10794-0
(18040)

出版前言

城市化进程的加快和城市经济的高速发展，是当代中国城市两个最鲜明的特征。城市发展问题也越来越受到社会各界的重视。在当今这个快速发展的特定时期，许多城市都面临着前所未有的机遇，也都有着强劲的发展动力。如何应对这些机遇，如何实现科学规划、协调发展，无疑是摆在每一位城市规划、建设、管理工作者面前需要认真研究和探索的重大课题。

中国建筑工业出版社是建设部直属的中央一级专业科技出版社。50多年来，我社一直肩负着整理、保护、弘扬中华民族优秀的建筑文化，促进中国建筑业科技进步，宣传中国建设成就的历史使命，为我国广大建设工作者奉献了大量优秀的建筑精品图书。

近年来，在城市规划领域，我社集中出版了一大批学术著作，为总结城市规划实践经验，推介城市规划研究成果，促进城市规划学术交流，作出了重要的贡献。

为更好地服务读者，服务行业，我社通过对图书选题的细致研究和对作者的认真筛选，精心策划了这套“当代城市规划著作大系”。

之所以命名为“当代城市规划著作大系”，一方面是因为这套书的内容十分丰富，囊括了城市规划研究中的众多领域，涉及经济学、社会学、管理学等多个学科，力求用多学科、多视角的方法来指引当代城市规划实践，充分体现城市规划实践内容与研究领域不断丰富与延展的特点，实践性与综合性并重的学科特征；另一方面是因为这套书的作者涵盖面非常广，既有业界著名的专家学者，也有行业内崭露头角的中青年学者，完全反映了我社既重视知名专家学者又关注中青年学者，不拘一格遴选作者的出版方针。

在如今这个大变迁的时代，“当代城市规划著作大系”中每本著作的作者，都是在不断实践、不断探索、不断提高的基础上，怀着一种不拘泥、不盲从、不妄断、不迷信的真正的科学态度，凭借着自身不寻常的智慧、勇气和毅力，孜孜不倦，笔耕不辍，才最终完成这一部部的心血之作。寄望于这套“当代城市规划著作大系”，能够进一步丰富当代城市规划理论研究，能够更好地指引当代中国城市规划实践，能够为更多的读者所喜爱。如此，才无憾于作者漫漫长灯下的孤诣与苦心。

中国建筑工业出版社

2009年2月14日

序

城市环境的宜居性，因其关乎城市的主体功能特性和公众的基本生活质量而备受世人瞩目，它是政府决策的思虑所在，尤为老百姓所普遍关注，特别是由于它可以在日常生活中得以体验与认知,因而市民往往以此来评估城市政府乃至市长们的治城能力。当前，国内外许多城市都以提升其宜居性、建设宜居城市为战略规划目标，城市宜居性日益成为城市品牌与城市综合竞争力的核心内涵。

如何科学评价城市环境的宜居性，从哪些方面来提升城市宜居性和综合竞争力？不言而喻，其所涉及的因素是非常广泛的，既有自然的又有人工的，既有物质的又有精神的，包含政治、社会、经济、生态、科技、文化等诸多领域，因此我们必须从多视角、多层面去考量去谋划。当然，这种考量与谋划应因地制宜，因城而宜。就寒地城市（又称冬季城市、北方城市）而言，在影响其环境宜居性的各种因素之中，最具地域特征的就是城市气候。在北方，冬季长、气温低、日照少、寒风冽、冰雪多，这些都给城市环境宜居性带来许多负面影响，造成寒地城市与位于南方温暖气候区域的一些城市相比吸引力在逐渐下降的事实，甚至引发人才外流、经济发展受到影响的不良后果，因此系统的研究寒地城市环境宜居性的理论与策略是一项提升寒地城市环境质量、推动寒地城市可持续发展的重要课题。而研究寒地城市环境的宜居性就必然会将气候列为主要研究对象，寻求将不利因素转化为有利因素之道，以获取寒地城市宜居性建设的新突破和新发展。

本书作者在借鉴国内外以往研究成果的基础上，从理论到实践，从政策到规划与管理，对寒地城市环境宜居性建设问题进行了颇有成效的探索，构建了相关理论体系框架，提出了具有一定见地的理念，并针对当前我国寒地城市环境建设中存在的问题，提出了具有较强操作性的策略。尤其可喜的是作者将面向整体宜居的寒地系统观、面向四季宜居的寒地自然观、面向可持续宜居的寒地生态观和面向特色宜居的寒地地域观作为该项研究的理论基础,这是很有创新意义的理论整合与发展。本书作者还分别从城市发展政策、城市规划设计和城市建设管理等三个层面分析和建立了比较完整的对策体系，其科技含量较高，内容比较全面完整，很有现实指导意义。在附录中所列的“寒地城市环境宜居性建设的对策”体系框架一览表，可谓言简意赅，多条详细对策非常醒目，便于阅读参考。

中国在寒冷气候条件下的国土面积广阔，全国范围内的寒地城市数量众多，本书的内容对于寒地城市建设具有广泛的现实指导意义。鉴于我国在城市人居环境的规划设计理论研究领域对寒地城市的研究相对于南方温热地区城市、西南山地城市、西北黄土高原城市，其成果较少，因此本书的问世是难能可贵的，也是值得欣喜的。同时，针对寒地城市环境的宜居性进行研究将对我国整体的城市人居环境理论体系研究起到补充和推动作用。

书中所提出的理论观点和实践对策无疑会对寒地城市决策者、建设者、居住者提供许多值得借鉴和深思的问题。当然，对寒地城市来说，其气候因素既有冬季寒冷严酷的一面，又有夏季清爽凉快的一面，在夏季寒地城市又往往会成为避暑胜地，因此对气候的有利影响也不宜忽视，还有待于进一步予以强化。

郭恩章

哈尔滨工业大学建筑学院教授，博士生导师

2008 年 7 月 6 日

前　言

"诗意地栖居在大地上"。一百多年前，德国诗人荷尔德林就向世人表达了这样热切的愿望。至今，这一诗句还在不断地被今人引用来描述国人对于未来居住方式的梦想。进入21世纪，越来越多的城市居民开始关注城市环境的宜居性，宜居的城市已经成为许多城市政府大力推崇的长期建设目标之一。

地处北方中高纬度地区的寒地城市由于其特殊的地理位置和自然气候条件，提高城市环境的宜居性更是成为城市政府部门和专家学者迫切需要研究和解决的问题。中国在寒冷气候条件下的国土面积广阔，黑龙江、吉林、辽宁及内蒙古自治区的东北部地区1月平均气温在-18℃以下，这些地区内的城市都属于典型的寒地城市，而按照国外专家学者研究制定的寒地城市1月平均气温在0℃以下的标准，全国范围内的寒地城市还包括位于中西部地区的一些城市，数量将会更多。特殊的地理位置、自然环境、历史文化以及经济发展水平决定了北方寒地城市在城市环境宜居性建设方面面临着几大矛盾：

一是气候条件与城市环境宜居性建设的矛盾。寒地城市处在较为特殊的气候条件之下，冬季漫长而寒冷，每年中有两个月或更长时间的日平均最高温度在0℃以下。严寒的气候条件使得冬季城市物质环境宜居性降低，存在着诸如城市生活居住环境质量下降、环境污染、城市景观单调、城市生活不活跃、能源及物质损耗加大等方面的问题。

二是理论和对策研究与城市环境宜居性建设不相适应的矛盾。寒地城市每年都要经历漫长的冬季，寒冷的气候和频繁的降雪给寒地城市环境建设发展各方面带来诸多影响，一些普遍适用于地处气候温暖区域的城市建设的原则和方法并不适用于寒地城市。

三是经济发展与城市环境宜居性建设的矛盾。中国大多数寒地城市位于东北三省和内蒙古、新疆、宁夏、甘肃、青海、西藏等省和自治区，其中东北三省虽然属中、东部地区省份，但由于多数寒地城市多为国家传统的老工业基地，其发展刚刚经历衰退时期，对于城市建设而言，资金不足成为城市建设和发展的瓶颈。而西部省区目前尚属经济欠发达地区，经济发展的相对滞后导致一些寒地城市建设资金投入不足，影响城市建设的发展。

目前，许多寒地城市在城市环境建设方面还没有充分意识到气候等地域特征的影响，一些城市的建设尚停留在对地处气候温暖区域的城市尤其是东南沿海发达城市经验的盲目效仿上。即使有些寒地城市已经意识到气候等地域特征对城市建设的影响，但是由于中国在寒地城市环境建设领域的相关理论和对策的研究开展得还不够深入和全面，尤其缺乏从城市的角度整体上有针对性地对寒冷气候条件下城市人居环境建设的系统研究，因此在寒地城市环境宜居性建设方面难以起到有效的指导作用。

事实上，这几大矛盾反映出一定的因果关系。由于寒冷的气候条件降低了冬季城市环境宜居性，城市环境建设又缺乏相关的理论与对策指导，因而造成寒地城市与位于气候温暖区域的一些城市相比吸引力在逐渐下降，从而引发人才外流，影响经济发展的不良后果。在当前经济全球化时代，城市间的竞争日趋激烈，这种竞争已经在逐步摆脱以往的资源优势的竞争，主要表现为掌握技术和资本的人才间的竞争，而人才对于适宜居住的城市空间环境的追求也成为新一轮城市竞争中一个不可忽视的重要因素。美国所谓的“阳光地带”经济发展和我国近年来人才流动“北雁南飞”的趋势也正好说明了这一点。

因此，克服由于气候条件的不利因素带来的制约，减少寒冷气候的负面影响，使寒地城市环境更加适宜居住成为地处北方的寒地城市人居环境建设的出发点。针对寒冷气候条件下城市环境宜居性建设的理论和策略进行系统的研究，对于实现寒地城市人工环境和自然环境的和谐，提高寒地城市生活质量，具有广泛的现实意义。

从长远的发展来看，随着人类社会生态意识的增强和对可持续发展科学理解的逐步深入，城市现代化发展模式正从重视人对自然改造的“以人为本”向重视自然与人为环境达到生态平衡的“以环境为中心”逐步过渡和转变，人类与其生存其中的自然环境和谐共生，已成为走向现代化生态文明的重要表现。走生态化的道路，建设寒地生态城市是未来寒地城市人居环境实现可持续发展的必经之路。针对寒冷气候条件下城市环境宜居性建设的理论与策略进行系统的研究，探索基于整体和环境优先的寒地城市环境建设和发展模式，是一项以改善寒地城市生存环境质量、建设符合可持续发展的宜居寒地城市人居环境为目的的应用性理论研究，具有重要的理论意义。

当前，中国人居环境的研究总体呈现出研究基于不同类型的人居环境的趋势，包括按照地形、地貌、自然气候、特定地理区域等条件进行的人居环境研究，比如：重庆大学关于山地人居环境和三峡库区人居环境的研究；西安建筑科技大学关于西北地区人居环境和黄土高原绿色住区的研究；同济大学关于山地建筑及人居环境的研究；华南理工大学对于岭南建筑和人居环境的研究；浙江大学对于长江三角洲地区人居环境的研究；东南大学对于沿长江及运河流域人居环境的研究；清华大学针对长江三角洲、京津冀等经济发达地区人居环境的研究等，以寒地城市环境的宜居性为例进行研究将对我国整体的城市人居环境理论体系研究起到良好的补充和推动作用。

目 录

第 1 章

绪论

1.1 寒地城市环境释义

1.1.1 寒地城市释义

什么类型的城市是寒地城市？对于寒地城市虽然从不同角度有无数的定义，比如从季节温度、日照时间、降水形式、购买冬装的季节性商业活动和滑雪季节的长短等，但是直到今天，尚无官方正式的定义。在欧美国家，这类城市被称为“冬季城市”，英文的Winter City和法文的Ville d’ Hiver都是这种含义，也有人称其为“北方城市”（Northern City）。当然，所谓的“极地城市”（Nordic City）也属于寒地城市这一范畴。在日本，这类城市则被称为“北方城市”。而在中国，多年来从事这一领域研究的专家学者多习惯于称这类城市为“寒地城市”。笔者认为，在词汇的使用方面，由于中文的“寒地城市”较为贴切地反映了这一类型城市的地域特征与气候特征，且利于区别于其他类型的城市，因此书将沿用“寒地城市”这一说法。

实际上，寒地城市是根据城市所在地域的冬季气候特征所定义的一个比较笼统的概念，指因为冬季漫长、气候严酷而给城市生活带来不利影响的城市。①

首先，我们要了解什么是冬季？从天文学角度，冬季是从冬至（12月22日）到春分（3月21日）之间的一段时期。从气候学的角度，冬季是一年中的一个季节，包括12月、1月和2月三个月。当然，国外也有以平均气候条件适合于滑雪一类的冬季户外休闲活动的时间来对冬季进行定义的。

多数人习惯于认为地处北方的城市冬季较为寒冷，但是多“北”才算北方，才是我们所说的寒地城市？在地理学研究中，人们按地球纬度不同划分气候带，60°以上地区为寒带，40°～60°之间为温带。一般来讲，位于寒带的城市都应属于寒地城市，而位于温带的城市则并不一定属于寒地城市。事实上，地理纬度虽然是影响城市气候的一个重要因素，但却并非唯一的因素，城市的具体气候特征还受到海陆形态、湾流等因素的巨大影响。即使位于同一纬度，气候类型截然不同的城市也有很多。

中国由于地处欧亚大陆东南部，冬季常常受到来自于西伯利亚的寒冷空气的影响，因此与位于世界同纬度的其他国家相比，冬季气温要低得多。举例来说，中国北方名城哈尔滨与法国首都巴黎几乎位于同一纬度，即北纬45°左右，但其气候差距却十分显著。根据资料显示，巴黎1月份平均气温为3.4℃，而哈尔滨1月份平均气温却在-20℃左右。这是因为虽然位于同一纬度，但巴黎位于欧洲大陆，属于温带海洋性气候，冬温夏凉，而哈尔滨则位于东北亚地区，属于温带大陆性季风气候，四季分明，冬季受强劲的西伯利亚季风的影响，寒冷干燥，气温较低，属于典型的寒地城市。类似的例子还有很多，丹麦首都哥本哈根和英国北方名城格拉斯哥所处的纬度同加拿大的埃德蒙顿及俄罗斯的莫斯科相同，在北纬53°～56°之间，但很明显埃德蒙顿和莫斯科处于世界上冬季最冷的城市行列。加拿大的多伦多与位于欧洲蓝色海岸的尼斯和蒙特卡罗冬季气温差异很

① 刘德明.寒地城市公共环境设计.哈尔滨建筑大学博士论文，1998:3.

大，但它们也位于同一地理纬度北纬 43° 附近。可见，单纯地使用地理纬度并不能作为界定寒地城市的标准。

早在 1980 年出版的《寒地城市读本》一书中提到的一种说法是："寒地城市是一月份平均气温为 0℃或者更低的城市。"①

在此基础上，1986 年在加拿大埃德蒙顿举办的国际寒地城市论坛上，与会的专家学者进一步解释："寒地城市是 1 月份平均气温为 0℃或者更低，并位于高于纬度 45° 地区的城市。"加拿大著名寒地城市研究学者、滑铁卢大学城市与区域规划学院教授、寒地城市协会创始人之一的 N · 普莱斯曼（Normen Pressmen）②认为，绝大多数寒地城市位于北纬 45° 以及以北的地区，除了伊朗、阿富汗、中国部分城市和一些山区，而科罗拉多州的丹佛以及其他一些美国城市虽然位于北纬 45° 以南，但其气候特征也属于寒地城市。他认为，对于寒地城市，国际上大多数专家学者较为认可的是这类城市位于一年中较长一段时间气温低于摄氏 0℃、地面覆盖积雪、水冻成冰的地区。但是在以往的定义中，在 1 月份平均气温为 0℃或更低些的情况下，冰雪现象并不一定能出现，道理很简单，夜间温度低于 0℃，可能产生冰雪现象，但白天温度高于 0℃，任何夜间产生的冰雪都可能融化，这样平均气温可能是 0℃，但与冬季城市紧密相关的冰雪现象却没有持续存在。在这种情况下，这样的定义是不全面的。基于以上的讨论，N · 普莱斯曼认为冬季城市应该是在一年中两个月甚至更长时间里白天最高气温为 0℃的城市。

关于寒地城市的含义，哈尔滨工业大学刘德明博士认为，一年中日平均气温在 0℃以下的时间连续为三个月以上可作为寒地城市的标准。他认为，中国的寒地区域占国土面积的一半以上，包括黑龙江、辽宁、吉林、北京、内蒙古、新疆、甘肃、宁夏、青海、西藏等十几个省区和直辖市，总人口约 2 亿。③

实际上，无论是国外学者对于寒地城市是一年中两个月甚至更长时间里白天最高气温为 0℃的城市的定义，还是国内学者认为寒地城市是一年中日平均气温在 0℃以下的时间连续为三个月以上的城市，这两种界定方式都反映出地处寒冷地区城市的共同特征，只是分别从日最高气温和日平均气温不同气候指标的角度出发而已。

在 2004 年 2 月第 11 届世界寒地城市市长会议上，出于吸收会员、扩大寒地城市影响的需要，与会代表重新修订了《寒地城市宪章》，在宪章中寒地城市被定义为：每年积雪厚度至少为 20cm 的城市，或者每年至少一个月平均气温低于 0℃的城市。

综合以上种种对于寒地城市定义的方法，笔者认为，虽然第 11 届世界寒地城市市长会议新修订的寒地城市宪章对于寒地城市的定义进行了重新诠释，但是如果根据这一定义，寒地城市的范围在世界上将被扩大很多。对于中国而言，中国黄河以北的大部分城市都将属于这一概念范畴内的寒地城市，而这些城市在气候条件和城市建设方面还是存在着较大的地域差别，其中许多城市的寒地特征并不十分明显。

① William C. Rogers, Jeanne K.Hanson. The Winter City Book. Edina, Minnesota: Dorn Books, 1980:21.

② 诺曼 · 普莱斯曼，加拿大滑铁卢大学城市与区域和规划学院教授，国际寒地城市协会的创始人之一，作为国际寒地城市运动的领军人物，曾经横跨北极极地周围的国家从事大量的研究。

③ 刘德明 . 寒地城市公共环境设计 . 哈尔滨建筑大学博士论文，1998:3.

根据中国寒地城市气候的特点，笔者认为，将寒地城市定义为一年中日平均气温在0℃以下的时间连续为三个月以上的城市是较为适宜的，能够真实地反映寒地城市的低温、冰雪、冬季持续时间长等特点。在此基础上，按照中国《建筑气候区划标准》(GB 50178—93)[①]，Ⅰ区的大部分城市、Ⅱ区、Ⅵ区及Ⅶ区的部分城市属于寒地城市的研究范畴。按照《民用建筑热工设计规范》(GB 50176—93)[②]，严寒地区的所有城市和寒冷地区的部分城市属于寒地城市的研究范畴。研究寒地城市环境的宜居性，主要是针对中国北方地区的气候环境特点，重点研究以东北地区为代表的寒地城市环境宜居性的理论和策略框架。

1.1.2 城市环境释义

关于城市环境（Urban Environment）的解释有很多。例如：城市环境是人类利用、改造自然的产物，包括原生环境以及在此基础上经过加工改造的人工环境。[③]城市环境指影响城市人类活动的各种自然的或人工的外部条件。[④]城市环境是人类有计划、有目的地利用和改造自然环境中创造出来的高度人工化的生存环境，是典型的受自然—经济—社会因素共同作用的地域综合体。

从城市环境的组成要素来看，有学者将城市环境分为自然环境和社会环境，并根据与城市中某一地域相联系的人类主要活动方式将城市社会环境进一步划分为居住环境、交通环境、工业环境、商业环境、文教环境、旅游娱乐环境等子环境部分。[⑤]也有学者认为城市环境的组成可分狭义和广义两种，狭义的城市环境主要指物理环境（或称为物质环境），包括自然环境及人工环境。广义的城市环境除了物理环境外还包括社会环境、经济环境以及美学环境。[⑥]此外，还有一种公众普遍认可的分类方法，是将城市环境简单地分为物质环境和精神环境。

笔者针对寒地城市环境的宜居性进行研究，主要研究的是寒地城市物质环境，由于城市物质环境的建设与社会环境和经济环境密切相关，并且受到自然、社会、经济、文化等多方面因素的影响和作用，因此研究中也会涉及其他环境因素方面的分析。

1.2 国内外文献综述

研究寒地城市环境的宜居性，主要是为寒地城市未来人居环境的可持续建设发展提供理论和对策支持。目前，国内外各种论著中，关于气候影响设计等方面研究的论著相

---

① 《建筑气候区划标准》(GB 50178—93)，将中国分为Ⅰ～Ⅶ共7个建筑气候分区，可分别简称为东北严寒区、华北寒冷区、华中夏热冬冷区、华南炎热区、云贵温和区、青藏高寒区、西北干寒区（详见附录1）。

② 《民用建筑热工设计规范》(GB 50176—93)从建筑热工设计的角度将全国划分为5个区，其中对于各区分区指标、气候特征的描述以及对建筑的基本要求进行规定（详见附录2）。

③ 林亚真，董黎明，周一星．城市环境与规划．北京：中国建筑工业出版社，1981: 11-12.

④ 沈清基．城市生态与城市环境．上海：同济大学出版社，1988: 228.

⑤ 刘耀林，刘艳芳，梁勤欧．城市环境分析．武汉：武汉测绘科技大学出版社，1999: 2-3.

⑥ 沈清基．城市生态与城市环境．上海：同济大学出版社，1988: 228.

对来讲数量较多，关于寒地城市研究的论著为数不多，从城市整体的角度出发，将寒地城市环境与宜居性结合在一起的论著笔者尚未发现。

1.2.1 关于寒地城市

在寒冷地域条件下的建筑设计研究领域，早期比较有代表性的是TEAM10重要成员之一，英国建筑师拉尔夫 · 厄斯金（Ralph Erskine）。20世纪60年代，他于《建筑设计》、《居住》、《今日建筑》、《极地实录》等杂志上先后发表了"北极的建筑"（Buildings in the Arctic）、"瑞典亚极地地区城镇规划"（Town Planning in the Swedish Subarctic）、"北方地区的建设"（Construire dans le Nord）、"北方的建筑与城市规划"（Architecture and Urban Planning in the North）等文章，论述了地处北极圈附近地区的城镇建设与建筑设计的原则，以及结合极地地域特点进行建设的重要性。之后的20世纪70年代，也有一些针对极地地区气候与建筑的文章出现，但并未产生较大的影响。

20世纪80～90年代中期，随着国际寒地城市运动①的发展，许多关于寒地城市的重要论著相继出版。其中由国际寒地城市协会②组织出版了一系列国际北方寒地城市会议论文集，包括《重塑寒地城市——概念、战略和趋势》（Reshaping Winter Cities——Concepts, Strategies and Trends）、《在寒冷气候条件下进行规划——对加拿大住区形式和政策的批判性回顾》（Planning in Cold Climate——A Critical Overview of Canadian Settlement Patterns and Politics）、《寒地城市的未来》（The Future of Winter Cities）、《为冬季设计城市》（Cities Designed for Winter）等，论文集集中了北方寒地城市会议中加拿大、北欧、俄罗斯、美国、日本等国家和地区的一些专家学者对于寒地城市空间环境如何适应气候的研究成果，涉及寒地城市设计策略、寒地城市交通及景观规划等方面的问题，这些成果对世界范围寒地城市的发展起到了极大的推动作用。在专著方面，N · 普莱斯曼的《北方城市景观：连接气候与设计》（Northern Cityscape：Linking Design to Climate）对寒地城市研究产生了深远的影响。该书分析了冬季气候和寒地城市的特点，提出运用城市设计手段解决寒地城市环境问题，他号召规划师、设计师、建设者和政府共同行动，在总体规划和地方区划中加入相应的城市设计内容。书中还对加拿大部分寒地城镇的发展进行了实例研究，并且提出了气候响应的城市设计导引。

在国内寒地城市的研究领域，刘德明的《寒地公共空间环境设计》是有关寒地城市

① 20世纪80年代以来，在北美、北欧、东亚等严寒地域范围内兴起国际寒地城市运动，其目的是推动世界上地处北方高纬度严寒地区城市的发展。国际寒地城市运动兴起和发展最重要的标志是寒地城市协会的建立和北方城市市长会议的定期举办。

② 1983年，在加拿大多伦多的记者杰克 · 若伊勒（Jack Royle）的倡导下，由加拿大滑铁卢大学城市与区域规划系教授诺曼 · 普莱斯曼以及多伦多地区规划局城市规划与城市设计师西尼娅 · 扎比克（Xenia Zepic）女士等一些热心寒地城市研究的人士共同创建了寒地城市协会（Winter Cities Association，简称WCA），该协会1984年正式注册。协会的成员包括不同规模的城市、经济发展和旅游组织、区域性组织、大学以及不同行业的专家包括建筑师、规划师、工程师、科技工作者及商业人士等。寒地城市协会（WCA）的成立标志着寒地城市运动的兴起。此后，该协会一直走在寒地城市运动的最前列，为提高北方城市的宜居性做了大量的工作。协会发起每两年一次的寒地城市会议，成员们还可通过每季度的协会通信掌握信息并了解最新的发展动向。协会通信后来演变为季刊杂志《寒地城市》，及时地为会员单位的研究工作提供了科学的导向及大量的信息。

设计一篇重要的博士论文，文中提出寒地城市设计中的公共环境问题，探讨了中国寒地公共环境设计的特殊性，还就微气候、出行安全、景观设计以及冬季特色文化四个方面探讨了寒地城市室外公共空间环境质量提高的目标和对策，并且提出了开拓中国寒地城市公共空间新领域的对策。俞滨洋博士的《资源、边境、寒地城市发展战略规划初探》则从社会经济的角度出发研究寒地资源型和边境型城市发展的理论和对策。

谢华的硕士论文《寒冷地区多层住宅庭院环境的设计原则与方法》、彭伟璇的硕士论文《寒地城市居住小区外环境设计》、刘卓文的硕士论文《北方寒地城市居住风环境设计》、井力的硕士论文《北方寒地城市居住外环境气候设计》、戴世智的《寒地城市居住区更新的外环境设计对策》、郭宁的《寒地城市多层住宅空间绿地空间环境设计研究》等都以中国北方寒地城市居住小区为研究对象，从不同角度研究了严寒气候条件下居住外环境规划设计方法与对策。欧阳红玉的《寒地城市景观设计问题研究》和聂庆娟的《寒地城市老年人户外休闲空间的研究》对寒地城市景观和部分休闲空间设计作出了一定的探讨。袁青的《寒地村镇居住建筑用地的规划建设》则以北方寒地村镇为研究对象，探讨了居住建筑用地规划设计理论和方法。

1.2.2 关于气候设计

寒地城市的一个重要特征是其冬季寒冷漫长的气候特点，因此对寒地城市的研究也离不开对气候因素的分析。在气候影响设计的研究方面，多年来人们一直在进行着不懈的研究。1963 年，美国普林斯顿大学 V · 奥戈亚（V. Olgyay）发表了经典论著《设计结合气候：建筑地方主义的生物气候研究》（Design with climate:Bioclimate Approach to Architectural Regionalism），概括了 20 世纪初至 1960 年代建筑设计与气候、地域关系研究的各种成果，提出“生物气候地方主义”的设计理论，强调设计的出发点是人体生物舒适要求以及特定设计地段的气候条件，建筑设计应适应气候。

V · 马特斯（Vladimir Matus）的《针对北方气候的设计：寒冷气候下的规划和环境设计》（Design for Northern Climates: Cold-Climate Planning and Environmental Design），是一部论述北方气候条件下建筑设计和城市规划措施的著作，他的措施是基于太阳能是热量最大的自然来源，城市和私人家庭可以更有效地利用太阳能。全书包括四个部分内容：①庇护所，包括能源和自然系统以及气候对人的影响作用两个部分；②邻里，包括环境作用和土地形式的关系以及对一个低密度住宅区的实例研究；③城市，包括城市气候的成因、街道和公共空间的气候感应城市设计导引等；④设计工具，包括阴影计算和获得太阳能的一些原理等。

J · 勒斯蒂布莱克的《寒冷气候的建设者指南：详细的设计和建造》（Builder's Guide to Cold Climates: Details for Design and Construction）和 T · 叙利文（Timothy Sullivan）等人的《北方舒适：寒冷气候条件下先进的住宅建设技术》（Northern Comfort：Advanced Cold Climate Home Building Techniques）、《为雪而设计：寒冷气候建筑》（Designing for Snow: Cold Climate Architecture）都从建筑设计和技术的角度提供给在冷气候条件下的建设者们如何在寒冷气候条件下有效地节约能源和资源的建设技术，包括室内设计、管道工程、供暖、隔热等各个方面。

R·海德（R.Hyde）和P·伍德（P.Woods）的《气候响应设计：关于温和和湿热气候下建筑的研究》（Climate Responsable Design：A Study of Buildings in Moderate and Hot Humid Climates）在理论阐述和实例分析的基础上，提供在温和和湿热气候下建筑气候设计方面的导引。C·萨尔萌（C.Salmon）的《热带地域建筑设计》（Architectural Design for Tropical Regions）、E·M·麦克斯韦尔（E.M.Maxwell）的《干湿气候区的热带建筑》（Tropical Architecture in the Dry and Humid Zones）以及M·R·埃曼纽的《一种气候感应设计的城市方法：热带地区策略》（An Urban Approach to Climate Sensitive Design:Strategies for Tropics）同样将研究重点放在热带和亚热带气候条件下的建筑设计方法上。

美国建筑师学会（AIA，American Institute of Architects）1993年出版的《能源设计手册》（The Energy Design Handbook）是一部关于节能方面的权威性著作，手册建议设计师在方案阶段应反映建筑和气候的关系，使建筑物在冬天获得能量，在夏天则能遮挡阳光，并且尽量获得天然采光。

近些年来，一些关于气候设计的新作问世，如B·吉沃尼（Baruch Givoni）的《建筑与城市设计中的气候因素考虑》（Climate Considerations in Building and Urban Design）。作者以深入的视角分析和研究不同气候条件对人、建筑和社区的影响。全文分三部分：首先，建筑气候学部分分析了包括人的热舒适和建筑与结构设计因素对其的影响；其次，城市气候学部分探索气候条件如温度、风速和湿度等在建筑密集地区不同于周围区域的方式，进一步探索城市设计元素对城市户外气候的影响；最后，针对不同地域气候特点提出建筑与城市设计导引。该书已成为当前建筑和城市气候学领域可供使用的最全面、最新的论著。

国内的专家学者对于气候与建筑设计关系的探讨也较为关注。1959年北京第一工业建筑设计院编写了《热带副热带地区的建筑与气候》，可惜此后同类研究并不是很多，直到1990年代开始，人们又开始关注这一研究领域，一批有影响的论著不断涌现，如中国学者林其标的《亚热带建筑：气候·环境·建筑》、重庆建筑大学马银龙的博士论文《干旱地区建筑及其天然光环境设计综合研究》、华南理工大学汤国华的博士论文《岭南传统建筑适应湿热气候的经验和理论》、清华大学王鹏的博士论文《建筑适应气候：兼论乡土建筑及其气候策略》、东南大学吕爱民的博士论文《应变建筑：大陆性气候的生态策略》、西安建筑科技大学杨柳的博士论文《建筑气候分析与设计策略研究》等都是较为有影响的论著，分别从不同角度研究和分析了建筑气候设计的理论和方法。

虽然这些文献中很大一部分并没有直接研究寒地城市和建筑，但是其中的一些理论也可以被借鉴并运用于寒冷气候条件下。

综上所述，在国内外关于寒地城市研究的文献中，就国外而言，虽然随着国际寒地城市运动的兴起出现了一批相关的研究论文，但数量并不很多。就国内而言，除了关于寒地建筑设计的文献以外，大多数文献只涉及居住区、公共空间等少量物质环境设计层面的研究。关于气候和地域特点影响设计的大多数论著都针对建筑单体设计，而且多是针对温暖和炎热气候区的，针对城市规划与设计的研究则很少，并且由于受地域的限制，着眼于寒冷气候条件下城市研究的论著就更少了。

1.3 相关领域的研究进展

国外关于寒地城市的研究主要始于1980年代初期，主要是伴随着国际寒地城市运动的兴起，由加拿大、美国、北欧和日本的一些大学和研究机构的学者倡导而开展的。研究主要集中于寒地城市公共环境规划设计和建设如何适应寒冷的气候条件方面，并且研究多针对发达国家寒地城市。

中国的寒地城市研究始于1990年代初期，几乎比发达国家的研究落后了十年，研究主要由中国东北的一些专家学者相继开展，其中主要以哈尔滨工业大学（原哈尔滨建筑大学）建筑学院的研究团体对严寒气候条件下城市设计的研究较为突出，主要以严寒地区城市居住区外环境以及公共环境设计作为研究对象。东北林业大学的学者开展了一些关于寒地城市绿化和景观设计方面的研究。此外，与寒地城市相关的一些研究在东北地区各省市的规划设计机构和沈阳建筑大学、西安建筑科技大学等高等院校也有所开展。

综观以往国内外在寒地城市相关领域的研究，除了涉及居住区、公共环境等少量物质环境设计层面的研究以外，结合宏观、中观和微观的层面对寒地城市环境的宜居性进行整体研究的工作，尤其是针对像中国这样经济欠发达国家寒地城市环境的研究工作还有待开展。

1.4 研究方法和研究内容

1.4.1 研究方法

1.4.1.1 比较的方法

比较的方法是人们认识客观事物之间的差异和联系的基本方法，没有比较就不能把握某一事物特殊的本质。比较包括求同比较与求异比较、纵向比较和横向比较、宏观比较与微观比较、直接比较和间接比较、分析比较和综合比较等。近年来，比较方法因在处理信息、把握对象、指导实践等方面具有特殊作用逐渐为人们所重视。笔者将这些比较方法运用于理论研究中，在收集大量国内外寒地城市环境规划和建设的文献资料和实际案例的基础上，对国内外寒地城市环境建设实践经验以及建设背景加以比较，以此作为研究中国寒地城市环境发展策略的现实依据。

1.4.1.2 实地调研方法

调查研究能够准确、及时、系统的认识客观事物，揭示其运动的内在规律性，并且通过对事物及其规律性的认识和掌握，寻求正确的工作对策和适当的工作方法。因此，研究中国寒地城市环境的宜居性，必须准确和实事求是地对寒地城市环境存在的问题进行实地调研，在获得大量一手材料的基础上加以研究和分析。

1.4.1.3 案例分析方法

案例分析是科学研究最常用也是最有效的方法，本书通过对国内外大量寒地城市规划和建设实例的剖析和研究，进一步在理论方面加以提升，并总结出相应的行动对策。

1.4.1.4 综合分析方法

分析从根本上说就是一个从现象一层层地向本质深入的过程。综合分析方法是主体全面、完整地认识客体各种关系，从而真实地把握客体的哲学方法。建立在矛盾分析方法和系统分析方法基础之上全方位的分析方法，能使主体更加接近、更加真实地掌握客体。[①]

寒地城市是复杂的城市生态系统，该系统的可持续建设和发展受到各种因素的推动和制约，本书广泛借鉴城市气候学、城市生态学、地区建筑学、城市学、社会学、工程学和环境心理学等多学科的研究成果，以多学科融贯、综合的方法，对影响寒地生态城市环境宜居性的主要因素进行深入的分析和研究。

1.4.2 研究内容与框架

本书首先分析寒冷气候特点对与城市环境宜居性建设产生的影响，提出以面向整体宜居的寒地系统观，面向四季宜居的寒地自然观，面向可持续宜居的寒地生态观，面向特色宜居的寒地地域观作为研究的理论基础。在此基础上，借鉴国外高纬度寒冷地区宜居城市环境建设实践经验，分析国内外寒地城市环境建设不同背景，并且提出中国寒地城市环境宜居性建设面临的现实困扰和发展机遇，最后分别从城市建设发展政策、城市规划设计和城市建设管理三个大的层面有针对性地提出中国寒地城市环境宜居性建设的理论和策略框架。

本书的具体研究内容与框架如图 1–1 所示。

① 金京振．哲学方法概论．北京：民族出版社，1998:127.

寒地城市环境宜居性建设理论与策略研究
基础研究
寒地城市气候特征与城市环境宜居性
城市建成环境
城市物质损耗
居民自身
社会经济发展
寒地城市环境宜居性研究的理论基础
寒地系统观
寒地自然观
寒地生态观
寒地地域观
分析比较
国外寒地城市环境宜居性建设经验
寒地城市宜居性建设理论研究
寒地城市环境宜居性建设实践
国际寒地城市运动回顾
国外寒地城市环境建设经验与存在问题
寒地城市环境宜居性建设背景与现状的比较分析
自然地理概况
人口状况
经济发展背景
城市建设状况
我国寒地城市环境宜居性建设面临的困扰和机遇
我国寒地城市环境宜居性建设目标与原则
现实困扰
发展机遇
建设目标
建设原则
对策
寒地城市政策层面的相应理论与对策
控制适宜的生态容量
发展高效的公共交通
弘扬城市文化
提升经济活力
研发与应用生态适宜技术
寒地城市规划设计层面的相应理论与对策
形态和布局
生态绿化
城市景观
建筑群体布局
城市公共空间
环境设施与小品
寒地城市管理层面的相应理论与对策
健全规划设计管理控制体系
完善城市建设管理的地方性规定
拓宽城市建设资金渠道
维护社会公平

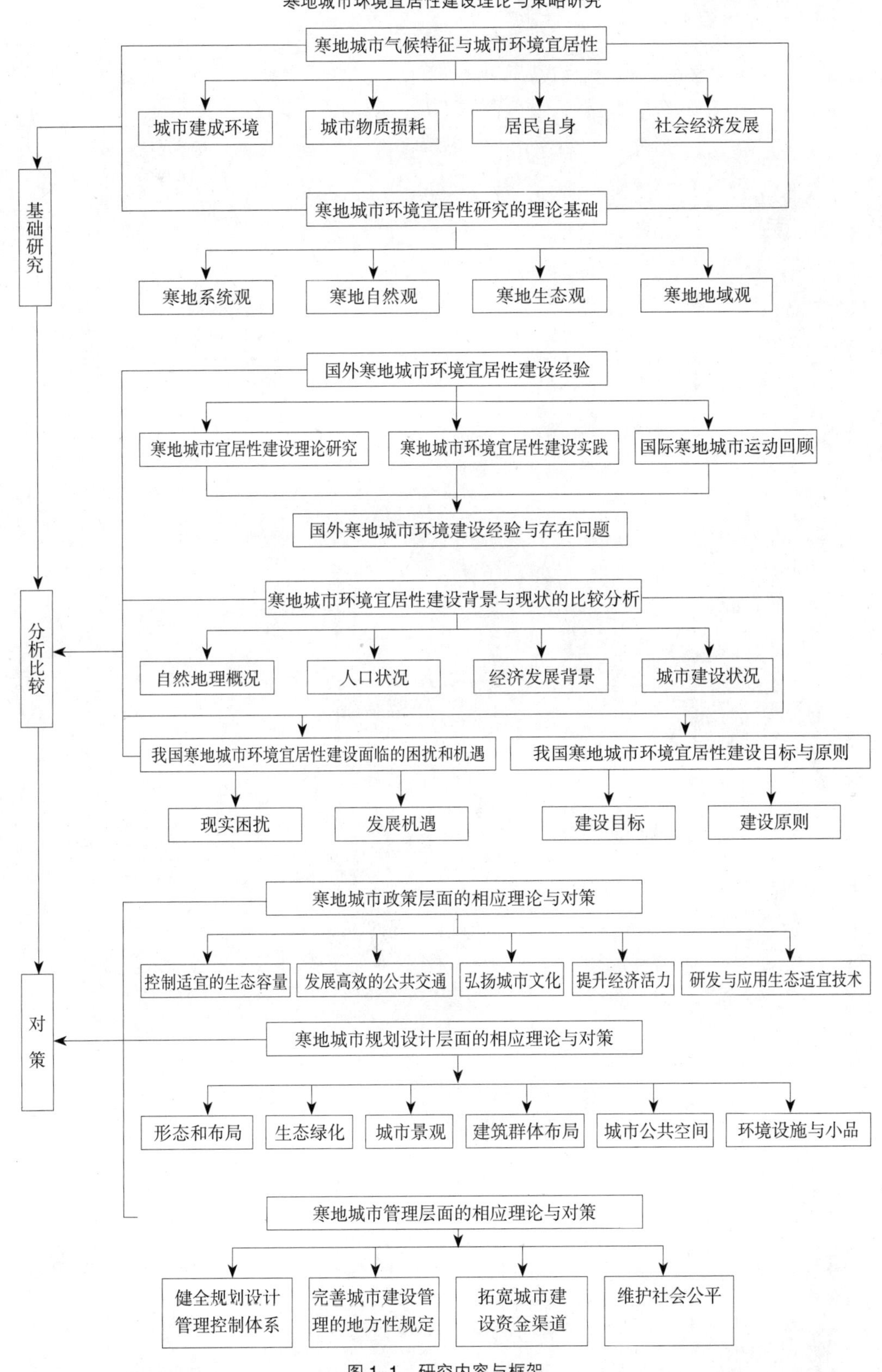

图 1-1 研究内容与框架

第2章

寒地城市气候特征与城市环境宜居性

2.1 气候与寒地城市环境宜居性

2.1.1 宜居性和宜居城市

亚里士多德认为，人们为了活着聚集于城市，为了活得更好居留于城市，表明城市是人类一种最主要的居住形态和生存空间。《雅典宪章》和《马丘比丘宪章》也都强调要争取获得城市生活的基本质量以及人与自然环境的协调发展，使城市成为一个适宜居住的生存空间。可见，城市是否适宜人类居住一直是一个十分值得研究和探讨的问题。目前，"宜居城市"已成为世界各国政府普遍关注的问题，并且被纳入城市规划与建设的目标之中。

何谓"宜居"，简单地从字面来讲就是适宜居住，人们常用的另一个词汇——"适居"表达的也是这个意思。西方国家用英文单词"Livable"来表示适宜居住的意思，"Livable City"和"Livable Community"即所谓的宜居城市和宜居社区。"Livability"则指的是适宜居住的特性，即所谓的"宜居性"，也可称为"适居性"。城市人居环境的宜居性在很大程度上是指居民对生活方式、设施的舒适度和满意度的反映。目前，国外对于"宜居"和"适居"使用的是同一英文单词——"Livable"，相应的"宜居性"和"适居性"则为"Livability"，而国内的相关专业期刊和媒体，则使用"适居"和"宜居"说法的都有。论文为统一起见，将选用"宜居"的表达方式，但在引用一些专业文章内容时，有些文章内使用了"适居"的说法，为了尊重作者和出版单位，笔者将保留文章的原有表达方式。

"宜居城市"是在工业化、城市化进程中，人口集聚、城市污染、交通拥挤等问题日益加剧的背景下提出来的。1975年，美国中西部研究院曾发表由美国环境保护机构委托进行的生活质量研究报告，报告在环境因素基础上对243个美国城市进行宜居性的分级，将波特兰定为美国最适宜居住的城市。同年，美国国家艺术基金会开展名为"宜居城市"的大型计划。"宜居城市"计划就"宜居性"邀请公众参与讨论，每个社区可以根据自己的特殊需求制定宜居性的目标。

美国的宜居社区合作者组织认为，宜居的城市应该拥有有生命力的经济，能够为居民提供工作机会以谋生。城市居民可以方便而且自由地移动。城市的环境是有益健康和清洁的。邻里内部的小型社区能够提供归属感，社区内的家庭和个人认识并彼此关心；能够提供基本的服务设施，包括好的学校、保健机构、紧急事件帮助以及垃圾收集等。即使对于最低收入者来说，生活费用仍然能够满足。城市无论在旅游者游览的地方，还是在当地人才会知道的地方都令人愉悦。最后，表现城市历史沿革的遗迹、建筑、文字记载和艺术作品都应该被人们熟知、赞赏和加以保护。

不同的城市建设宜居城市的目标并不相同，每个城市都有针对自身现实的认识。对于一些人来说，宜居的城市是气温常年保持在0℃之上，拥有阳光，能从事户外娱乐活动的地方。而对另一些人来说，宜居城市要有大量的好餐馆。一些城市的居民喜爱具有吸引力的绿色公园，而另外一些城市的居民则喜欢艺术博物馆、交响乐乐队或者大学。

2000 年在广州召开的世界大都市董事年会上，日本、加蓬、古巴、加拿大、伊朗和新西兰等不少国家的城市官员表达了自己的看法。日本的福冈市国际部长福本隆之认为，宜居城市要有一个良好的自然环境，古代遗址和近代建筑保存完整，坐车半个小时就可以看到山、河流或者海洋，土地有丰富的物产，居民可以得到新鲜的海产品和淡水产品，附近还有能够提供市民休闲或者娱乐的场所和设施。加蓬的利伯维尔市市长保罗 · 阿贝索尔的观点是，不存在什么统一的标准，硬件是次要的，基本的条件是满足吃、喝、住和提供对未来的希望，提供给人们受教育和就业的机会，并营造出和谐的社会与环境。古巴的哈瓦那市副市长罗伯托 · 阿维拉认为，首先是要提供给人们基本的水、电、气等生活需求，然后要求非常好地保护环境。作为一个旅游城市，交通要方便。对于市民来说，要按照建设给旅游者的标准来建设给普遍市民，也就是说，旅游者的标准就是市民的标准。新西兰的奥克兰市副市长布鲁斯哈克认为，城市应体现对人的关心，贫富差距小，经济好、环境好是放之四海而皆准的。[①]

英国经济学者智力组织（Economist Intelligence Unit）对于宜居城市的评选则从一个完全不同的角度来进行，其评选的标准是指企业驻外人员前来居住，会碰到最少的困难，最为称心满意。评选根据 12 个不同的项目进行评价，包括住屋、教育、娱乐、医疗卫生、气候和恐怖主义威胁等。结果，温哥华、墨尔本和维也纳在全球 130 个大城市中，并列为 3 个最适宜居住的城市，第 4 名为澳大利亚的珀斯，第 5 名为瑞士的日内瓦，加拿大的满地可，澳大利亚的悉尼、布里斯班、阿德雷德，以及瑞士的苏黎世，北欧的哥本哈根及奥斯陆并列第 6 名。加拿大的多伦多与北欧的斯德哥尔摩、赫尔辛基并列第 13 名。[②]

在中国，2005 年新审议通过的《北京城市总体规划 2004—2020》除了将北京定位于国家首都、文化名城、世界城市之外，还提出了要将北京建设成为一个“宜居城市”，这是中国政府官方首次将“宜居城市”作为城市的发展目标。上海市政府从市民的居住工程来理解“宜居城市”，认为“宜居城市”要有一个好的居住环境，要维护上海房地产市场可持续健康发展。成都市政府认为宜居城市要建设生态新城，为市民创建一个最佳人居环境。

北京大学中国可持续发展研究中心主任叶文虎教授认为，北京“宜居城市”目标的提出标志着政府观念从重物轻人到以人为本发生了重大改变。适宜居住的环境应该要满足三个条件：一是好的物质环境；二是好的人际环境；三是好的精神文明氛围。一个“宜居城市”要有充分的就业机会，舒适的居住环境，要以人为本，并可持续发展。[③]

寒地城市运动的倡导者 N · 普莱斯曼认为，就社区的宜居性而言，它意味着社区内的所有元素使得社区成为良好的居住和工作场所。[④]

---

① 曾菊新 . 论新世纪适宜居住的城市观 . 经济地理 . 2001, 5: 307-308.

② World's Most Livable Cities. http://en.wikipedia.org/wiki/World%27s_Most_Livable_Cities#cite_ note-0.

③ 董山峰，品味“宜居北京”. 光明日报，2005-3-3. http://www.gmw.cn/01gmrb/2005-03/03/content_188609.htm

④ Norman Pressman, Xenia Zepic. Planning in Cold Climate——A Critical Overview of Canadian Settlement Patterns and Politics.Winnipeg: University of Winnipeg Press, 1986: 60.

多伦多地区规划局城市规划与城市设计师X·泽比克（Xenia Zepic）女士指出，宜居性对于不同的人来说有许多含义，当用于城市时，它经常意味着个人对于服务水平和舒适性的满意程度。宜居性取决于两个相互关联的变量，一方面是城市经济以及人的物质和精神健康，另一方面是建成环境和自然环境的效率、安全和美化。就经济而言，宜居性可以被定义为工作机会、生存花费、住宅价格和交通便利程度。就人的物质和精神健康而言，宜居性指快速医疗服务的提供，以及教育、休闲和社会舒适的质量和可能性。①

“宜居”的内涵中，应该包括社会环境因素，比如治安环境、人文环境等。北京大学城市与区域规划系董黎明教授认为，创造宜居城市，首先就要创造一个良好的自然生态环境；其次，市政、生活配套设施要齐备，尤其是公共交通要完备，要利于人们出行。宜居城市建设是一个庞大的系统工程，除了要考虑居住、生活因素外，还要考虑生产、社会、文化等因素，只有各方面达到和谐，宜居城市才名副其实。②

综上所述，城市的宜居性应该表现在经济发展有活力；居住条件舒适，生存费用合理；拥有质量良好的公共和市政基础设施；具有较强的交通机动性和多种交通方式选择，便于生活、工作、旅行等；能够提供给市民工作机会；拥有适应地理和气候条件、质量良好的城市空间环境；能够提供良好的社会服务，如医疗、教育、休闲娱乐等；城市拥有特色和凝聚力，具有安全感和归属感等。

2.1.2 气候与城市环境宜居性的关系

自然地理因素是影响城市人居环境的基本因素，很大程度上决定了人居环境的质量，而气候又是构成自然地理诸要素中最活跃、最敏感的因子，广泛地影响水文、植物、动物和农业等。因此，气候因子对人类居住具有直接影响。甚至有学者认为“一个城市只要气候不适宜人类居住，无论其他人居环境指标如何完善，也是不适宜居住的城市”。③可以说，气候的适宜程度决定着人居环境的舒适与否，也是人们评价城市宜居性的重要标准之一。

多伦多地区规划局的X·泽比克女士认为，不论地理位置和气候条件如何，宜居性的定义适用于所有建成环境。但是，极端寒冷和炎热的气候会对个人的行为方式、城市的形态以及经济的活力产生影响。④

在国内外众多关于宜居城市的评选中，适宜的气候一直都是很重要的评价因素。前文曾提及英国经济学者智力组织对于宜居城市的评选，就其评选结果分析，位居前列的城市，差别其实都很小。以排在前列的四个澳大利亚城市为例，气候因素往往就成了胜

---

① Xenia Zepic, Toronto: Policies and Strategies for the Livable Winter City//Gary Gappert.The future of winter cities.Newbury Park:Sage Publications, 1987:72.

② 杨昱，陈泽欣．“宜居城市”建设任重道远，房地产开发要转变思路．地产报道，2004-11-12．http://house.focus.cn/elite/showarticle.php?article_id=33081&dir_name=yangyu.

③ 李雪铭，刘敬华．我国主要城市人居环境适宜居住的气候因子综合评价．经济地理．2003, 9:656.

④ Xenia Zepic, Toronto: Policies and Strategies for the Livable Winter City//Gary Gappert.The future of winter cities.Newbury Park:Sage Publications, 1987:72.

负的关键。墨尔本四季如春，在气候方面比其他三个气候炎热的城市要占有一定的优势，因此宜居性更强。

《美国城市文化》一文在研究今后 50 年的环境与变化时，曾对世界 16 个城市进行“城市适意度”（Urban amenity）的评比，共列出 23 个评价项目，将其归纳可分三类：

（1）良好的自然条件及其利用，包括美丽的河流、湖泊、喷泉，大的公园，林地、树丛，富有魅力的景观，洁净的空气，适宜的气温等。

（2）良好的人工环境建设，包括杰出的建筑物、清晰的城市平面、宽广的林荫大道（系统）、美丽的广场（群）、街道艺术、喷泉群、富有魅力的景观等。

（3）丰富的文化传统及设施，包括著名的博物馆，富有盛名的学府，重要的、可见的历史遗迹，众多的图书馆、剧院，优雅的音乐厅，琳琅满目的商店橱窗，街道艺术，可口的佳肴，大型游乐场，具有参加游憩的多种机会以及多样化的邻里等。[①]

美国的《金钱》（Money）杂志，为了促进美国国内的城市环境建设，从 1986 年开始每年一度举办民间的“生活最佳城市”（The Best Place to Live）评比，参评的 300 个大中小城市，分布于 46 个州。对最佳城市进行评比的项目，都是《金钱》读者们广泛关注的焦点。评选所考虑的项目中，有经济、教育、文化、娱乐、在压力下的安全（医疗，治安）系数，以及空气、饮水质量等等。具体的指标中，有人口、三居室住房平均售价、每个儿童的教育费用、上班路途的交通耗时、失业率、税收率、全年晴天天数、一月份最低温度以及其他一些指标等等。[②]其中将晴天天数和一月份最低温度纳入评比指标中，充分表明人们对于城市气候状况的重视程度，也表明了在人们心目中，气候对城市环境的宜居性是有很大影响的。

2007 年我国建设部发布的《宜居城市科学评价标准》同样将气候环境作为一项评价指标，认为全年 15 ~ 25℃气温天数超过 180 天的城市，在宜居城市评价中可以获得一定的加分。此外，其他一些重要的宜居城市评价因素如绿化、景观、交通等也直接或间接地与气候条件相关。

中国学者曾经针对影响城市人居环境宜居性的气候因子评价开展过相关研究。研究中根据人居活动的适宜度与气候因素的密切程度，选用 20 个气候要素作为因子，并按气候要素对人居活动的不同影响，划分成气温、湿度、风、日照、特殊天气 5 个子系统，建立气候适居性评价指标体系（图 2-1）。在建立单因子评价模型时，根据人的生理、心理特点，选取适宜人居活动的标准指标，确定不同等级的分级标准（表 2-1）。

研究通过相关系数法得出各因子的权重，经过分析得出气温与人的舒适感关系最大，它是人体感觉是否舒适的最重要的生理指标，在城市人居环境中也是最基本的前提因素；其次是湿度，湿热组合对人类适居性影响很大；风和日照对人居环境是否舒适也有直接的影响，在适宜人居活动的最佳范围内，可以保证人体正常的生理、心理功能；雾、大

① 吴良镛 . 论城市文化 . 吴良镛城市研究论文集——迎接新世纪的来临 . 北京 : 中国建筑工业出版社 , 1996: 166-167.

② 周纪纶，杨建新 . 城市的迷惑与醒悟 : 城市生态学 . 上海 : 上海科学技术出版社 , 2002: 13-14.

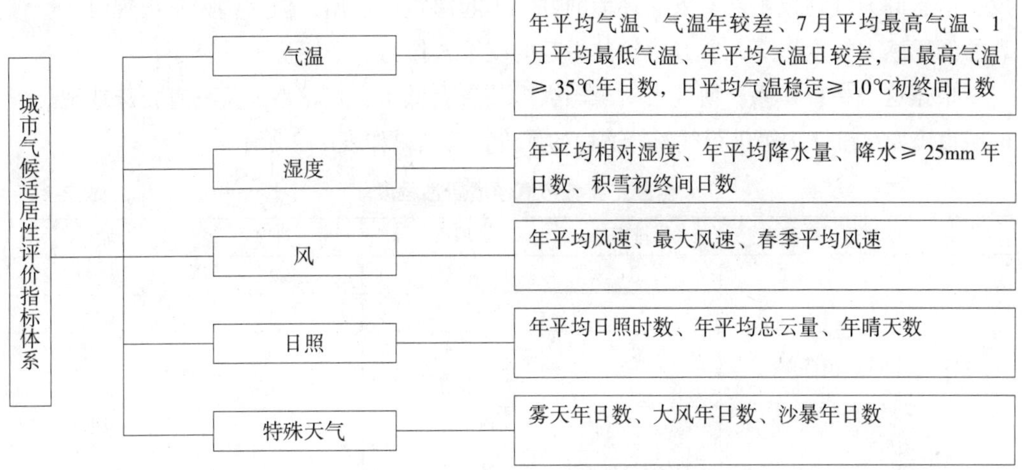

图 2–1　城市气候适居性评价指标体系

资料来源：李雪铭，刘敬华．我国主要城市人居环境适宜居住的气候因子综合评价．经济地理，2003, 9: 657.

城市气候适居性评价指标系统的分级标准　　**表 2-1**

子系统	因子	很适宜	适宜	较适宜
气温	年平均气温（℃）	14 ~ 16	12 ~ 14　14 ~ 16	＜12　＞16
	气温年较差（℃）	≤ 20	20 ~ 27	＞27
	7月平均最高气温（℃）	≤ 28	28 ~ 32	＞32
	1月平均最低气温（℃）	≥ 0	–5 ~ 0	＜–5
	年平均气温日较差（℃）	≤ 8	8 ~ 10	＞10
	日最高气温≥ 35℃（年日数 / 天）	≤ 0.5	0.5 ~ 9	＞9
	日平均气温稳定≥ 10℃（初终间日数 / 天）	≥ 225	225 ~ 195	＜195
湿度	年平均相对湿度（%）	60 ~ 65	50 ~ 60　65 ~ 75	＜50　＞75
	年平均降水量（mm）	600 ~ 800	400 ~ 600 800 ~ 1000	＜400　＞1000
	降水≥ 25mm（年日数 / 天）	≤ 3	3 ~ 8	＞8
	积雪初终间日数（天）	≤ 5	5 ~ 60	＞60
风	年平均风速（m/s）	≤ 1.8	1.8 ~ 2.5	＞2.5
	最大风速（m/s）	≤ 16	16 ~ 23	＞23
	春季平均风速（m/s）	≤ 2.3	2.3 ~ 2.8	＞2.8
日照	年平均日照时数（h）	2200 ~ 2500	2000 ~ 2200 2500 ~ 2800	＜2000　＞2800
	年平均总云量	≤ 5	5 ~ 6.5	＞6.5
	年晴天日数（天）	≥ 80	80 ~ 65	＜65
特殊天气	雾天年日数（天）	≤ 10	10 ~ 20	＞20
	大风年日数（天）	≤ 8	8 ~ 18	＞18
	沙暴年日数（天）	=0	0 ~ 1	＞1

资料来源：李雪铭，刘敬华．我国主要城市人居环境适宜居住的气候因子综合评价．经济地理，2003, 9: 657.

风、沙暴等天气现象虽然对人居环境的好坏不起决定性作用，但这些天气出现时，会使人的舒适感大幅度下降，所以也给其一定的权重，作为一个评价子系统。①

根据这一指标体系，研究者对全国大多数省会城市、直辖市以及具有特殊地理位置的城市（如：漠河）等进行气候舒适性的评价，其结果如表 2–2 所示。

全国主要城市气候适居性程度 **表 2-2**

等级	适居性程度	排序	城市	排序	城市
1	很适宜	1	昆明	2	杭州
		3	石家庄	4	南宁
		5	广州	6	北京
		7	银川	8	福州
		9	呼和浩特	10	贵阳
		11	济南		
2	适宜	1	西安	2	合肥
		3	武汉	4	南京
		5	郑州	6	上海
		7	天津	8	太原
		9	兰州	10	西宁
3	较适宜	1	漠河	2	乌鲁木齐
		3	哈尔滨	4	长春
		5	南昌	6	沈阳
		7	长沙	8	成都
		9	拉萨		

资料来源：根据李雪铭，刘敬华．我国主要城市人居环境适宜居住的气候因子综合评价．经济地理，2003, 9: 660 整理。

根据这一研究，气候适宜程度较高的城市气候要素相互间配置较好，湿热组合较为接近体感的最舒适范围，其中昆明、杭州的气候优势尤为突出。气候适宜程度次一级的城市大体分布在中部地带，如果仅从气候角度出发，不考虑地质、地貌、水文、土壤、生物等其他自然因素，西部一部分城市也属于这一等级。气候适宜程度相对较低的城市主要分布在中国东北、西北和南部一些地区，主要由于受到温度条件的限制，影响了这些城市的人居环境质量。总之，中国以东北地区城市为代表的广大寒地城市在全国城市气候宜居性的评价中基本上是处于宜居程度等级较低的地位。

2004 年零点研究咨询集团与《商务周刊》联合率先进行了名为“中国宜居城市榜”的调查研究，使用多阶段随机抽样方式，针对北京、上海、广州、武汉、成都、沈阳、西安、济南、大连、厦门 10 个城市 18 ～ 60 岁之间的三千多位城市居民进行了入户访问。在这些居民心目中，上海名列最适宜居住的城市榜首，大连位居第二，此后依次是北京、广州、成都、青岛、杭州、桂林、珠海和厦门。在位于前十位的宜居城市中，地理位置相对偏北方地区的城市仅有北京和大连，其余的宜居城市都位于气候较为温暖的地区，拥有良

① 李雪铭，刘敬华．我国主要城市人居环境适宜居住的气候因子综合评价．经济地理，2003, 9:658.

好的城市环境。北京入选宜居城市的理由主要是在人们心目中它是中国的首都，在各方面都具有优势。大连入选则由于城市环境好、干净、空气好，虽然位于东北地区，但大连海洋性气候特征明显，与位于东北地区的其他寒地城市相比，冬季较为温和、湿润，并不寒冷。

近年来，各种关于宜居城市的评选越来越多，但是总体来说，评选中排在前列的绝大多数是气候温暖地区的城市，广大位于气候寒冷地区的城市在评选中所处的劣势是很明显的。

2.1.3 寒地城市环境宜居性的含义

通过对气候与城市环境宜居性关系的分析和研究，可以进一步对寒地城市环境宜居性的含义加以阐明，即对于寒地城市而言，研究其城市环境的宜居性，除了考虑其他的宜居性要素之外，还应该重点关注城市环境冬季的宜居性，寒地城市只有达到冬季宜居，才能成为真正意义上的宜居城市。因此，寒地城市环境“宜居性”的含义应该包括：

（1）拥有较强的经济活力；

（2）市民有工作机会和稳定的经济来源；

（3）拥有紧凑和灵活多样的城市格局以及较强的交通可达性，既便于生活、工作，并提供良好的社会交往，又有利于降低用于供热和交通的能源消耗，减少建设和维护费用；

（4）创建具有寒冷地域特色的居住模式以及生活方式；

（5）以响应冬季气候和地域特点的城市规划与设计塑造和改善城市环境。

2.2 寒地城市的气候特征

2.2.1 寒地城市气候的基本特征

寒地城市最基本的特征是其气候特征。对于广大寒地城市来说，最显著的气候特征主要出现在冬季，冬季在人们眼中是和冰雪、冷风、严寒、阴暗等联系在一起的。归纳起来，寒地城市的冬季气候大致应包含有五个特征：

温度一般低于0℃；

降水经常以雪的形式；

白昼及日照时间短；

以上三个特征较长的持续时间；

季节的明显变换。①

除了这些气候特征以外，寒潮天气是北方寒地城市冬季最为常见的气候现象，它发生在冬季高纬度特定的环流形势下，是一种大范围剧烈降温现象，寒潮到来时，冷空气所经之处，将相继出现降温、大风、雨雪或冰冻天气，24小时内甚至可以降温10℃以上，因此对于寒地城市各方面的影响很大。

① Norman Pressman. Northern Cityscape:Linking Design to Climate.Ontario: Winter Cities Association, 1995: 15.

通过对世界上一些主要寒地城市气候统计数据（附录4）比较分析可以看出，寒地城市冬季气温多连续三个月最高气温低于或等于0℃，但是，虽然冬季低温是寒地城市的共同特征，但其中也有较大的差异。

一般来说，同一洲或同一国家范围内属于同一气候类型的寒地城市，地理纬度越向北移，冬季气温越低，如位于加拿大北部高纬度的耶洛奈夫（Yellowknife）和埃德蒙顿，比起纬度相对偏低的蒙特利尔、多伦多等城市冬季气温要低得多。耶洛奈夫一月份平均气温可低达 -28℃，埃德蒙顿为 -13℃，而蒙特利尔、多伦多则分别为 -9℃和 -6℃。中国东北的沈阳、长春、哈尔滨和齐齐哈尔等城市也是由于地理纬度逐渐增高，冬季气温呈递减的态势。

另一方面，在北欧的斯堪的纳维亚半岛，寒地城市所处的地理纬度虽然较高，由于海洋性气候的影响，冬季气温与同纬度的亚洲及北美洲城市相比却明显偏高，如瑞典首都斯德哥尔摩位于北纬59.2°，1月份平均气温为 -2℃，冰岛首都雷克雅未克位于北纬64°，临近北极圈，1月份平均气温竟为0℃。

除了气温以外，其他冬季气候因素也使得世界各地的寒地城市面临不同的气候问题。有些高纬度城市冬季日照时间很少，如地处北欧的瑞典首都斯德哥尔摩12月份日照时间仅为33小时，平均每天为1个多小时；俄罗斯首都莫斯科12月份日照时间仅为19小时，平均每天不到1个小时；冰岛首都雷克雅未克12月份日照时间仅为15小时，平均每天仅半个小时。

有些城市冬季降雪量大，如地处北美洲的加拿大首都渥太华，12月、1月和2月降雪量总和可达到141cm，蒙特利尔和渥太华情况相近，而魁北克城从12月到2月降雪量分别为82cm、78cm和65cm，三个月的总和为225cm。日本的青森冬季降雪量更大，从12月到2月降雪量分别为193cm、292cm和209cm，三个月的降雪量总和高达694cm。加拿大的多伦多冬季降雪量与前几个城市相比虽然少些，但城市居民却频繁受到湿雪的困扰。

有些城市尽管冬季气温并不低，市民们却不得不忍受风速很高的强风带来的不舒适感觉。有些城市则要受到冬季低温和寒风的双重侵袭，如加拿大的温尼伯、美国的明尼阿波利斯、俄罗斯的莫斯科以及中国大部分寒地城市如哈尔滨、齐齐哈尔、长春等。还有一些城市冬季出现冰雾，如中国的漠河等。

此外，在冬季以外的其他季节，寒地城市的气候特征也不尽相同。有些寒地城市夏季温和，春季多风，如哈尔滨、长春等，有些城市如多伦多、蒙特利尔、渥太华等，春夏气候温和，而有些高纬度城市如位于美国阿拉斯加州的安格雷奇夏季温度也不高，最高气温为18℃，冰岛首都雷克雅未克7月最高气温仅为11℃。

2.2.2 寒地城市的气候类型

自19世纪下半叶起，许多学者都曾提出过不少气候带与气候类型的区划方案，其中较为著名和流传较广的是柯本用实验分类法提出的区划方案。按照柯本气候分类方法，寒地城市在气候类型上应属于D类冬寒气候和E类极地气候的范畴。冬寒气候区大约从北纬40°至北纬60°～65°，北界与极地气候相接，大陆性是冬寒气候的一个重要特征。柯本根据冬寒气候的降水分配分出冬寒夏雨气候和冬寒常湿气候。冬寒夏雨气候区分布在美国的北达科他州、明尼苏达州、威斯康星州、密歇根州、内布拉斯加州和堪萨斯州一带以及加拿大南部,中国东北与朝鲜大部分及西伯利亚东南部。冬寒常湿气候区分布范围较前一气候区辽阔,欧洲斯堪的纳维亚半岛及俄罗斯平原以东,一直到西伯利亚的大部分,北美大湖区域以北的加拿大大部分和阿拉斯加几乎都包括在内。极地气候区主要分布在北极圈以内及附近的北美洲和亚欧大陆的北部边缘、格陵兰沿海和北冰洋岛屿区等。

英国的斯欧克莱(Szokolay)根据气温、湿度、太阳辐射等指标,将世界各地划分为4个气候区:湿热气候区、干热气候区、温和气候区和寒冷气候区。其中温和气候区有较为寒冷的冬季和较为炎热的夏季,最冷月气温可低至 -15℃,最热月气温可高达 25℃,气温的年变幅可以从 -30℃到 37℃;寒冷气候区大部分时间月平均气温低于 15℃,风、严寒和雪荷载是其主要的气候因素。按照斯欧克莱的气候分区,寒地城市在气候类型上应属于部分温和气候区和全部寒冷气候区的范畴。

根据国际寒地城市协会的统计,世界上至少有 30 个国家位于地球北半部,6 亿以上的人口有着生活在冬季气候中的经历。从寒地城市的气候特征来看,在世界范围内,这些城市主要分布在加拿大、美国中北部、斯堪的纳维亚半岛、冰岛、格陵兰岛、瑞士、俄罗斯、日本、中国北方以及中亚的伊朗、阿富汗等国家,其中多数位于北半球高纬度地区(图 2-2)。

总的来说,世界上寒地城市按不同气候类型大致可分为以下几类:

(1)北极圈以内或附近常年严寒结冰的社区或矿区。

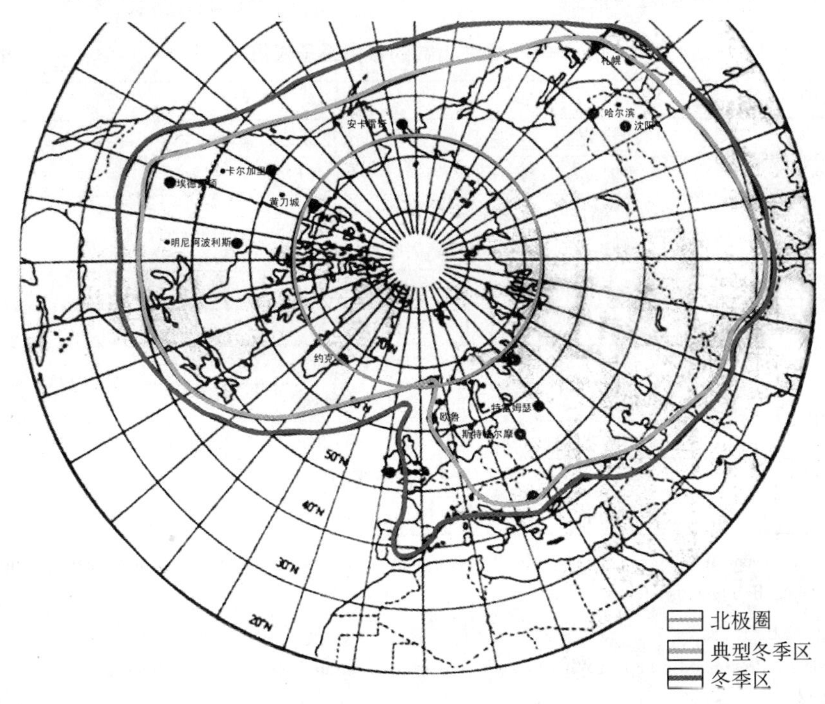

图 2-2 世界寒地城市区

资料来源:Norman Pressman. Northern Cityscape: Linking Design to Climate.Ontario: Winter Cities Association, 1995:16.

（2）北纬45°以北，冬季低温且伴随降雪，每年平均40～120天路面覆盖积雪的城市。大部分寒地城市均属于此类。

（3）虽然位于北纬45°以南，但山地气候特征或大陆性气候特征明显，冬季气温低且伴随降雪的城市，如伊朗、阿富汗、中国部分内陆地区城市和一些山区城市。

（4）冬季湿度较大，降雪量虽少却经常降冷雨的城市，如位于北欧的冰岛的雷克雅未克、挪威的奥斯陆等。

（5）冬季拥有干燥且丰富积雪的良好环境，适宜开展滑雪运动的城市，如瑞士的洛桑、伯尔尼等，美国科罗拉多州的亚斯本（Aspen）等。①

2.2.3 冬季严酷性指数

气候严酷性（Climate Severity）能够表明不同地区气候的严酷程度。1984年加拿大的研究人员菲利普斯（D.W.Phillips）和克罗（R.B.Crowe）提出“气候严酷性指数”——CSI（Climate Severity Index）的概念，通过一系列气候中不利方面的描述来区分气候，将18年的气候参数包括寒风、干湿度、冬夏季节的长度、降水、雾、日照以及雷雨、风雪、霜冻等不利气候因素结合成为一个0～100的指数。在此基础上，他们针对寒地城市又提出“冬季严酷性指数”（Winter Severity Index）的概念，认为需要考虑4个主要因子：不舒适因子、心理状态因子、危险性因子和出行因子。其中每一个因子又是由几个次级因子的集合而确定的，次级因子的权重是由其重要性决定的。②对于大多数位于北纬45°的居住地来说，要针对10个冬季气候元素分别打分。表2-3描述了构成冬季严酷性指数的各种主次因子以及相应的权重。

构成冬季严酷性指数的各类因子权重 　　表2-3

主要因子	次级因子	评价标准
不舒适因子	风冷指数	基于1月平均风速和日平均温度的平均风冷
	冬季时间	日平均气温低于0℃月份数
	冬季严酷性	最冷月的日平均气温
心理因子	黑暗	纬度越高黑暗程度越强
	潮湿天气	12月～2月降雨或雪的平均天数
	云	12月～2月平均云量
	日照	12月～2月日照总时数
危险因子	强风	刮风的冬季月平均风速
	冬季降水	日平均气温低于0℃时每月总的降水量
户外机动性	雾天	12月～2月有雾的平均天数
	冬季降水	日平均气温低于0℃时每月总的降水量

资料来源：David W. Philipps. Planning with Winter Climate in Mind //Jorma Mänty, Norman Pressman. Cities Designed for Winter.Helsinki: Building Book Li.Co, 1988:70.

① Norman Pressman.Reshaping Winter Cities——Concepts, Strategies and Trends. Ontario: University of Waterloo Press, 1985: 28.

② David.W. Philipps. Planning with Winter Climate in Mind //Jorma Mänty, Norman Pressman. Cities Designed for Winter.Helsinki: Building Book Li.Co, 1988:68.

冬季严酷性指数以100分制来衡量，指数为100代表最恶劣的、最严酷的气候环境，分值越低，气候环境越好。世界上北半球一些主要城市的冬季严酷指数见表2-4，冬季严酷指数曲线见图2-3。

研究表明，俄罗斯西伯利亚北冰洋沿岸以及加拿大北伊丽莎白皇后群岛由于严寒的气候和漫长的冬季而使得冬季严酷指数达到100；冬季严酷指数在70以上的地区为俄罗斯中部和东部地区以及北纬60°以北横跨美国阿拉斯加、加拿大西北地区和魁北克地区；北美洲和欧洲大陆的西海岸与大陆相比冬季严酷指数是最低的地区，在北纬50°的加拿大不列颠哥伦比亚海岸约为20～40，在北纬60°的西欧约为30～40略多些；冰岛冬季

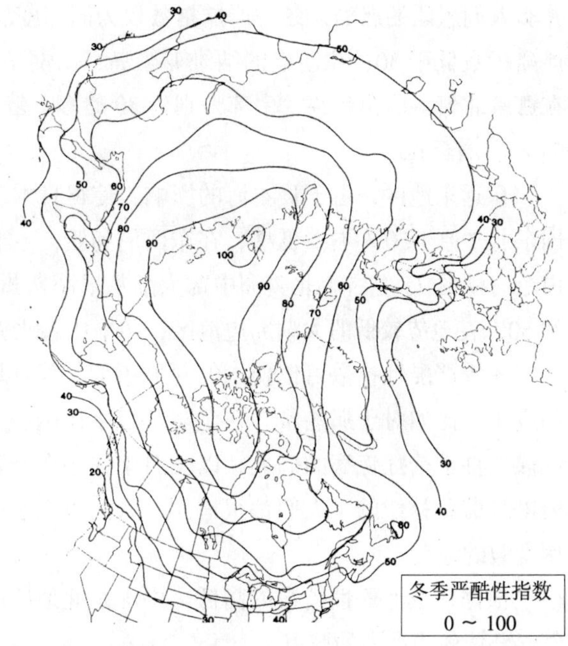

图2-3　冬季严酷性指数

资料来源：David.W. Philipps. Planning with Winter Climate in Mind //Jorma Mänty, Norman Pressman. Cities Designed for Winter. Helsinki: Building Book Li.Co, 1988:73.

世界部分城市冬季严酷指数　　**表2-4**

城　市	所属国家	冬季严酷指数	城　市	所属国家	冬季严酷指数
温哥华	加拿大	18	北京	中国	22
哥本哈根	丹麦	25	芝加哥	美国	31
底特律	美国	34	斯德哥尔摩	瑞典	36
圣卡特林娜/尼亚加拉	俄罗斯	37	印第安纳波利斯	美国	38
克利夫兰	美国	38	雷克雅未克	冰岛	38
长春	中国	41	札幌	日本	41
安克雷奇	美国	42	奥斯陆	挪威	42
多伦多	加拿大	43	卡尔加里	加拿大	44
密尔沃基	美国	44	明尼阿波利斯	美国	46
赫尔辛基	芬兰	48	布法罗	美国	48
蒙特利尔	加拿大	49	埃德蒙顿	加拿大	49
渥太华	加拿大	50	基辅	乌克兰	50
圣彼得堡	俄罗斯	50	哈尔滨	中国	51
莫斯科	俄罗斯	52	明斯克	白俄罗斯	53
魁北克城	加拿大	54	萨斯卡通	加拿大	55
温尼伯	加拿大	56	鄂木斯克	俄罗斯	58
伊尔库茨克	俄罗斯	59	新西伯利亚	俄罗斯	59

资料来源：笔者根据David. W Philipps. Planning with Winter Climate in Mind //Jorma Mänty, Norman Pressman. Cities Designed for Winter.Helsinki: Building Book Li.Co, 1988:71-72.整理。

并非人们想象的严酷，冬季严酷指数仅为同纬度的内陆地区的1/2；欧洲大陆西部的冬季严酷指数低于30；在斯堪的纳维亚半岛，南部冬季严酷指数从30开始，中部为40，而在挪威北部，瑞典和芬兰中部，则为50略多。俄罗斯由西向东跨过欧亚冬季严酷指数由55左右增至60。

在远东地区，由于日本海的影响，使得日本北海道的冬季严酷指数（40左右）比中国东北平原（50左右）低些；在东西伯利亚，冬季严酷指数从堪察加半岛的55左右增至白令海峡的75左右。北美洲中部大陆从堪萨斯州、伊利诺伊州的30到南部加拿大的40和50，在地势较低的大湖周边地区，冬季比起北美中部平原要温和些。

冬季严酷性指数可以使人们对城市的气候环境条件有较为定量的认识，并且有广泛的应用。比如对于那些希望在温暖环境中休闲和安享退休生活的老人，那些需要在温暖气候条件下治疗疾病的病人，以及对于那些在严寒气候条件下从事户外工作而需要得到公平酬劳和补偿的工人们都很适用，人们可以参考气候严酷性指数选择工作、生活和休闲度假的地点。

根据冬季严酷性指数的高低，中国东北地区的一些城市如哈尔滨都属于世界上冬季气候环境较为严酷的城市。

2.3　寒地气候对城市环境宜居性的影响

气候作为一种稳定和持续的自然因素，具有较强的地域特征，影响人类聚居环境。中国近代著名的气象学家竺可桢认为，气候和人生关系之密切，从衣、食、住各方面都可以看出来。

北方中高纬度寒冷地区拥有漫长而寒冷的冬季，每年从11月到次年的3～4月，城市都会面临严寒、冰雪、冷风的侵袭，寒地特征对于城市人居环境建设的各个方面所产生的负面影响是不可低估的，深入分析和研究这些影响及由此产生的问题，有助于引导寒地城市人居环境的良性发展。

2.3.1　寒地气候对城市建成环境的影响

寒地气候对于城市物质环境的影响是多方面的，本书仅从作用于城市建设的角度分析寒地气候对于城市物质环境的影响。

2.3.1.1　道路交通

气候对寒地城市最大的影响是冬季的城市道路交通问题。由于频繁的降雪来不及从道路上清除，形成冰雪路面，导致冬季机动车行驶速度缓慢，事故多发，交通运营能力大大降低，影响城市居民正常的生产和生活，见图2–4、图2–5。对于地处东北地区的哈尔滨、长春、齐齐哈尔等寒地城市，雪后堵车、机动车刮碰更是冬季常有的现象。

由于寒冷和路面光滑，使得一些在其他季节选择自行车和摩托车作为中长距离出行方式的人们在冬季不得不选择公交车和出租车，造成公共交通拥挤、高峰时间运力不足等。以哈尔滨为例，在降雪天的高峰时段，找到一辆空驶的出租车是很难的，出租车挑客拒

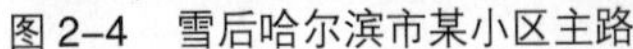

图 2-4　雪后哈尔滨市某小区主路

图 2-5　雪后哈尔滨市中心区某主干道

载现象也时有发生，无奈之下许多人会采取与人合乘或是乘坐“黑车”的方法尽快摆脱寒冷，因为长时间在寒风凛冽的环境中等候公交车或出租车既使得人的身体产生不适的感觉，而且心情也会大受影响。2007 年，我国东北地区遭受了暴雪的袭击，由于车辆难行，在许多城市人们只好选择步行上下班。

另外，光滑或湿滑的冰雪路面环境给人们的步行也增加了许多困难（图 2-6、图 2-7），尤其是给老弱病残人士增加了危险。在一些大陆性气候特征明显的寒地城市，如齐齐哈尔、哈尔滨、长春等，冬季十分寒冷，大多数街道尤其是次要街道由于来不及清除积雪都会形成一些雪压实的路面，影响交通。而在一些常受雨淞侵袭的城市，因为冷却水的冻结，也会使街道路面结冰，甚至会使整个城市陷于瘫痪状态，这种情况在美国北部多雪地带每隔 2 ~ 3 年就会遇到一次。

（a）

（b）

图 2-6　哈尔滨市中心雪后湿滑的人行道
（a）博物馆广场；（b）西大直街

图 2-7　雪后行人步履艰难

总之，严寒气候条件极大地影响了寒地城市道路交通和人们的出行，在很大程度上降低了城市的生产和生活的效率。

2.3.1.2 城市景观

虽然寒地城市春、夏、秋季节较为短暂，但是不同季节的交替变换使得大多数寒地城市的景观比起仅仅拥有一两个季节的城市要丰富得多，而且冬季的冰雪景观也成为寒地城市重要的景观资源和旅游亮点。然而，从另一个方面来看，寒地城市景观受气候条件的负面影响也很大。“大地一到了这严寒的季节，一切都变了样，天空是灰色的，好像刮了大风之后，呈着一种混沌沌的气象，而且整天飞着清雪。人们走起路来是快的，嘴里边的呼吸，一遇到严寒好像冒着烟似的。”肖红在《呼兰河传》中曾经这样描写过北方冬季的景象。[①]

由于气候、土壤等因素，寒地城市可生长的植物品种相对较少，尤其是在漫长的冬季，绿化环境的缺少使寒地城市景观大受影响，城市往往给人以萧条冷落的感觉，与许多四季常绿的南方城市相比，冬季城市景观较为单调，如图 2-8 ~图 2-11 所示。此外，冬季入射角度较低的阳光会使建筑物在街道上形成长长的阴影，街道由于使用融雪剂也会产生黑色的湿泥，总之，冬季户外环境对寒地居民的吸引力降低。

图 2-8 哈尔滨某游园冬季景观

图 2-9 哈尔滨某高尔夫球场冬季景观

图 2-10 哈尔滨某沿河带状公园冬季景观和夏季景观的对比

① 肖红 . 呼兰河传 . 哈尔滨：黑龙江人民出版社 , 1979: 3.

图 2–11　某居住区绿地冬季景观和夏季景观的对比

2.3.1.3　住区环境质量

寒冷的气候特征对寒地城市住区环境质量方面存在一些负面影响。寒地城市地理纬度较高，冬季由于太阳入射角度降低，加大了建筑物的阴影区，有些北极圈内高纬度地区阴影高度甚至可以达到建筑物高度的 15 倍之多，因此，在冬季气候寒冷的地区，建筑内部为了获得充足的日照，往往需要较大的日照间距，这必然会导致城市用于住宅建设的用地面积增加。这种影响对于中国的大多数寒地城市来说，更为明显。中国人口众多，寒地城市人口密度比起地处欧洲及北美洲的寒地城市来说大得多，城市用地又相对紧张，为解决居民住房的需求，许多寒地城市自身不得不对建筑日照间距进行一定的缩减，因而普遍存在住宅日照间距不足的问题。以哈尔滨为例，国家标准《城市居住区规划设计规范（2002 版）》（GB 50180—93）规定住宅日照间距标准为 2.15，而哈尔滨市地方规定的新区开发住宅日照间距为 1.8，旧区改造住宅日照间距为 1.5①，明显低于国家规定的设计标准，日照间距的不足影响了城市住区环境质量，如图 2–12 所示。

图 2–12　某小区冬至日日照情况

① 哈尔滨市人大常委会，哈尔滨市城市规划管理条例（2004 修正）。

另一方面，中国寒地城市相对密度较大的建筑布局尤其是日益增多的高层建筑群体布局也导致了住区内风环境较差等方面的问题，尤其是在寒冷的冬季，许多住区由于高层建筑周围风速过大而使在其周边活动的居民倍感寒冷，甚至举步维艰，类似的这些问题在一些规模较大的寒地城市中更为突出。

此外，寒地城市冬季供暖主要采用燃煤，由此产生大量的煤烟型大气污染。以哈尔滨市为例，能源结构以原煤为主，空气中烟尘和 SO_2 的含量较高，使得城市环境质量相对较差，冬季城市又经常在冷高压控制下，逆温出现频率高、强度大，阻碍烟尘等污染物的扩散和稀释，从而加剧大气污染（图 2–13）。

图 2–13　冬季哈尔滨鸟瞰——灰蒙蒙的天空

2.3.1.4　建筑

气候与建筑的关系十分密切，一般来说，人类修筑房屋主要是利用房屋形成一个保护性的小气候环境，适于人类生活和工作，因而，外部气候条件对建筑物的设计和建造有很大的影响。尤其是在气候严寒或炎热的地区，气候条件对建筑物的影响就更大。晋代张华在其所著的《博物志》中“南越巢居，北朔穴居”的描写表达了不同地域气候条件下人类居住模式不同的特点。

严寒地区冬季的低温和降雪等气候特点对于建筑物的影响是多方面的。严寒气候条件下城市建筑围护结构需要加厚，相应地加大了开发和建设成本。出于保暖的需要，寒地城市的建筑屋顶还需做保温。在冬季多雪地区如日本的北海道等地，还要考虑建筑物屋面能够抗雪压。另一方面，在冬季少雪的地区，由于土壤结冻、体积膨胀而使建筑物的基础产生隆起现象，到春季时又使基础下沉。由于建筑物各部分的下沉情况不同，致使建筑物发生扭曲。因此，要增加建筑物基础的建设和维护费用。

此外，冬季低温会影响正常施工，比如哈尔滨地区由于地处高寒地带，每年的平均施工期限只有半年，为保证工程质量和降低成本，一般气温降到 -10℃以下就停止施工，因此建筑物建设的工期会相应加长。以往在北方冬季一般是不进行建筑施工的，近年来，由于抢时间和抢进度，一些寒地城市的施工单位在混凝土中添加防冻剂后进行施工，而一些防冻剂中含有尿素，致使建筑物中氨气浓度超标，严重危及住户身体健康。不仅如此，冬季施工还会增加建设费用，挖掘基础和搅拌水泥都很困难。

2.3.1.5 市政基础设施

许多寒地城市都有季节性冻土，比如哈尔滨，冬季受西伯利亚强冷空气影响，漫长而寒冷，且有五个月的土壤封冻期，季节性冻土最厚可达 205cm，因此埋设自来水管等地下管道要深埋到最大冻土深度以下，否则会有冻裂、扭曲、断裂等危险，但如果埋得太深，就会大量浪费物资和劳动力。冻土对于冬季工程地基、水利建设等也是不利的。在寒冷地域，冻胀、冻结对道路铺装的影响极大，能够形成横裂、纵裂、网裂等现象。冻胀破坏随冻深而增加，冻胀主要在道路横断方向不均匀地发生，大致在中央部位为最大，因此，寒地城市沿道路中线易出现大的裂缝。

此外，在春融期，冻结的铺装从上下两面开始融化，上面融化快，水还留在下层中，使下层处于过饱和状态，从而使路基、基层承载力显著降低，此时车辆往复作用于路面就会引起网裂并伴随路面下沉。[①]这些现象在日本北上高地和北海道东部地区，中国东北以及俄罗斯西伯利亚东部等地区的冬春两季较为常见，比如中国东北地区的许多城市春季由于土地冻融作用强烈，地面常常遭到破坏，引起道路、桥梁出现裂缝，一些低洼地带的道路易发生翻浆现象，由此而增加了大量的道路维护费用。

2.3.2 寒地气候对城市物质损耗的影响

过冷、过热和极端干旱的环境对于人类来说，都是属于极端环境。虽然人类创造了文化来适应地球上形形色色的气候环境，但在极端环境下生活的人类，要求投入的物质与能量是巨大的。寒冷、降雪和昼短夜长导致寒地城市在建设中的物质损耗大大增加。

2.3.2.1 雪清除

降雪使得北方的寒地城市在冬季不得不面临雪清除的问题，而雪清除则需要清雪机械、融雪剂以及各种人工劳动，此外还需要对合理的清雪方式开展专门的研究，因而城市需要支付大量的费用。在一些频繁降雪的城市，城市用于清雪的费用更多，在很大程度上增加了政府的财政负担。比如加拿大的多伦多每年用于冬季道路维护的费用就高达 1000 万美元以上，其中大部分用于盐融作业、清雪机械以及积雪清除，其余的则用于购买盐溶剂、道路维修和春季清洁等方面。

---

① 刘信昌，徐子良，吴怡青．日本国寒冷地域的道路路面及其技术动向．黑龙江交通科技．1999, 2: 64.

2.3.2.2 能源

寒地城市的能源消耗较大，尤其是我国东北地区的寒地城市。一方面，由于城市本身重工业多，能源消耗较多。另一方面，除了工业以外，很大一部分能源消耗来自于冬季供暖。由于气候的原因导致寒地城市冬季的采暖期较长，居民住宅以及公共设施每年都消耗大量的煤炭、电力等能源用于供暖，能源消耗很大。

瑞典鲁特大学爱德森教授曾对中国从北到南的哈尔滨、北京、济南、南京、广州五个城市中同样面积的单元住宅在保持室内一定温度时的年需热量与供热小时进行研究。从表 2–5、表 2–6 中南北城市的对比来看，北方城市每年无论在供热热量和供热时数上都远远超过南方城市，这也意味着能量的大量消耗。

五城市 10 ～ 20℃室温条件时每年需要热量 **表 2-5**

热量（W/h） 室温（℃）	哈尔滨	北京	济南	南京	广州
20	40090	17002	13421	10099	1132
18	36139	14082	10837	7542	397I
16	32390	11449	8430	5324	25
14	28860	9031	6278	3421	3
12	25470	6792	4430	2032	0
10	22305	4757	2953	1016	0

资料来源：汪经羲 . 建筑节能 . 能源研究与信息 , 1994, 1: 9.

五城市 10 ～ 20℃室温条件下每年需要供热小时数 **表 2-6**

供热小时数 室温（℃）	哈尔滨	北京	济南	南京	广州
20	5149	3824	3362	3446	812
18	4839	3481	3049	2849	455
16	4636	3144	2700	2367	114
14	4384	2930	2285	1814	15
12	4153	2653	1883	1326	0
10	3913	2199	1428	810	0

资料来源：汪经羲 . 建筑节能 . 能源研究与信息 , 1994, 1:10.

哈尔滨市是中国供热期最长、平均气温最低、采暖热指标最大和采暖能耗最多的特大城市。市政府规定的冬季取暖期为 179 天 / 年，基本上长达半年的时间，室外采暖设计温度为 –26℃，平均每年采暖共消耗标准煤为 500 万 t。[①]供热面积近 1 亿 m^2，如果按使用系数 1.5，每平方米使用面积 34.55 元收缴热费估算，冬季城市中用于取暖的费用超过 20 亿元，这其中还未包括一些居民和公企单位使用电和燃气取暖的能耗。

① 哈尔滨市城市规划设计研究院 . 哈尔滨市城市总体规划 2004—2020.

此外，寒地城市在交通方面能耗也很大。除了冬季车辆内部供暖耗能以外，光滑的冰雪路面也增加了机动车燃油的消耗量，而且冬季自行车等交通工具无法使用，也加剧了机动车交通紧张程度，增加了用于交通方面的能耗。

2.3.2.3　生活开支

日本的研究认为，冬季低温、积雪和风对冬季生活开支有很大影响，在生活开支中，除能源消耗等燃料费用之外，还有被服费（包括冬季衣着、防寒设备以及卧具）、补充热量用的食品费、住房费（包括取暖设备、房屋保护和维修、除雪）等，综合考虑了影响冬季生活开支的各个方面之后，研究人员从理论上计算日本各城市由于冬季寒冷、积雪致使生活费用上涨的情况。在分析的东京、横滨、札幌、新潟、青森、仙台、旭川、函馆等 23 个城市地区，各种经济开支的合计值：东京、横滨为 100，新潟则为 161，寒冷多雪的札幌为 350，而气候严寒的北海道平均则高达 372。①

此外，冬季由于降雪、结冰、能见度差等原因导致各种交通事故频繁发生，处理事故的各项费用也相应增加。

2.3.3　寒地气候对城市居民自身的影响

自古以来，许多学者都认为自然环境尤其是气候对人类社会、经济、政治发展有很大的影响，在一定的地理环境下必然会形成一定的人文现象。

古希腊的历史学家亚里士多德（Aristotes，公元前 384 ～前 325 年）认为：寒冷地区的民族勇敢无畏，但缺乏智慧和技术；亚洲人聪明，但缺乏勇敢精神，居住在两者间的希腊人则具有两者的优点，所以能够自立，能够统治其他民族。很明显，他认为希腊民族之所以兼有二者的优良品质，是由于希腊处于寒冷和炎热之间的气候特点决定的。

18 世纪法国哲学家孟德斯鸠（C.Montesquieu，1689 ～ 1755 年）在他的《论法的精神》一书中比较深入地讨论了气候、环境论这个问题，对地理要素与政治的关系作了系统阐述，认为一个国家的政治制度和法律性质及其演变以及民族生理、心理和宗教信仰，是受其环境和气候条件决定的。他认为“热带民族的怠惰几乎总是使他们成为奴隶，寒带民族的勇敢则使他们保持自由”，“炎热国家的人民就像老头子一样怯懦，而寒冷国家的人民则像青年人一样勇敢”，“气候王国才是一切王国的第一位”。②孟德斯鸠的“气候决定论”对于 18 世纪后期法国的社会和政治思想的发展起到了很大的作用。

德国哲学家黑格尔认为季节规律性造成了生活在大河流域的平原地区的定居农业者墨守成规的习惯，而在工商业和航海业发达的沿海地区，由于与外界接触较多，居民很少保守并富创造精神。

清末著名思想家梁启超曾在《新民丛报》上发表论文，论述中国地理与历史文化的

---

① （日）福井英一郎，吉野正敏．气候环境学概论．柳又春译．北京：气象出版社，1988:52.

② 陈慧琳．人文地理学．北京：科学出版社，2001: 10.

关系，比较北半球与南半球国家、欧洲与亚洲国家的异同。他认为地理环境决定民族精神、社会风俗、学术思想、宗教信仰、战争胜负以及文学艺术的差异。

以上这些观点虽或多或少地有失偏颇，甚至错误，但却在一定程度上反映了气候对人类自身带来的影响。

2.3.3.1 行为方式

寒地气候影响人的行为方式，包括人的生活方式和休闲方式。与其他地理纬度相对较低的城市相比，寒地城市居民的一些社会活动呈现出明显的季节特点，严寒的冬季对人的社会活动产生的影响较大。美国明尼阿波利斯的社会学家杰弗里 · 纳什（Jeffery Nash）较早对冬季户外社会行为开展研究，他和他的助手花费了几百个小时观察明尼阿波利斯的户外生活，他认为，冬季人们在公共空间的活动，无论是室内还是室外，都明显减少。

丹麦建筑学家扬 · 盖尔将公共空间的户外活动分为三种类型：必要性活动、自发性活动和社会性活动。[①]必要性活动主要为日常工作和生活事务，如上学、上班、购物、候车等，其发生很少受到物质构成的影响，一年四季在各种条件下都可能进行，相对来说与外界环境关系不大；自发性活动包括散步、呼吸新鲜空气、驻足观望、晒太阳等，这类活动只有在外部条件适宜、天气和场所具有吸引力的时候才会产生；社会性活动指的是公共空间中有赖于他人参与的活动，包括儿童游戏、互相打招呼、交谈、各类公共活动以及其他被动式接触等。

由于冬季室外温度较低且持续时间长，室内外温差较大，为了避免寒冷和交通不便，户外的行人都有明确的活动目的，除了必要性活动，自发性活动会减少很多。人们的长距离出行次数会比其他季节减少，有些社会活动由于气候的原因甚至被取消。一些日常短距离活动相比其他季节也会减少，而由于降雪过后路面光滑的原因或是气温低容易引发疾病的原因，一些弱势人群如老年人、婴幼儿、孕妇、残障人士等，冬季很少外出，甚至有人整个冬天都不外出。国外曾经有研究认为，北方高纬度地区人们生活在室内的时间高达全年时间总数的70%，另外一些研究则指出，漫长的冬季里，生活在严寒地区尤其是在亚极地以内地区的人们在室内的时间占到了全年时间总数的90%。[②]

虽然寒地城市居民在冬季可以从事冰雪运动如滑冰、滑雪、雪橇、雪地远足、雪地摩托等，但冬季较低的气温和不便的交通还是极大地限制了人们的户外活动，导致人们户外休闲娱乐时间也相应减少，公共场所使用率低，使用人数明显比其他季节少（图2-14）。而且冬季由于日照时间短，天黑较早，居民习惯于留在自己家中，不但在一定程度上阻碍了社会交往，而且使城市的夜生活也受到很大影响。总之，与其他季节相比，冬季的城市生活明显不够活跃。

---

① Jan Gehl. Life Between Buildings: Using Public Space. 5th Edition. Copenhagen: The Danish Architectural Press, 2001.

② Norman Pressman. Northern Cityscape: Linking Design to Climate.Ontario: Winter Cities Association, 1995: 7.

（a）　　　　　　　　（b）

图 2–14　冬季空旷的活动场所
（a）沈阳浑河滨河绿地；（b）哈尔滨香榭丽苑游园

2.3.3.2　身心健康

（1）对身体健康的影响。首先，寒冷对人体本身的生理构造有一定的影响，这一点在居住于北方高纬度地区寒地居民的身上得到充分的论证。北极地区的居民，包括爱斯基摩人、萨米人、楚科奇人等，由于长期适应严寒、缺氧的极地气候，体重较重，胸围较宽，腰部较短，上下肢粗大，身体肌肉发达。为了适应在寒冷缺氧的气候环境里引起的人体血氧过少，以及减少气体代谢的过程，北极居民拥有圆柱形的胸廓构造，较厚的皮下脂肪、食肉性的饮食文化和较快的血流速度也是北极居民抵抗严寒的一种生态适应。

其次，寒冷对人的身体健康影响很大。“在极端寒冷的环境下比在极端炎热的环境下生活要困难得多，阴影和微风可以用相对简单的方式创造，……干旱要经过一段时间后才可以使人死亡，而严寒只需几分钟就可以置人于死地，甚至被视为生存大师的爱斯基摩人也会被冻死”。①

对于正常人体而言，适当的低温能够增强人体新陈代谢，使人体内产生的热量增强 4 倍左右。但当气温过低时，人体就会发生冻伤。此外，寒冷会给正常人带来许多疾病，比如流感、流脑、麻疹、水痘、百日咳、流行性腮腺炎等流行性传染病，其中流感是冬季最常见的疾病，每年冬季的流感患者几乎占全年发病总数的 90%以上。寒冷的冬季人体本身就会产生一定的生理变化，如鼻黏膜遇到寒冷的刺激，血管收缩，使抵抗能力降低。而且，冬季人们多集中在室内活动，人与人之间接触较多，一些致病菌会通过咳嗽、打喷嚏等互相传染。出于保温的需要，人们又往往紧闭门窗，使得室内外空气不易交换，二氧化碳浓度高，空气不新鲜，室内空气里的病菌、病毒存留较多，人们很容易被感染。在室外，许多城市燃煤供暖造成大气污染，这些大气污染大多属于典型的煤烟型污染，主要污染物是烟尘和 SO_2。国内外研究表明，这些飘尘中除含有重金属外，还含有致癌物质和细菌病毒等，对人体健康具有很大的威胁。

① Blanche Lemco Van Ginkel.Introduction–Designing for Extremes of Heat and Cold. Environment, 1983, 2: 15.

对于患者来说，寒冷的负面影响更为严重。在冬季气温骤然降低时，人体植物神经和内分泌系统的功能衰退，胃肠道易于发生变态反应性改变从而引诱溃疡病再发；由于寒冷时期从皮肤和汗液排出的废物较少，增加了肾脏的负担，因此肾炎一类由于尿毒症而发生死亡者，也多出现于寒冷季节；寒冷对心血管和脑血管等疾病的发作也有很大影响，这与人体冬季血液黏稠度增高，并可能通过松果体或者垂体——肾上腺皮质系统等发生相应反应有关。有专家指出，尽管诱发心脑血管病的原因很多，但低温的影响是其中的主要因素之一。大量统计资料表明，日最低气温降到冰点以下的寒冷天气，心脑血管发病明显增多，死亡率也显著升高，所以冰点温度是心脑血管病的气象警报。①

另一方面，由于寒地城市冬季日照时间短，居民户外运动又较少，导致人体对阳光中紫外线的摄取量减少，因而缺乏促进人体钙吸收的维生素 D，对人体骨骼健康尤其是老人和儿童的骨骼健康不利。还有研究认为，由于高纬度地区冬季阳光的数量和强度都减少，会使一些人产生名为“季节性失调”的病症，而且越往北患这种“季节性失调”的人越多。

当然，寒冷也并非只对健康有害，北欧五国地处北半球高纬度北极圈附近，年平均气温不到 10℃，每年 10 月至第二年的 3 月多数是下雪天，月平均气温在 -3 ~ -4℃，有研究认为，正是这种寒冷的气候减缓了人体的新陈代谢，成为北欧人长寿的一个重要原因。

（2）对心理的影响。“清朗的夏天一旦过去，城市就披上了灰沉沉的外衣，准备过漫长的冬天。无尽的房屋都显出灰色，天空和街道也染上暗淡的色彩；落了叶的枯枝，飞扬的尘埃和废纸，更增加了阴郁的情调。冷风掠过长长的、窄窄的大街，仿佛带来了哀思。……电线上的麻雀，门口的猫，拖载负重的瘦马，都感到了漫长的严冬的气息。”作家德莱塞对冬天的描写使人感到一种惆怅。②

“我的国家不是一个国家，它只有冬季，
我的花园不是一个花园，它只是平地，
我的道路不是一条道路，它覆盖着白雪……”

这是加拿大魁北克诗人吉尔 · 维诺对于自己的家园略带忧伤的感叹。

冬季是抑郁症的多发季节，据情感性精神病的流行病学研究表明，抑郁症在 12 月、1 月、2 月、3 月这一时间内发病率明显高于其他季节，这是因为，冬季日照时间短、气温低等因素引起人体体温中枢失调，使身体内的新陈代谢和生理功能都处于抑制状态，垂体肾上腺皮质等内分泌的功能紊乱，从而使人的情绪低落以及整个生命活动处于不兴奋状态。另外，科学家经研究发现，人体松果体受到阳光抑制，当遇到阴天或阳光暗淡时，松果体分泌的松果激素就多。当松果激素分泌较多时，细胞就会“偷懒”变得极不活跃，人们就会忧郁、沉闷、乏力、无精打采。因此，在晴空万里、阳光灿烂的日子里，人们

① 王金宝 . 健康 · 环境 · 天气 . 北京 : 气象出版社 , 1992: 93.

② 德莱塞 . 嘉莉妹妹 . 裘柱常 , 石灵译 . 上海 : 上海译文出版社 , 1980: 92.

会感到心情愉快、精神抖擞，反之则往往精神不振、心情压抑。由于冬季常常因为阳光照射不足引起松果激素分泌过多，导致日光性抑郁症，故又称冬季抑郁症，是隶属于情感性障碍的一种精神性疾病。近年来，国内外报道的发病率为23%～38%之间。[①]曾经有一些研究指出，在北极圈附近的一些寒地城市，如挪威的特罗姆瑟、冰岛的雷克雅未克、加拿大的耶洛奈夫等，每年冬季都会有一些人患上抑郁症。

中国学者曾经研究地理环境对于俄罗斯民族性格的影响，认为冰雪和严冬带给俄罗斯人漫漫黑夜、皑皑冰雪和阴沉沉的天空，使人感到肃穆、庄严，并感到一种不可言状的压抑。因此，冬季的莫斯科人看起来大都面无表情，凝重有余而笑容不足，总是若有所思，来去匆匆，每个人似乎都背负着沉重的包袱。[②]实际上，冬季寒冷、阴暗的天气确实会给人以萧条冷落的感觉，除了使人心理压抑、情绪低沉以外，还会诱发各种心理疾病，甚至导致酗酒、自杀、事故、暴力等。

2.3.4　寒地气候对城市社会经济发展的影响

气候条件不仅在很大程度上影响着与气候相关的生态环境和自然资源，而且对社会经济发展等方面也产生巨大的影响。美国学者亨亭顿（Ellsworth Huntington, 1876～1947）在他的《气候与文明》一书中认为，一个民族不管是古代还是现代，若没有气候促进因素，就不能达到文明的顶峰。气候是人类文化的原动力，人口移动的主因，能源的主宰以及区别国家特性的重要因素。而“地理环境决定论”的创始人和领导人——德国的拉采尔（F.Ratzel，1844～1904）则认为“环境以盲目的残酷性统治着人类”。[③]黑格尔虽认为地理环境并非最终的决定因素，但却是社会历史发展的主要的而且必要的基础。以上观点都表明气候对于人类社会经济的影响是不可忽视的。

2.3.4.1　对人口分布的影响

气候直接影响到人口分布，世界拥有寒地城市的不同国家在人口分布上几乎都有共同的趋势，即人口从气候寒冷地区向地理位置优越的气候温暖地区集中。

日本学者从人类生活和农业的角度，将日本的气候自北向南划分为寒冷区、高冷区（即海拔高，气候寒冷）、积雪区和温暖区四个区域，其中，温暖区集中了日本1/2以上的人口。[④]本州关东南部至北九州一带东部沿海的平原地区气候温暖、交通产业发达，人口分布较多。位于日本列岛最北端的北海道，面积虽然占日本全国总面积的22%，但人口却不足总人口数的5%。

美国人口近20年来出现由东北部和中西部的“冰雪带”（Snow Belt）、“寒霜带”（Frost Belt）向西部和南部的“阳光带”（Sun Belt）迁移的趋势。所谓“阳光带”泛指美国本土北纬37°以南的地带，以气候温和、光照充足而闻名，“冰雪带”、“寒霜带”则指气候寒冷的东北部和中部，是美国传统工业的心脏地带。根据1980年代到1990年代10

① 王振国．季节与健康．北京：人民卫生出版社，2003: 224.

② 宋瑞芝，宋佳红．论地理环境对俄罗斯民族性格的影响．湖北大学学报（哲学社会科学版），2001, 1: 85.

③ 陈慧琳．人文地理学．北京：科学出版社，2001:11.

④ （日）福井英一郎，吉野正敏．气候环境学概论．柳又春译．北京：气象出版社，1988:79.

1980/1981 ~ 1991/1992 年美国地区间人口迁移统计表　　表 2-7

时期	迁移类型 \ 地区	东北（万人）	中西部（万人）	南部（万人）	西部（万人）
1981	净迁入人口	–24.2	–40.6	48.7	16.1
1984	净迁入人口	–9.1	–28.2	42.6	–5.3
1985	净迁入人口	–20.9	–21.1	16.0	26.0
1986	净迁入人口	–25.0	1.5	3.5	20.0
1987	净迁入人口	–33.4	–11.1	27.9	16.6
1988	净迁入人口	–24.1	–10.3	45.2	–10.8
1989	净迁入人口	–34.4	7.4	24.7	15.4
1990	净迁入人口	–29.7	–11.6	23.0	18.3
1991	净迁入人口	–58.5	–1.5	43.3	16.7
1992	净迁入人口	–29.2	–6.2	22.4	12.9

资料来源：U.S Bureau of the Census, Current Population Reports. 转引自高胜恩、翟胜明 .70 年代以来美国国内人口迁移态势与成因分析 . 人口学刊，2000, 1:24.

年间美国地区人口迁移变动情况（表 2-7）来分析，10 年间美国西部和南部气候温暖地区的人口分别增长了 17% 和 14%。西部地区净增人口 125.9 万，年平均迁入 12.59 万人，南部地区净增人口 297.3 万，每年平均迁入近 30 万人口。迁向“阳光带”成为美国人口迁移史上一个新热点。到 20 世纪 90 年代初，南部和西部地区的人口占全国总人口的比例上升为 51%，而在 1970 年，此比例只有 45%。[①]南部气候温暖的佛罗里达州人口增量最为突出，20 世纪 80 年代后期平均每天都有 1000 多人移居该州，人口增长率比全国高两倍。[②]

“阳光带”城市的兴起虽然与“冰雪带”城市传统工业的衰落和美国联邦财政政策等因素有很大关系，但是“阳光带”在投资环境尤其是地理气候环境方面的优势确实也起到很大作用。以加利福尼亚州为例，该州有优越的地理条件，气候宜人，宜于发展航空航天及电子产品，良好的生活和工作环境吸引了大批优秀科学家。另一方面，为了舒适愉快地安度晚年，美国许多老人在“冰雪带”劳作半生，退休之后纷纷移居风景优美、气候宜人的“阳光带”都市区，也形成了一种趋势。《大趋势》的作者约翰 · 奈斯比特认为，美国从“雪带”到“阳光带”的人口流动是不可逆转的。

在北欧的瑞典，由于南部地区就业机会更多，生活条件更好，气候等自然条件优越等原因，在二战后的 20 年间出现了人口大规模涌入南部城市的浪潮。仅在 1960 ~ 1970 年的 10 年间，从中西部和北部边远地区迁往南部城市定居的人口就占瑞典总人口的 8%，瑞典南部各大城市因而相继出现住房等基础设施短缺的现象及相应而来的各种社会问题。[③]目前，瑞典南部集中全国人口的 90%，主要在南部的斯德哥尔摩、哥德堡、马尔默三个大都市圈中，瑞典北部的人口仍有逐年下降的趋势。[④]

① 高胜恩，翟胜明 .70 年代以来美国国内人口迁移态势与成因分析 . 人口学刊，2000, 1: 23.

② 尚鑫 . 战后美国“阳光带”城市的崛起及其历史作用 . 江西师范大学学报，1995, 5:23.

③ 亓玫 . 瑞典如何缩小地区差距 . 理论前沿，2004, 16: 48.

④ 陶小兰 . 瑞典的城市规划 . 规划师，2003, 10: 123–124.

作为一个高纬度的国家，气候是影响加拿大人口分布的重要因素。广大的北部地区地处严寒地带，不宜开发，因而人口和城市较稀少，地广人稀，而南部地区气候条件较好，土地适宜开发，又与经济发达的美国接壤，交通便利，因而多数城市呈东西向带状分布于南部沿加、美接壤处一带。[①]目前，加拿大 85% 的人口居住在南部距美加边境 300km 的范围内，而仅有 4% 的人口居住在美加边境 600km 以北的广大地区。若以地理纬度来划分，虽然北纬 49° 以南，即西部四省南界以南的国土东南部地区只占国土面积的很小部分，却集中了全国 70% 的人口。而占国土面积一半的北纬 60° 以北，即西部四省北界以北的北部区，却仅居住着全国人口的 0.3%。[②]而位于太平洋沿岸的不列颠哥伦比亚省因气候温和、林渔业资源丰富以及拥有终年不冻的温哥华港而成为人口迁入率较高的省份，该省南部作为加拿大唯一的冬季温暖的地区，成为加拿大退休人口的理想居住地。

俄罗斯的大多数人口居住在它的欧洲部分，只有 1/5 的人口居住在西伯利亚和远东，而且是居住在南部，因为那里的自然居住条件更为舒适。在俄罗斯，人口密度较大的地区分别是中央区、伏尔加流域和南部地区，人口密度达到 31 ～ 57 人 /km^2，低密度地区则是自然条件尤其是气候条件较为恶劣的地区，地广人稀，人口密度都在 10 人 /km^2 以下。目前，最低的远东地区的人口密度只有 1 人 /km^2。[③]

远东地区素以气候严寒著称，前苏联时期曾经大规模组织从俄欧地区向远东大规模移民，但是近年来出现了人口危机，从 1991 年到 1997 年的 6 年间，人口由 805 万下降到 742 万，这其中虽然有历史方面的原因以及社会政治和心理方面的原因，但自然条件方面的原因最为直接，远东地区偏远、寒冷、荒漠，基础设施和生活设施相对落后，生产与生活条件十分艰苦，从而导致人口的大量外流。[④]

在中国，人口密度高的地区是中部地区、沿海地区、长江沿岸、黄河两岸。近年来寒冷地区“北雁南飞”现象持续升温，尤其是东北地区，这其中既包括中青年人才外流，也包括老龄人口外流和季节性迁移。黑龙江曾是人才外流大省，改革开放 20 多年，人才流失 20 多万。[⑤]对于中青年人才来说，除了经济发展和政策的原因，严寒的气候环境以及气候对于生活环境的影响也是人才外流的一个重要因素。对于老龄人口来说，气候环境则成为主要原因，在温暖的气候条件下舒适地生活、养老已成为许多人退休后的目标。因此，出现了许多老龄人口退休后迁居到气候温暖地区养老的现象。还有一些老龄人口像“候鸟”迁徙一样，冬季到南方生活，春夏季再回到北方。近几年来，在东北地区和西北地区许多旅行社组织的冬季老年人海南“越冬团”项目极受欢迎正说明了这一点。

---

① 韩笋生，迟顺芝．加拿大城市化发展概况．国外城市规划，1995, 3:13.

② 李玲．加拿大人口发展与人口迁移．人口与经济，1995, 5: 59.

③ 冯春萍．当前俄罗斯人口地理变动的新特点．人文地理，2002, 5: 63.

④ 杜立克．浅析俄罗斯远东地区的人口危机问题．内蒙古大学学报（人文社会科学版），2003, 7:98.

⑤ 人民日报赴黑龙江采访组．龙江奋起写新篇．人民日报．2004-12-26.

2.3.4.2　对经济发展的影响

当气候极端炎热和极端寒冷时，气候环境能够影响到生产效率，降低生产力水平，从而进一步对地区经济发展水平产生一定程度的负面影响。

有学者对于世界城市群进行研究指出，发展较快的世界城市群都具有良好的地理位置和自然条件，大都位于适宜人类居住的中纬度地带，并且都处于平原地带。日本的人口和经济高度集中于南部气候温暖适宜的三大平原地带，这一地带集中了日本全境 68.5% 的国民生产总值。[①]

有这样一个事实不容忽视，即在一个国家内部，经济文化中心经常作纬度上的转移。美国在第二次世界大战后，经济中心出现纬度迁移，由北方“冰雪带”迁向南方“阳光带”。加利福尼亚、佛罗里达、得克萨斯、亚利桑那等地处南方“阳光带”的各州发展迅速。气候温暖、风光秀丽的南部地区对朝阳工业和居民有较强的吸引力。[②]

20 世纪 40 ~ 50 年代以来，“阳光带”经济发展、投资和城市人口增长一直保持全美领先，成为美国新崛起地带。传统工业集中的东北部和中西部城市则发展缓慢，步入衰退。“阳光带”的崛起相对于传统工业布局心脏地带——东北部和中西部（“冰雪带”）的衰退，成为美国自“二战”以来最突出的区域经济特点。[③]许多学者认为，缺乏良好的投资环境是美国中西部城市走向衰落的重要外因。在对企业家投资设厂有重大影响的因素中，气候的因素同税收高低、劳动力价格及供应、基础设施及能源的获取、与市场的距离等因素一样都是十分重要的。“阳光带”城市正是凭借其优越的投资环境吸引了大批的企业和资本，迅速崛起。

瑞典因为战后人口向南部迁移，造成占全国面积一半以上的广大中西部和北部地区出现人口流失，年龄结构老化，进而出现经济萧条等问题，进一步拉大了地区差距。[④]

改革开放以来，中国的南北关系也出现新的变化，呈现出人口、经济和文化南移的高潮。除了政策的因素以外，东南沿海地区优越的地理环境和气候特点确确实实也是吸引人才和外部投资的一个重要因素。近些年来，以东北地区为代表的寒冷地区人才和资产流失十分严重，已经成为制约地方经济发展的一个重要原因。

2.3.4.3　对社会就业的影响

寒地城市由于受到气候条件的影响，大都存在着就业季节性波动的现象，还有一些行业存在季节性失业的现象。季节性失业是指因季节变动所导致的劳动者就业岗位的丧失。例如，有些部门对劳动力的需求随季节的变动而波动，如旅游业、建筑业等。季节性失业在多数寒地城市主要表现为冬季一些涉及户外环境的就业受到影响，影响最大的是建筑行业，市政、园林部门，水上交通运输部门等。

中国的北方城市哈尔滨每年从 11 月到次年的 4 月，城市都会面临严寒、冰雪、冷风的侵袭，只有半年的施工期，对于拥有大量施工人员的建筑、园林和市政工程部门来说，

---

① 吴传清．概览世界城市群．区域与旅游规划空间．2004-08-25. http: //www.plansky.net.

② 胡兆量，陈宗兴，张乐育．地理环境概述．北京：科学出版社，1994:48.

③ 王仲智，林炳耀．美国“阳光带”的崛起对中国西部城市化战略的启示．世界地理研究，2004, 6: 40.

④ 亓玫．瑞典如何缩小地区差距．理论前沿，2004, 16:49.

冬季大都处于停工状态。还有一些部门如松花江航运部门，由于江面封冻有近 5 个月的停航期，每年只能给职工放长假；市内的一些公园等户外休闲娱乐场所，除了开展冰雪活动的公园以外，也会在冬季关闭或是削减人员。这些情况都使得冬季很多人会失去就业岗位，这些人中间一部分仍然可以从单位领取相对于工作季节低得多的工资，处于半失业状态，而还有部分人员则处于失业状态，只能在冬季自谋生计。

同样的问题也存在于一些发达国家的寒地城市中。比如加拿大，每年的冬季由于气候的原因，建筑业、林业、渔业、农业等行业都会受到影响，产生大量的失业人员。统计表明，在大多伦多地区，在每年 11 月和次年的 6 月份之间，大约有 40000 ~ 50000 人失业。[①]

加拿大政府于 2002 年提交的一份研究报告对北欧和加拿大的季节性就业情况进行了研究。报告指出，北欧国家的气候相对中国北方和加拿大的寒地城市较为温和，而且由于技术的提高，一些北欧国家可以在冬季进行施工，其城市建设已经变得无季节性。但是即便如此，在拥有传统型的工业如渔业、农业、林业领域也存在少量季节性失业现象。在严寒的挪威北方，依赖渔业的诺德兰（Nordland）、特罗姆瑟（Troms）和芬马克（Finmark）等城市的冬季仍然有高失业率存在，在丹麦北部的一些岛屿和瑞典和芬兰的北方，冬季也有较高的失业率（图 2-15、图 2-16）。

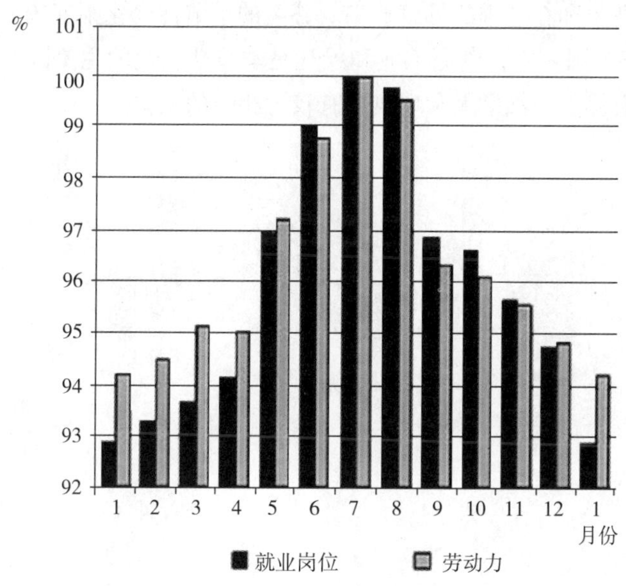

图 2-15　劳动力市场的季节性

资料来源：Roger Guillemette, Francis L'Italien, Alex Grey. Seasonality of Labour Markets: Comparison of Canada, the U.S. and the Provinces. Applied Research Branch, Human Resources and Development Canada, 2000, 11. http://www.hrsdc.gc.ca/en/cs/sp/hrsd/prc/publications/research/2000-000138/page07.shtml.

---

① Norman Pressman, Xenia Zepic. Planning in Cold Climate——A Critical Overview of Canadian Settlement Patterns and Politics.Winnipeg: University of Winnipeg Press, 1986: 62.

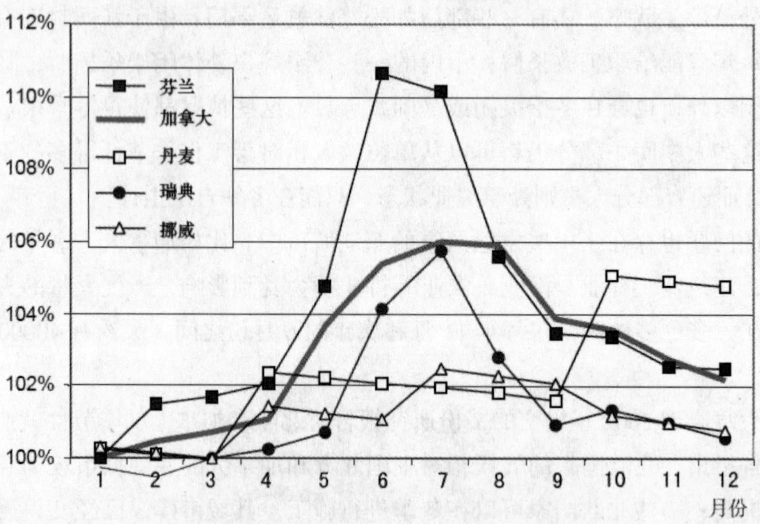

图 2-16　加拿大与北欧四国每月就业情况

资料来源：Patrick Grady, Costa Kapsalis.The Approach to Seasonal Employment in the Nordic Countries: A Comparison with Canada. Applied Research Branch, Human Resources Development Canada, 2002:16. http://mpra.ub.uni-muenchen.de/2991/. 由各国每月就业人数除以统计的当前月和前 6 个月以及后 5 个月的平均值得出的。

该研究报告还认为，加拿大和北欧的芬兰、瑞典在就业方面有较为相似的季节性模式：在夏季的高就业率和在冬季的低就业率。芬兰的季节性变化幅度较大，之后是加拿大和瑞典。[①]在这三个国家中，资源工业和天气是季节性就业的主要因素。丹麦和挪威的季节性就业模式总体上与加拿大和瑞典也有较为相似的振幅。

① Patrick Grady, Costa Kapsalis.The Approach to Seasonal Employment in the Nordic Countries: A Comparison with Canada. Applied Research Branch, Human Resources Development Canada, 2002: 16. http://mpra.ub.uni-muenchen.de/2991/.

第 3 章

寒地城市环境宜居性研究的理论基础

寒地城市环境的宜居性研究首先应构筑坚实的理论平台，即应以先进的科学理论为基础建立正确的理念，其中较为重要的基本理念包括以实现寒地城市环境整体宜居为目的的系统观，以实现四季宜居为目的的自然观，以实现可持续宜居为目的的生态观和以实现特色宜居为目的的地域观。

3.1 寒地系统观

系统观就是从系统角度观察世界和解释世界，建立系统观是研究寒地城市环境宜居性的重要基本理念之一。

3.1.1 寒地系统观的理论基础

系统观的理论基础是系统论以及人居环境等方面的理论。

3.1.1.1 系统论

一般系统论的创始人L·V·贝塔朗菲认为：所谓系统，就是指由一定要素组成的、具有一定层次和结构、并与环境发生关系的整体。[①]他提出了“整体大于各孤立部分总和”的著名系统定律。他认为系统的复杂现象大于因果链的孤立属性的简单总和，系统的整体功能不是各组成部分的功能的简单叠加，而是呈现出各组成部分所没有的新功能。系统的整体效应在于系统、要素、环境之间的有机联系，只有这样才能使系统出现有规则的运动，表现出各个组成要素所没有的新特性。如果系统内各个局部的关系比较协调，整体的性能就比较好。反之，系统的功能就会受到影响。

一般系统论给人们提供了与传统方法迥然不同的新思路，即对于一个系统，从整体出发，研究系统与其子系统（或要素）之间、各子系统（或要素）之间以及系统与其所处的外部环境之间的相互关系和相互作用，从而从整体上和动态上来把握系统的性质和规律。实际上，系统就是处在一定相互联系中与环境发生关系的各组成部分的整体。一般系统论是对“整体”概念的科学表达。

中国著名科学家钱学森认为系统是由相互作用和相互依赖的若干组成部分结合成的具有特定功能的有机整体，而且这个系统本身又是它所从属的一个更大系统的组成部分。构成系统的各个组成部分，就是它的要素。系统所从属的更大系统，就是它的环境。无论组成系统的元素有多少，系统总是作为一个整体来表现其功能的。

寒地城市本身就是一个复杂的大系统，同其他系统一样，地处北方寒冷地域大环境之下的寒地城市系统也包含诸多系统要素，只有这些要素有机地联系和相互作用，其城市系统的功能才能得到整体的发挥。对于寒地城市环境的宜居性，也必须以系统论的观点，从系统角度出发研究寒地城市环境与构成环境的要素之间，以及寒地城市与其所处的外部大环境之间的相互关系和相互作用。

---

① 张华夏．物质系统论．杭州：浙江人民出版社，1987: 10.

3.1.1.2 人居环境科学

希腊学者道萨迪亚斯（A.C.Doxiadis）很早就较全面地运用系统思想阐述其“人类聚居学”，他认为人居环境（Human Settlement）是由独立和群体存在的人（Man）以及自然和人工的物质环境（Physical Settlement）所组成的，他强调，没有人类存在的自然物质环境甚至于较长时间无人居住的人工物质环境都不能称为人居环境。人居环境的两个基本要素——人与物质环境还可以进一步划分为五个元素，即：

• 自然：为创建人居环境并发挥其功能提供基础；

• 人；

• 社会；

• 建筑物：人类生活其中并从事不同的活动；

• 支撑设施：自然和人工的支撑设施系统，能够使得人居环境的功能更易发挥，如道路、给水、电力等。[①]

根据以上要素，人居环境的组成可以概括为自然系统、人类系统、社会系统、居住系统和支撑系统等五大系统，如图 3–1 所示。其中，人类系统和自然系统是构成人居环境主体的两个基本系统，居住和支撑系统则是组成满足人类聚居要求的基础条件，必须用一种系统方法来处理人居环境所有问题。

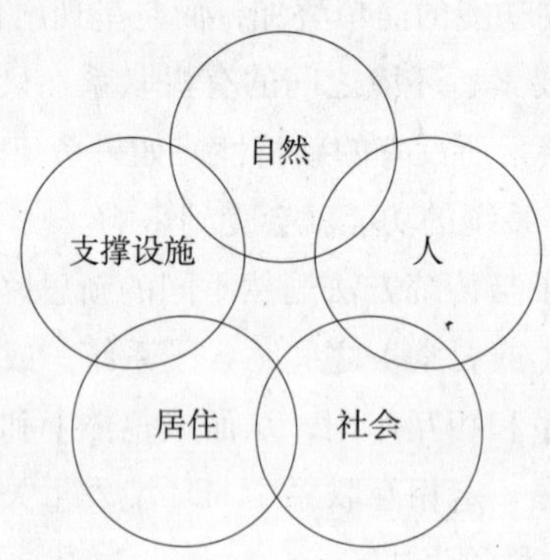

图 3–1 道萨迪亚斯提出人居环境组成要素

资料来源：Constantinos A.Doxiadis.Ekistics. London:Hutchinson &Co.LTD, 1968:56 .

在国内，清华大学的两院院士吴良镛先生也较为系统的提出了人居环境科学理论，认为“研究建筑、城市以至区域等的人居环境科学，也应当被视为一种关于整体与整体性的科学。无论历史上还是现在、无论治学或工程设计，大凡能高瞻远瞩集大成而又有独创者，都离不开整体思维”。[②]“一个良好的人居环境的取得，不能只着眼于它部分的建设，而且要实现整体的完满，既要面向‘生物的人’，达到‘生态环境的满足’，还要面向‘社会的人’，达到‘人文环境的满足’”。[③]

① C. A.Doxiadis.Ekistics. London:Hutchinson &Co.LTD, 1968: 56.

② 吴良镛 . 人居环境科学导论 . 北京 : 中国建筑工业出版社 , 2001: 103.

③ 吴良镛 . 人居环境科学导论 . 北京 : 中国建筑工业出版社 , 2001: 48.

基于人居环境理论开展对寒地城市环境的宜居性研究，能够使我们在整体观念指导下，统筹兼顾，按照自然、经济、社会等方面的需求和实际情况，统一协调寒地城市环境的局部与整体、当前与长远、物质环境建设与生态环境保护之间的关系，在提升寒地城市环境宜居性的同时，保障寒地城市生态系统的良性循环与可持续发展。

3.1.2 面向整体宜居的寒地系统观

系统理论和人居环境理论有助于我们树立面向整体宜居的寒地系统观。宜居的寒地城市环境应该是整体宜居的城市环境。所谓整体宜居，是指宜居性既应体现在寒地城市环境的整体，同时也应面向寒地城市社会的整体，而树立正确的系统观是实现寒地城市环境整体宜居的重要途径。

首先，就寒地城市环境本身而言，研究其宜居性不能仅仅从城市环境的某一单方面来探讨，必须树立整体协调的系统观念，全面、系统的把寒地城市环境作为一个有机整体来进行研究。根据系统的观点，寒地城市环境是十分复杂而又不断变化的大系统，系统内部诸要素的变化必将引起整个系统的变化。因此，不能孤立地看待寒地城市环境的建设，仅仅研究寒地城市本身，必须充分关注城市生存的场所——北方高纬度寒冷地区的特点，充分认识到北方寒冷地区自然环境是寒地城市存在的基础和条件。研究寒地城市环境，应该综合地分析寒地城市所处的区位条件、自然环境特点、社会经济发展水平、人文特色等方面的因素，从整体上对系统加以把握，从而创造整体宜居的寒地城市环境。

再者，对于寒地城市环境系统中的主要生存对象——社会公众而言，宜居性建设应该考虑社会发展的整体利益，面向社会公众的整体。在论及人居环境建设时，吴良镛先生曾指出，建设良好的居住环境，应为幼儿、青少年、成年人、老年人、残疾者备有多种多样的不同需要的室内外生活和游园空间。合理组建人居社会，促进包括家庭内部、不同家庭之间、不同年龄之间、不同阶层之间、居民和外来者之间以至整个社会的和谐幸福。[①]因此，寒地城市环境的宜居性建设不仅仅面向城市的中、高收入阶层，也应充分考虑低收入群体的利益，提高寒冷气候条件下广大城市平民的生存质量；不仅仅面向一般的城市大众群体，也应该充分考虑老弱病残群体的利益，满足在寒冷气候条件下这些特殊群体特殊的生活需求；不仅仅面向本地市民，也应考虑到外来工作、旅游者的利益，增加寒冷气候条件下城市环境对投资和旅游的吸引力。可见，只有面向寒地城市社会公众整体，宜居才是真正意义上的宜居。

除此之外，从学科研究的角度而言，寒地城市环境的宜居性研究应该是一项融合多个相关学科的综合性课题，由于涉及地理学、气候学、生态学、建筑学、社会学、工程学、经济学等多个学科，其研究体系本身也必然是一个复杂的系统，具有一定的整体性，系统内部各学科要素之间相互联系、相互影响并相互作用。吴良镛先生在论及人居环境学时也曾指出，要从整体上努力吸取多学科的研究成果，整体地、融会贯通地解决中国城

① 吴良镛. 人居环境科学导论. 北京：中国建筑工业出版社，2001: 66.

乡的建筑问题。寒地城市环境的宜居性研究应充分地着眼于各学科之间的关联性，并对各学科与寒地城市研究的交叉点部分积极地加以整合，从而形成较为完整、较为全面的寒地城市环境宜居性研究体系。

总之，系统观为我们提供了整体的研究方法，只有树立正确的系统观才能从环境建设和学科研究的角度整体地看待寒地城市环境的宜居性，从而实现寒地城市环境的整体宜居。

3.2 寒地自然观

自然观是关于自然界以及人与自然关系的总看法、总观点，它是世界观不可分割的部分，对自然的看法决定了我们对自然的生存态度，同样，对于寒冷地区自然环境的不同认识将影响到我们对寒地城市环境的研究和建设。

3.2.1 寒地自然观的理论基础

3.2.1.1 传统哲学思想和现代人地协调论

对于人类如何对待自然界，中国古代有几种较为典型的哲学思想，包括老庄的因任自然（顺天）说，荀子的改造自然（制天）说和《易传》为代表的天人调谐说。

老庄因任自然的学说，强调的是人与自然的和谐一体，反对人类把自己的意志强加给自然，对于自然的规律横加干涉和改变，认为人为地改变自然，不仅无益，甚至会置自然之物于死地。人类应当“辅万物之自然而不为始”，“顺自然而行，不造不施”。即顺其自然而无为，按照客观规律去行事。[①]

荀子的改造自然说则认为，“天”是客观存在的自然界，“天有常道，地有常数”。天有自然运动变化的规律，人类的生存活动是受客观自然界及其变化规律所制约的。在承认天的客观性、必然性的同时，荀子又强调人可以发挥自己的主观能动性，去征服、改造自然，使之更好地为人类服务，提出了“制天命而用之”的思想。认为应该掌握天的自然规律来利用它，根据四时的变化来运用它，发挥人的能力变革它，动手去治理万物而控制它等。[②]

《周易大传》以天人相互协调为理想，提出关于天人关系的精湛见解。主张“裁成天地之道，辅相天地之宜”、“范围天地之化而不过，曲成万物而不遗”，这是一种较为全面的观点，既要遵循天的变化，尊重自然规律，顺应自然，又要发挥人的主观能动性，改革自然；既要顺应天道阴阳的运行之则，又恰当地把握好变革的时机和环节，合理使用“人谋”作用，推动事物的进化。调整自然使其符合人类的愿望，既不屈服于自然，也不破坏自然。[③]

① 楼宇烈．一种协调个人与社会关系的理论——玄学的名教自然论．北京社会科学，1993, 2: 65-68.

② 朱葵菊．中国传统哲学．北京：中国和平出版社，1991:71.

③ 张岱年．中国哲学中“天人合一”的思想的剖析．北京大学学报（哲学社会科版），1985, 1:8.

西方现代人地协调论兴起于20世纪60年代，以后逐步发展并被公认。人地协调论主要研究自然系统及其组成要素的法则和特征，人类与环境的对立统一关系及其发生演变发展趋向，人类与环境的协调发展。“协调论成为人地关系思想的主导观念，是在工业革命以来人地矛盾日益尖锐化，并且协调人地关系的难度也日益加大的大背景下形成的。协调论一方面要使人类活动更能顺应地理环境的发展规律，更能充分合理地利用地理环境；另一方面要对已经破坏了的不协调的人地关系进行调整”。①

1972年联合国人类环境会议组编的《只有一个地球》的报告中指出：“人类不是地球上的寄居者，而是地球的主人。”该报告多次强调了人类与环境之间相互影响、相互改造、相互依存的观点，主张建立起人类与自然环境之间的和谐和平衡的关系，并且报告中几次提出“协调”的观念。此后，在一些相关的国际会议上，协调观念也被多次公开、明确地提出。

从中国传统哲学思想和西方现代“人地协调论”中我们可以得出相应的启示，要客观而积极地面对寒冷地区的自然环境，既要吸收老庄思想中崇尚和顺应自然的一面，充分认识和遵循寒冷地区自然环境的一般规律，也要避免在寒冷的气候条件面前的屈从和无为，受到寒冷自然环境的束缚；既要吸收荀子思想中改造和控制自然的一面，积极采取措施改善寒冷地区人居环境质量，也要避免奴役和破坏自然，盲目地强调“人定胜天”，使得寒冷地区生态环境恶化。

总之，应该吸收天人调谐说和人地协调论的观点，充分认识到寒冷气候条件下人与自然环境协调的重要，强调寒地自然与人的紧密相连和不可分割。作为寒地自然界的一部分，寒地人类社会的运行是与寒地自然相统一的，人应顺应寒地自然环境的发展规律，合理地利用寒地自然环境，与寒地自然共存共荣，寒地自然环境与寒地城市之间应构成和谐的整体。

3.2.1.2　西方建筑学者的寒地自然观

针对寒地城市的冬季气候，西方国家的学者一直以来持有两种不同的观点，一种观点认为人们完全可以克服冬季气候的严寒，和其他季节一样走出屋门，自由地从事各种户外活动，就当冬季并不存在；与之相反，另一观点认为严寒的冬季是存在的，但是有没有好的天气并不重要，因为人们冬季可以不出屋门，一直躲在有空调的室内化人工环境中生活。

实际上，这两种观点代表了两种面对寒冷自然环境的态度，一种是挑战自然、战胜自然的态度，另一种则是屈从于自然，躲避自然的态度。针对这两种态度，一直致力于适应寒地气候的城市生活研究的加拿大滑铁卢大学城市与区域与规划学院诺曼 · 普莱斯曼教授认为，寒地城市生活不仅与城市规划有关，同时也涉及人们对冬季的认知和态度。他认为许多加拿大人都有崇尚夏天的心理状态，已经在各种条件影响下习惯于以一种消极的方式看待冬天，认为冬天是敌对的并且强烈地否认它。针对这一观点，他号召人们“理解冬季”，既要看到寒冷的气候条件给城市物质环境和社会经济发展带来的负面影响，也

① 王黎明. 区域可持续发展——基于人地关系地域系统的视角. 北京：中国经济出版社，1998:22.

应以北方地区的地理位置和四季多样的气候特征为自豪，欣赏和庆祝寒冷自然环境赋予城市的冰雪文化。[①]

场所理论的代表人物挪威奥斯陆大学建筑学院教授N·舒尔茨（Christian Norberg-Schulz）认为，定居要以人对环境的认同感为前提。"在我们的环境脉络中，认同感即意味着与环境为友。北欧人已经与雾、冰和寒风成为朋友；当他们散步时，对脚下雪的开裂声引以为荣，他们必须体验沉浸在雾中的诗意"。[②]舒尔茨认为通过创造具有场所感的、使居民认同和自豪的空间对于增加环境的吸引力十分重要。

丹麦建筑学家扬·盖尔提出自己的主张，认为对于寒地城市既不能过度建设室内化人工环境来躲避自然，也不能无视冬季的严寒，完全不顾气候防护挑战自然。应该通过"点亮"和"暖化"冬季环境，提升冬季生活条件，建设"冬季友好的户外城市"（Winter Friendly Outdoor City），使寒冷地区居住的人们享受冬季，同时，寒地城市也应该提供良好的户外公共活动空间功能，使之同时也成为"夏季城市"（Summmer City），即建设四季皆宜的寒地城市。[③]

3.2.2 面向四季宜居的寒地自然观

宜居的寒地城市环境应该是四季宜居的，所谓四季宜居，其含义不仅仅体现于寒地城市环境在气候温暖季节是宜居的，还体现于在气候寒冷季节里寒地城市环境的宜居性也应得到提升。建设四季宜居的寒地城市环境应该充分考虑不同季节尤其是漫长寒冷的冬季的影响，树立正确的寒地自然观有助于建设四季宜居的寒地城市环境。

寒地自然观主要包括两层含义：

首先，要积极地认同和接受寒地城市自然环境。相对于冬季，尽管另外三个季节在寒地城市持续的时间都很短，但是居住在北方高纬度寒地城市的居民对于这三个季节的喜爱却是溢于言表的。然而，寒地城市自然环境尤其是地理纬度和冬季气候条件是客观存在的事实，对此采取消极回避和排斥态度是不可取的，应该充分认清寒地城市自然环境对于城市环境宜居性建设产生的影响，并且分析这些影响中的积极因素和消极因素。在接受冬季气候寒冷现实的同时，重视发扬冬季的特殊魅力，积极研究相应的对策来克服寒冷气候的劣势，并且充分利用优势以提高寒冷季节里城市环境的宜居性。

其次，要科学地看待寒地城市冬季气候的严酷程度。一直以来，许多人对于如何应对冬季气候一直以来存在"保护"的观点，认为要尽可能地提供气候防护，使人不再被迫与外界的寒风和低温接触。城市应该通过高科技手段建立人工化防护设施使人们从恶劣的天气情况下彻底解放出来，如建立像北美一些寒地城市的"室内城"、"地下城"、"天桥城"等，从而在冬季为人们提供最多的保护。也有人认为，如果提供过多的保护，在严寒环境下生存的人们会变得脆弱，缺乏适应能力，不依赖科技手段就无法应对自然环

① Norman Pressman.Northern Cityscape: Linking Design to Climate.Ontario: Winter Cities Association, 1995: 32.

② （挪）诺伯格·舒尔茨.场所精神——迈向建筑现象学.施植明译.台湾：田园城市文化事业有限公司，1980:20.

③ Jan Gehl. A Good City All Seasons.Winter Cities，1992, 4: 15.

境的冲击。因此不应该将人从自然环境中过多地保护起来，而是要使人们去经历季节性的考验。

实际上，我们既不能过于夸大寒地城市冬季的严酷性，一味悲观地认为冬季人们只能躲在室内，完全依赖室内人工环境的庇护，也不能将冬季户外公共生活想像得过于罗曼蒂克，盲目乐观，而忽视基本的气候防护。因此，认清寒地城市冬季气候的严酷程度有助于我们在冬季保护与暴露之间取得最佳的平衡，既保护人们免受不利气候的影响，又在气候条件有利时适当从事户外活动。

总之，寒地自然观强调人类社会尽可能地与寒地自然和谐相处，科学、客观地认识寒地自然环境，增强对于寒冷自然环境下城市生活的适应能力，通过城市环境与自然环境的高度整合，实现寒地城市环境一年四季的宜居。

3.3 寒地生态观

良好的寒地城市生态环境是寒地人类住区生存和发展的基本条件，也是建设宜居寒地城市环境的前提和基础，因而树立正确的寒地生态观是十分重要的。

3.3.1 寒地生态观的理论基础

3.3.1.1 城市生态系统和生态因子

以城市生态学的观点来看，任何城市都是复杂的生态系统，具有开放性、依赖性、脆弱性和复合性等特点。其中，脆弱性是指城市生态系统极易受到人为和自然环境条件变动的干扰。从另一角度来看，城市生态系统并非完全的生态系统，系统自身不能生产所需的食物、燃料和原料，也不能完全处理自身产生的废物，因而是几乎完全靠人工来调节和控制的寄生系统。

中国著名生态学家和环境学家马世骏教授于1981年提出了著名的“社会——经济——自然复合生态系统”的理论。他认为，当今人类赖以生存的社会、经济、自然是一个复合系统的整体。城市自身并不是一个完全的生态环境，城市生活所需要的一切都依赖于周围的其他区域、腹地或其他城市，城市既对环境起作用，又受环境的影响。

在生态环境中，对人类及生物的生长与发育具有直接或间接作用的外界环境要素，例如光、温、水、热、地形地貌、海拔高度、土壤、气候条件等可以称为生态因子（Ecological Factor）。从不同的角度，按照不同的分类方式，生态因子可以分为：

（1）生物因子和非生物因子。前者包括温度、湿度、大气条件、光等理化因子；后者包括同种生物的其他有机体及异种生物的有机体。

（2）气候因子，光能、温度、空气、水分、雷电等；土壤因子，土壤的结构、有机和无机物质的数量、理化性能以及土壤生物和微生物的作用；地理因子，地球表面上的海洋和陆地、山川湖沼、平原、高原、山岳、丘陵、海拔高低、坡度坡向、纬度经度等；生物因子，动物、植物、微生物对环境的作用及生物之间的相互影响；人为因子，人类对生物资源的利用、改造、发展、引种驯化和破坏作用，以及环境污染的危害等作用。

（3）密度制约因子和非密度制约因子。前者如食物、天敌等生物因子，其影响大小随种群密度大小而变化；后者如温度、降水、灾害等气候因子，它们的影响大小不随种群密度而变化。

（4）稳定因子和变动因子。前者如地心引力、地磁、太阳辐射常数等恒定的因子，这些因子决定了生物的栖居与分布。后者又分为两类：其一是有周期性变动的因子，如地球绕太阳转动，出现春夏秋冬，潮涨潮落等因素，主要影响生物的分布；其二是非周期性变动的因子，如风、雨、雷、电等，主要影响生物的数量。

（5）直接因子和间接因子等。前者对生物与人类起直接作用，如光、温、水、CO_2、O_2等；后者是通过影响直接因子而间接影响生物与人类，如地形因子（坡向、坡度、海拔高度）通过对光照、温度、风、土壤质地的影响，才能对生物与人类发生作用。①

相对而言，第二种分类方式将生态因子分为气候因子、土壤因子、地理因子、生物因子和人为因子，更能够比较直观地表达出城市生态环境的要素。其中气候因子影响自然环境和人为活动，是形成地方性和区域性场所的基本力量，也是造成这些场所之间差异性的重要原因。

在城市生态系统中，各种生态因子不是孤立存在，而是彼此联系、互相依存、互相制约的，任何一个生态因子的改变都将引起其他因子不同程度的变化与作用，其作用是综合的而不是单一的。但是，在诸多生态环境因子中，必有一个生态环境因子对生物起决定性作用，称为主导因子，主导因子发挥的作用称为主导作用。

任何寒地城市与其所处的自然环境都会构成一个巨大的生态系统，在这一系统中，各个生态因子相互作用、相互影响。对于特定地域环境中的寒地城市而言，在诸多生态因子中，气候条件是对寒地城市规划建设起到重要作用的主导生态因子之一，影响到土壤、植被以及人为活动等其他方面，对寒地城市人居环境产生极大的影响，尤其是冬季寒冷气候条件形成的“冬季生态”效应对于寒地城市环境宜居性建设的各个方面所产生的影响是不可低估的。研究寒地城市主导生态因子——气候因子的影响作用，对于提高寒地城市人居环境的宜居程度意义重大。

3.3.1.2　可持续发展和生态城市

可持续发展是指经济、社会、人口与资源和环境的协调发展既满足当代人的需要，又不对后代人满足其需要的能力构成危害的发展。②其本质是改变过去人与自然的对立关系为和谐关系，以提高人类的生活质量为目标，这与传统的单纯以经济增长为发展目标的模式具有本质的不同。当前，作为一种全新的发展观，可持续发展已得到全球的共识。

1992年在巴西里约热内卢召开以环境和发展为主题的世界首脑会议，会后发表了全

① 王祥荣. 生态与环境——城市可持续发展与生态环境调控新论. 南京：东南大学出版社，2000：115-116.

② 1987年联合国世界环境与发展委员会（WCED，主席为挪威首相布伦特兰女士）发布了长篇报告《我们共同的未来》（《Our Common Future》），在报告中首次提出了“可持续发展”的定义。

球21世纪议程，把人类住区工作的总目标归纳为："改善人类住区的社会、经济、环境质量和所有人（特别是市和乡村贫民）的生活和工作环境。"大会对人类住区建设提出了相关要求，包括向所有人提供适当的住房；改善人类住区的管理；促进可持续的土地利用规划管理；注重结合提供环境基础设施，加强对供水、卫生状况、排水和固体废弃物的管理；促进建设人类住区中符合可持续原理的能源系统和运输系统；加强灾害易发地区人类住区的规划和管理；促进建筑业的可持续性；注重人力资源的开发和建设，以此促进人类住区的发展。

1994年中国政府也制定了可持续发展战略《中国21世纪议程——中国21世纪人口、环境与发展白皮书》作为指导中国实现可持续发展的行动纲领，《议程》在"人类住区可持续发展"一章中提出了城市化与人类住区管理、基础设施建设与完善人类住区功能、改善人类住区环境、向所有人提供适当住房、促进建筑业可持续发展、建筑节能和提高住区能源利用效率等六个方面的任务。

1996年在伊斯坦布尔召开的联合国第二次人居大会的主题之一是"城市化进程中人类住区可持续发展"，提出要"在世界上建设健康、安全、公正和可持续的城市、乡镇和农村"。

由此可见，可持续发展理论与人居环境建设的结合正日趋紧密，可持续发展已经成为世界各国人居环境建设的重要行动准则。

"生态城市"[①]理论的提出对于寒地城市人居环境研究具有更加重大的意义。俄罗斯生态学家N·扬尼斯基（N.Yanitsky）、美国生态学家R·雷吉斯特（Richard Register）等国内外学者都对生态城市进行了研究。扬尼斯基提出，生态城市是一种理想城市模式，其中技术与自然充分融合，人的创造力和生产力得到最大限度的发挥，居民的身心健康和环境质量得到最大限度的保护，物质、能量、信息高效利用，生态良性循环的一种理想栖境。R·雷吉斯特则认为生态城市即生态健康城市（Ecologically Healthy City）是紧凑、充满活力、节能并与自然和谐共存的聚居地。

中国学者黄光宇认为，生态城市融合了自然、社会、经济、文化、历史等因素，体现的是一种广义的生态观，是社会系统与自然系统高度和谐的人类生存空间系统，是与生态文明时代相适应的人类社会生活新的空间组织形式，是人类住区发展的高级阶段。

生态城市是城市生态化发展的结果，是社会和谐、经济高效、生态良性循环的人类住区形式，其发展目标是实现人——自然的和谐（包含人与人和谐、人与自然和谐、自然系统和谐三方面内容）。生态城市不是单单追求环境优美，或自身的繁荣，而是兼顾社会、经济和环境三者的整体效益，不仅重视经济发展与生态环境协调，更注重对人类生活质量的提高，是在整体协调的新秩序下寻求发展。

基于可持续发展的理论研究寒地城市环境的宜居性，强调宜居性建设的可持续性，即寒地城市环境不仅仅对于居住在城市中的当代人宜居，对于后代子孙也应是宜居的。"生

---

① "生态城市"英文称为ecopolis、ecocity或ecological city，法文则称为ecoville，这一概念是在联合国教科文组织发起的"人与生物圈"（MAB）计划研究过程中提出的。

态城市”理论对于寒地城市研究具有更加重大的意义，结合生态城市理论，探讨寒地城市环境宜居性建设的生态模式是中国寒地城市环境发展的必由之路，也是可持续发展理论在城市层次上的体现。

3.3.1.3 生态设计和生态技术思想

（1）生态设计思想。生态设计是以现代生态学为基础和依据的设计思维方法，强调人与自然的相互关联与相互作用，以及保持与维护人类与自然界间的和谐关系。生态设计的主要目的在于利用自然生态过程与循环再生规律，达到人与自然的和谐共处以及发展的可持续，从而提高人类居住、工作、休闲、学习、娱乐等方面的质量。

J · 托德（John Todd）提出将“地球作为活的机器”的生态设计原则，包括体现地域性特点，同周围自然环境协同发展，具有可持续性；利用可再生资源，减少不可再生能源的耗费；建设过程中减少对自然的破坏，尊重自然界的各种生命体。

西姆 · 范 · 德 · 莱恩（Sim Van der Ryn）与 S · 考沃（Stuart Crowan）提出的生态设计方法和原则，包括结合地域人文特征，即解决方法从各种场所的文化、物理特征中产生，认为应根据纬度变化进行生态设计；根据生态收支进行设计，所谓生态收支（Ecological Accounting），是收集以往经济学未曾关注过的有关生态学成本的信息，并试图进行改善；设计符合自然结构，有效地利用自然本身所具有的过程及模式；任何人都是设计者，即公众参与设计；将自然“可视化” 制造学习文化、自然、设计间的共生共存关系的机会。①

麦克哈格（Ian L.MacHarg）在《设计结合自然》（Design with Nature）一书中深刻地阐述了人与自然的关系，抨击了现代技术对于环境的破坏和对宜居性的降低，论述了通过生态的设计方法，将设计与自然结合来加以改变的思想。

总之，生态设计是建设可持续发展的寒地城市环境的有效手段。通过生态设计不仅可以将设计与寒地自然环境有效地结合，增强寒地城市环境的宜居性，同时还可以实现对寒地城市资源的高效利用与循环再生，减少废弃物的产生，降低对寒地生态环境的损害。

（2）生态技术思想。生态技术是指与生态平衡相协调的技术，亦称之为清洁生产技术或清洁技术。生态技术介于经济技术与生态环境保护之间，以经济效益和生态效益为双重目的。从实践上看，它是人类自觉地遵循生态学规律、以生态系统内部合理的能流和物流为指标来实现经济和生态环境持续发展的根本手段。值得强调的是，“生态”并不意味着高技术、高成本，在应用生态技术过程当中，技术选择是非常重要的问题。中国是一个发展中的大国，位于中国的寒地城市采用什么样的技术路线，应根据国情和寒地地域环境特征确定。

生态技术思想为寒地城市环境建设提供了有力的技术支持，寒地城市环境建设采用生态技术，既可以提高寒地城市居民生活质量，推动社会经济各项事业的发展，又能够维持寒地城市生态平衡，保护寒地城市环境，节约资源与能源。

---

① （日）山本良一 . 战略环境经营：生态设计——范例 100. 王天民译 . 北京：化学工业出版社，2003：186–187.

3.3.2 面向可持续宜居的寒地生态观

寒地城市环境的宜居性不应仅仅是寒地城市建设的短期结果，保持长久、可持续的宜居性才是寒地城市环境建设的最终目标。可持续宜居的寒地城市环境必然是注重生态保护的，也就是说人们追求舒适生活，进行宜居性建设不能以破坏生态环境为代价，只有以寒地生态观为理念开展寒地城市的宜居性建设才能获得真正意义上可持续的宜居。

所谓生态观，主要是生态系统的整体性（或系统）观点。寒地生态观主要体现在以下两个方面：

首先，研究寒地城市环境的宜居性应建立在城市生态化建设的基础上。城市的生态化发展，是实现城市社会——经济——自然复合生态系统整体协调而达到一种稳定有序状态的演进过程，是实现社会生态、经济生态、文化生态、自然生态等的平衡和协调发展的过程。可持续发展是未来寒地人居环境的发展目标，遵循生态原则，以人类、生物和环境协同合一的发展为基本原则，走生态发展的道路，是实现寒地人居环境可持续发展目标的一条重要途径。

作为位于寒冷地区的城市生态系统，该系统中生物总量少，物质能量更新慢，就生态系统的脆弱性而言，寒地城市生态系统更易受到破坏，且难以恢复。因此，在寒地人居环境建设中应自觉地引入生态理念，并反映在寒地城市环境建设的各个方面，如设计、决策、建造过程等。强调在严寒气候条件下人类与寒地自然的和谐共生，即寒地城市环境的生态化发展，协调人与寒地生态环境的关系。从长远来看，坚持寒地城市环境的生态化发展为寒地城市人居环境建设提出了明确的目标——建设寒地生态城市。寒地生态城市能够在实现城市可持续发展的基础上兼顾社会、经济和环境三者的整体效益，在人与寒地生态环境协调的前提下极大地改善城市空间环境质量，提高寒地城市环境的宜居性，从而增加寒地城市的吸引力和竞争力，促进寒地城市社会和经济各项事业的全面发展。

此外，寒地城市环境宜居性研究的生态观还应体现在对城市“冬季生态”的认识上。对于地处北方高纬度地区的广大寒地城市而言，由于其地理位置和气候条件特殊，每年从11月 到次年的3～4月间近半年的时间里，城市都会面临漫长而寒冷的冬季，也就是说一年中有一半时间城市是与严寒、阴暗、冷风、冰雪等严峻的自然气候条件相伴，对于这样处在特定自然地域环境中的寒地城市而言，冬季气候条件对城市建设和城市生态环境起着重要影响作用，形成“冬季生态”效应。

一方面，“冬季生态”影响寒地城市环境的建设，另一方面，漫长和寒冷的冬季还大大增加了城市在能源、资源等方面的损耗。而且，由于中国的寒地城市多数为老工业基地以及城市冬季供暖等方面的原因，城市环境污染相对较重，一些寒地城市中存在着越来越严重的生态环境恶化问题。因此，“冬季生态”对于寒地城市宜居性建设的各个方面所产生的影响是不可低估的，尊重寒地城市寒冷的气候条件，充分考虑“冬季生态”对城市环境宜居性建设的影响，建立基于“冬季生态”的理念，按照季节特点的需要制定寒地城市建设的相关对策是十分必要的。

总之，研究寒地城市环境的宜居性应该充分考虑寒冷地区自然环境和城市生态系统的特点，重视寒地生态要素对城市环境建设的影响，强调城市环境宜居性建设与寒地生态环境的平衡，实现寒冷气候条件下城市环境的可持续宜居，这也正是寒地生态观的本质。

3.4 寒地地域观

3.4.1 寒地地域观的理论基础

3.4.1.1 中国传统地域人文观和现代地域文化思想

人类是自然界进化的产物，依赖于自然环境生存、生活和发展，人类不断地改造周围的自然环境，同时自然环境也决定了人类的居住条件和生活方式，影响和制约人类社会的发展。

人类具有对地理环境影响的生物生态适应性和文化生态适应性。中国古代的先人很早就认识到生物和环境在空间上相互依存的共生关系。同一植物会随着地理条件的变化而改变自身的性状，不同地理条件下有不同的动物分布，对人类而言，不同的地理环境下则有不同的生存方式。《尚书 · 禹贡》以“禹别九州”、“任土作贡”为名，将全国划分为九州，每一个州的地理、人文、政治情况各不相同，但各个州内部的地理（山川、河流、湖泊、土壤）、人文、政治等情况又具有生态关联。[①]内经《灵枢 · 岁露》中载文“人与天地相参也，与日月相应也”，说明自然界的各种运动必然对人类产生巨大影响，人应该顺应它及时做出调整。从古至今，在不同地域条件下生存的人们一直在为建设与自然地理条件相适应的人居环境作着不懈的努力。

人类文化是在一定地域条件下进行的，不同的地域有着不同的历史传统和文化背景，即所谓的“十里不同俗”。《礼记 · 王制》篇中“广谷大川异制，民生其中者异俗”，晏子《春秋 · 内篇 · 问上》中“古者百里而异习，千里而殊俗”，都是针对由于地区差异各地习俗不尽相同的阐述。在人口众多、地域辽阔、自然环境类型丰富的中国，南北、东西不同地区的人们需要面对不同的生态环境。由于这些生态环境在地理区位、自然资源、气候、人文、交通等诸多因素方面的不同使得不同地域在经济结构和发展水平方面各具特色并互有差异。同时，由于这些因素的影响和制约，不同的生态环境也孕育出具有不同个性特质的地域文化，如关东文化、齐鲁文化、中州文化、燕赵文化、三晋文化、三秦文化、西域文化、荆楚文化、吴越文化、两淮文化、巴蜀文化、岭南文化、滇云文化、黔贵文化、八闽文化等地域文化形态。

对于城市而言，城市的地形地貌、气候条件和生态植被等不仅是城市自然环境的基本构成要素，更是城市地区性的重要内容，充分地体现出城市的地域特征，这些要素通过对建筑、街道、广场等人工环境以及人类活动等文化现象的影响，转化为具有地域特征的城市文化。

① 张云飞 . 天人合一：儒学与生态环境 . 成都：四川人民出版社 , 1995:11.

近些年来，全球经济一体化的趋势和现代信息技术的快速发展引发了世界范围的文化趋同现象，随之带来的负面影响导致一些地方原有地域特色的逐步丧失。“无论是北京、上海，或是香港、台北、曼谷、汉城，以及纽约、芝加哥，城市中的大部分地区都失去了个性，彼此十分相似。……全球化话语淡化了中国建筑和东方文化的主体意识，由此而引发了城市空间和形态的趋同……”。①

城市是地域文化的产物，其建设和发展必然要植根于大的地域背景下。日本建筑家積文彦认为城市的结构其实就是存在于地域社会的特有文化中的集团意志所左右的构图。另一位日本建筑大师黑川纪章则把民族的精神、生活方式、空间品格、场所气氛等视为地域的看不见的传统，并在创作中非常重视这些因素。

2001 年 12 月吴良镛院士在建筑与地域文化国际研讨会上特别强调要“像保护生物多样性一样，对文化多样性进行必要的保护、发掘、提炼、继承和弘扬”。实际上，文化的多样性就是文化的地域性，风格不同的多元文化在生态环境方面表现为特色不同的地域文化。对于地域主义的问题，吴良镛先生认为，“既要积极地吸取世界多元文化，又要力臻从地区文化中汲取营养、发展创造，并保护其活力与特色”。

3.4.1.2　西方地域主义和批判的地域主义思潮

20 世纪 60 年代开始兴起的乡土建筑研究和地域主义思潮以及之后 20 世纪 80 年代西方理论家提出的批判地域主义的理论，都建立在强调自然因素的地区性差异和作用以及契合人地关系的基础上，对于寒地城市人居环境的研究很有启发。

地域主义（Regionalism）始于 20 世纪 30 年代，其产生主要是人们开始意识到现代主义建筑所带来的对于地域文化的忽视。20 世纪 70 年代以来，地域主义因其理论的相对严谨性而日益成为建筑界一股重要思潮。20 世纪 80 年代初，A · 楚尼斯（Alex Tzonis）和 L · 勒费利（Liane Lefaivre）发表了《网格和路径》（The Grid and The Pathway）一文，提出批判的地域主义，其基本精神是要以自地方特征中衍生出来的元素调节来自全球性文明的冲击。建筑史家弗兰姆普敦（K. Frumpton）的研究进一步深化了批判的地域主义的思想。②批判的地域主义将地方的地理环境作为设计灵感的源泉，来源和植根于特殊地区的悠久文化和历史，植根于特殊地区的地理、地形和气候，有赖于特定地区的材料和营建方式，强调地区的地理、气候、材料、色彩、解决环境问题的方式，强调地方文化的意义并对其采取一种批判性的态度。③

在当今全球化持续加温并对地区和民族文化构成极大的威胁、信息化的浪潮日益席卷世界的背景下，从地域主义和批判地域主义理论的角度讲，就必须有意识地培养寒冷地区的地域文化，号召人们以北方地理位置和多样的气候特征为自豪，并且保持在本国和本地域传统中寻找解决问题方式的精神。

① 郑时龄 . 全球化影响下的中国城市与建筑 . 建筑学报，2003, 2: 7.

② 谢吾同，马丹 . 西方批判性地域主义建筑师述评 . 重庆建筑大学学报（社科版），2000, 3:99.

③ 沈克宁 . 批判的地域主义 . 建筑师，2004, 10: 49.

3.4.1.3 地域设计的相关理论

对于建筑如何适应地域影响的研究早在20世纪初在英、法等西方国家就已经开始着手进行了。为了应对地域自然环境的挑战，建筑师们构想了很多设计方案，如勒·柯布西耶很早就将其“遮阳构架”的构想应用于南美、北非、印度的很多设计方案中。20世纪中后期，地域条件成为建筑师设计的重要影响因素，许多建筑师在其作品中都充分考虑到建筑与气候和地域的关系，比较有代表性的有研究干热地域的埃及建筑师哈桑·法赛（H. Fathy）、研究湿热地域的印度建筑师查尔斯·柯里亚（Charles Correa）和马来西亚建筑师杨经文（Ken Yeang）以及以研究高寒地域见长的英国建筑师拉尔夫·厄斯金（Ralph Eskine）。

埃及建筑师哈桑·法赛进行建筑设计研究的一个根本出发点是对当地传统建筑设计方法和策略的再发现，在此基础上修正现代建筑在干热气候地域的一些设计策略。他认为建筑师必须对周围环境负责，充分考虑周围的环境脉络。建筑像植物一样处于周围环境的影响之下，通过地域气候和环境塑造建筑自身。

印度建筑师查尔斯·柯里亚提出“形式因循气候”的设计主张，他认为，在深层结构的层次上，气候条件决定了文化和它的表达方式，它的习俗和礼仪。

马来西亚建筑师杨经文（Ken Yeang）在论及气候的意义时提到：“综观历史，除了地理条件之外，气候是自然环境中唯一最具地方特征的因素了。社会、政治经济以及人们的视觉品位都在变化，但气候条件几乎没有大变化，因此注重气候的建筑更能适应它的环境和文脉”。①

作为TEAM10重要成员之一，长期居住在瑞典的英国建筑师拉尔夫·厄斯金（Ralph Eskine）一直致力于北极地区城市建筑与城市设计的研究，并在北欧一些国家进行了实践。第二次世界大战期间，拉尔夫·厄斯金从英国移居瑞典，定居瑞典使他强烈地感受到波罗的海的冬季气候，这也促使其开始系统而理性地思考北方高纬度地区建筑和城市空间的特殊性。针对一些建筑师热衷于追求和模仿南方城镇和建筑的建设模式的做法，厄斯金认为，研究南方的城镇，不论古老的或是新兴的，不应仅仅对其建设形式本身感兴趣，而应关注人们用于满足适合自身情况需求的富于创造性和艺术性的手段，及其创造出的舒适性和美感。只有如此，才能够形成富于特殊性和本土性的阿拉斯加、加拿大、斯堪的纳维亚、北俄罗斯传统。

厄斯金提出研究高纬度建筑语言，包括寒冷、采暖期、雪、地面霜降、阳光、风、空气排放、太阳热辐射、动物种群、植被、微气候、隔绝等问题的重要性，他关注极端的低温、猛烈的寒风、短暂的日照时数以及飘雪引发的相关问题，他认为严寒的极地很重要的是获取阳光、避免风，热带地区则避免阳光和获得通风，极地有着流动的雪的、寒冷的“白色沙漠”，热带地区有着流动黄沙的黄色沙漠，因而极地与干热沙漠地区从气候防护方面，某些原则是相似的。早在20世纪50年代中期，他就提出了一个北极地区理想城镇模式的构想，如图3-2所示。1958年，他设计了一个北极城镇，该镇位于一个

① 杨经文，单军．绿色摩天楼的设计与规划．世界建筑，1999, 2:28.

图 3–2　典型的北极城镇规划示意

资料来源：Collymore P. The Architecture of Ralph Erskine. Revised. London: Academy Editions, 1994: 23.

面向南方开敞的坡地，东、西、北三面以连续的建筑围合，像中世纪的围城防御入侵的敌人一样防御北极的风雪，同时可以最大限度地利用太阳光的照射。城镇内部的步行交通根据气候和季节分为彼此独立又互为补充的两套系统，保证冬季各项社会活动的正常进行。[①]厄斯金认为，由于北方极地城镇地理位置上的相对隔绝，比其他地方更具吸引力和更具特色，城镇内部可以通过聚集成簇的布局，创造极地人居环境。

诺曼 · 普莱斯曼倡导人们根据寒冷地域的特点用“北方语汇”来设计建筑、邻里和整个城市，认为建筑师、规划师、建设者和政府应该行动起来，重新修订总体规划和区划，在项目实施中引入气候导向的设计标准，同时可以通过微气候规划和设计来改善气候环境，延长寒地城市的户外季节。此外，他提出应从物质、社会、经济等三个方面入手解决寒地城市问题。在物质方面的策略包括保护行人、提高可达性、综合发展、对公共开放空间采取气候控制手段等；在社会方面，包括强调安全和健康、冬季提升、社区清雪和满足特殊群体需要；在经济方面，则包括提供换乘帮助、制定冬季福利计划、发展旅游和推行就业与再培训计划等几方面。[②]

① Collymore P. The Architecture of Ralph Erskine. Revised. London: Academy Editions, 1994: 23.

② Norman Pressman, Winter Policies, Plans, and Designs:The Canadian Experience // Jorma Mänty, Norman Pressman. Cities Designed for Winter. Helsinki:Building Book Ltd, 1988:55.

3.4.1.4 地域技术的相关理论

地域技术理论主要指的是中等技术理论和适宜技术理论。就建设技术层面而言，可以分为简单技术、常规技术、高新技术三个层次。高新技术虽然能迅猛地推动生产力的发展，但是成功的关键仍然有赖于与地方文化、地方经济的创造性结合。毋庸讳言，将生态学原理与高新技术结合的生态高技术是解决当今生态与环境危机的一种积极、主动的方法，也是未来技术的发展方向之一。目前在欧、美、日等西方发达国家，高技术的采用简单可行，并已成为其建设生态城市的技术主体。而在许多像中国这样的发展中国家，经济水平以及生产力水平有限，劳动生产率较低，产业结构不尽合理，社会物质缺乏，对新材料、新技术的研究和推广缓慢，因此不能单纯地依靠昂贵的高新技术作为城市建设的支持。但另一方面，这并不代表发展中国家城市的可持续发展就是低技术的简单应用，而是应该着眼于地域发展，在结合环境研究、时代发展、生活方式进化的基础上，在发展科技的同时注意吸取传统精华和借鉴西方发达国家成熟的技术和经验，有意识地致力于发展和应用“中等技术”或“适宜技术”。

所谓“中等技术”，就是“符合地方特殊条件的技术，是在地方条件限定下所作的最佳技术选择，而不是不顾客观条件的限制一味去追求所谓高新技术”。E·F·舒马赫（E. F. Schurncher）认为，发展中间技术[①]可以有三种途径：第一种途径是从传统工业中的现有技术开始，利用先进技术知识对它们适当地加以改革；第二种途径是从最先进的技术的末端开始，进行改革、调整，以适应中间技术的需要；第三种途径是在直接致力于建立中间技术的过程中进行实验和研究。

实际上，舒马赫的中间技术强调的就是一种适宜技术，即在吸收传统技术独到之处的同时引进现代科学技术，结合对环境、经济、社会、文化等多种方面的综合考虑，对现代科学技术进行本土化适宜改造，使之适应特定地区的发展状况和发展要求的技术策略。但是适宜技术更加强调一切服从于地域环境、经济、能源、文化的综合需要，而不拘泥于技术水平的高低。适宜技术是从特定地区的经济实力和科技水平现实出发，根据不同情况，采取可以灵活调整的技术原则。从社会角度讲，适宜技术注重地区经济特征与地方的资源状况，注重技术资源的现实性，有效利用材料和当地的资源和产品；从环境角度讲，注重结合地方自然进行设计，采用与环境相协调的技术手段；在对待传统的态度上，注重继承和发扬传统的地域文化，保护和弘扬传统的建设技术，并积极加以改进。

中国是一个幅员广大的国家，地区差异十分巨大。各地气候条件、地理环境、自然资源、经济发展、生活水平与社会习俗等都有很大的差异，因此适宜技术要强调因地制宜的原则，在技术选择方面，应该根据自身的条件和特点来进行，尊重自然，与自然协调。在建筑的适宜技术应用方面，一些发展中国家如印度、埃及等国家的建筑师为我们作出

① E·F·舒马赫（E. F. Schurncher）象征性地把某个典型的发展中国家原有的技术称为1英镑的技术，而发达国家的技术则称为1000英镑的技术。他认为，如果给最需要的人以有效的援助，那就需要有一种介乎1英镑技术和1000英镑技术之间的100英镑的中间技术。这样的中间技术比原有的土技术要高出许多倍，但又比现代工业的集约的尖端技术便宜很多倍。

了榜样，他们在创作中结合当地的自然气候条件，不仅有对新技术、新材料的充分利用和表现，更有对传统建筑材料与地方技术进行的重新挖掘与利用，在有限的经济条件下，创造出宜居、健康的生态社区。

寒地城市人居环境建设应该采用适宜技术，以适宜技术实现节能、生态是寒地城市可持续发展的一条有效途径，应大力发展和深入研究，并将适宜技术成果进行有效推广。"适宜"主要应该表现在两个方面：首先要适宜于中国国情，立足于利用中国当前的技术，而非片面追求高、精、尖，要注重利用已有的成熟技术和科技手段。同时，注重技术的现实性，在学习、借鉴国外发达国家先进技术经验的基础上，创造性地改造和使用国外先进技术。其次，要适宜于寒冷地区生态和经济条件，根据寒冷地区的实际情况发展寒地本土化生态适宜技术，注重技术使用的实效性，选择适合中国寒地特点的技术应用。总之，适宜技术的创新和运用是应该符合寒地城市可持续发展战略的。

3.4.2　面向特色宜居的寒地地域观

自古以来，人类居住就与地域环境有着密切关系，以气候因素为代表的地域自然环境对人类居住条件和生活方式产生很大的影响，使得不同的地区也有不同的地域特色，保护和弘扬这些地域特色是城市实现可持续发展目标的重要环节。在寒地城市环境宜居性研究中，注重突出寒冷气候条件下城市的地域特色，不仅能在当今全球化现象引发的城市趋同化的背景下，突出寒地城市的鲜明个性，增加寒地城市的吸引力与竞争力，还能增加寒地居民的自信心和自豪感，对于寒地城市社会经济建设和稳定具有重要的意义。因此，对于寒地城市而言，城市环境的宜居应该是注重地域特色的宜居，也就是说应该牢固地树立寒地地域观，并以此为理念开展寒地城市环境的宜居性建设。

寒地地域观主要体现在地域文化观和地域技术观两个方面，即在寒地城市环境的宜居性建设过程中以正确的理念看待地域文化和地域技术。

其一，特殊的地域环境能够形成特殊的地域文化。当前，对于地处严峻自然环境条件下的寒地城市而言，不仅受到来自经济全球化趋势的影响，而且气候温暖地区的城市建设和发展模式对其产生的影响也是不可忽视的，许多北方寒地城市政府决策者和设计者运用的建筑设计和城市设计语汇经常是倾向于南方气候温暖地区的，盲目模仿和照搬的城市建成环境缺乏寒地地域文化特色。不仅如此，其后果还往往是与寒地地域特征不相适应的建成环境造成了寒地人居生活环境质量的下降。

因此，对于广大寒地城市来说，立足于寒冷地区，从寒地自然环境特征和传统地域文化特征出发，充分考虑地理、气候、历史、人文等地域因素的影响，树立正确的地域文化观应该成为寒地城市环境宜居性建设的出发点。寒地城市社会经济特点和文化历史沿革为寒地城市人居环境建设提供了广阔的地域背景，在此基础之上考虑人居环境建设，才能使寒地城市地域传统文化特色得到继承和发扬光大。

其二，特殊的地域环境建设需要特殊的地域技术支持。恩格斯曾经指出："社会一旦有技术的需要，则这种需要就会比十所大学更能把科学推向前进。"技术的更新是一个革命性的力量，它推动了人类文明的发展。寒地城市的发展也离不开科学技术，实现寒地人居环境的可持续发展目标最终要通过技术层面的支持来实现。随着人类社会不断走向进步，现代科学技术对于寒地城市环境建设而言越发显得重要。当前，寒地城市的建设发展与生态环境之间的矛盾日益尖锐，充分发挥现代科学技术的强大力量对于促进未来寒地城市的可持续发展意义十分重大。

技术观也称技术价值观，是关于技术价值的社会心理和习俗观念，有时也称技术价值意识。就观念文化来看，技术观直接反映了人们对于技术、技术实践、技术职业的认同程度。技术观是受世界观制约的。在人类不同的历史时期，不同阶级、不同社会集团由于对世界的看法不同，对技术的认识也各异。

树立正确的寒地地域技术观是寒地城市环境宜居性建设的有力保障。寒地地域技术观就是更多地从寒地地域的经济条件和生态条件出发，选择和运用符合地域特点和发展需求的适宜技术，即在吸收寒地传统技术优势的同时引进国内外先进科学技术，结合寒地城市生态环境、经济发展、能源需求与供给等多种方面的综合考虑，对现代科学技术进行本土化适宜改造，使之适应寒冷地区的现实情况和未来的可持续发展。适于寒地城市环境宜居性建设的地域技术应该更加强调节约能源、经济可行和符合寒地生态发展的需求。

总之，研究寒地城市环境的宜居性应充分强调寒冷地区特殊的气候条件、地形地貌、植物生态、地方材料以及社会经济文化背景，充分考虑地域特点，适应地域环境，重视寒地自然、经济和社会要素的地域性差异和作用，强调寒冷气候条件下人与自然的协调发展，实现寒地城市建设与地域背景的契合。根据中国寒地城市的现实情况，继承和弘扬传统地域文化，因地制宜地采用地域设计和技术是寒地城市可持续发展的现实选择，这也正是寒地地域观的本质。

第4章

国外寒地城市环境宜居性建设实践研究

寒地气候的负面影响导致寒地城市的吸引力下降，人才流失、人口外迁现象突出，不利于城市的长远发展。因此，减少气候的负面影响，使寒地城市更加适宜居住应成为地处寒冷地域的许多国家城市规划建设的出发点。中国的寒地城市无论从气候类型、自身建设和发展条件等方面与北欧、北美等国家的寒地城市都有所不同，虽然不能对国外发达国家的经验简单照搬，但是系统的总结这些发达国家的经验和教训有助于探讨适于中国寒地城市人居环境的建设模式。国外针对寒冷地域的城市环境宜居性建设的实践主要体现在城市规划与管理政策、气候防护、城市形象以及城市建设关键技术等几方面。

4.1 城市规划与管理政策方面

为了更好地发挥自身优势，克服由于气候等不利因素带来的制约，许多国家寒地城市都针对严寒地域特点制定特殊的规划和管理政策。

4.1.1 加拿大

加拿大许多寒地城市在规划的编制和政策制定中都对寒地特点作了充分的考虑。

新建于20世纪70～80年代、依靠矿产资源生存的一些北方的企业镇（也称公司镇、工人镇）为了吸引更多熟练的技术工人（多来自于南部气候温暖地区）来工作，需要采取一些措施来补偿恶劣的自然条件，因此编制了针对严寒地域特点的新镇规划，并在建设阶段加以实施，比如费尔芒镇（Fermont）和坦波勒（Tumbler B.C）镇。1970年魁北克卡迪亚矿业公司建设的费尔芒镇是一座有5000居民居住的企业镇，在该镇的规划中包含以下一些针对北方寒冷气候的设计对策：

（1）紧凑的土地使用形式；

（2）风屏蔽建筑原则；

（3）通往社区公共设施的气候控制的人行道；

（4）多种类型和密度的住宅混合；

（5）能够获取最多阳光的朝向。

建于20世纪80年代的不列颠哥伦比亚省坦波勒镇是加拿大为数不多的几个大型企业镇项目之一。在坦波勒的规划中，节约能源是主要的设计目标之一。基于这一点，一些主要的设计原则包括：

（1）用地的经济性，指紧凑的地块和住宅群；

（2）设施网络的经济性，指减少道路和设施的长度；

（3）太阳能设计，包括朝向和空间设计以最大限度地获取太阳能；

（4）风防护，减少住宅单元周边的风速以阻隔热的散失；

（5）绿树屏障带，保护被居民频繁使用的地区不受寒风侵袭等。[①]

① Norman Pressman & Xenia Zepic. Planning in Cold Climate——A Critical Overview of Canadian Settlement Patterns and Politics.Winnipeg: University of Winnipeg Press, 1986: 54-55.

除了北方的企业镇之外，一些已建成的寒地城市也在积极制定相关的规划和政策。曾经成功举办过冬季奥运会的艾伯塔省的卡尔加里市早在1970年就曾充分考虑严寒的气候特点，将空中步道系统规划作为一个组成部分纳入到城市总体规划中，并在规划中提出将“防护不利气候”作为建设空中步道系统最重要的目标之一。

首都渥太华市（Ottawa）1979年针对微气候对城市空间环境产生的负效应，通过相关的规划政策，以解决包括噪声、污染、高层建筑间缺少阳光以及风旋效应引发的人行道不舒适等方面的问题，这些主要涉及日照、雪的飘移和堆集以及风旋效应的控制等方面的政策对寒地城市设计方法的完善起到重要的作用。

马尼托巴省首府温尼伯市（Winnipeg）在1993年的总体规划中，针对寒地城市的特点，提出相应的规划策略，包括：发展气候保护的人行系统并整合系统入口与公共换乘系统的关系，提高城市交通的可达性；在考虑环境的影响的前提下提供清除和控制冰雪的服务；选择环境安全的地点作为永久的雪存储站点，以适应当前和未来需要等。此外，有关部门还制定相关的设计导引，提出包括提高中心区发展水平、引入绿化和色彩的设计目标，通过研究日照、阴影以及通过风洞模拟研究风以及雪飘移等等来表明气候的影响作用，并将这些纳入到区划中，从而提高户外空间的舒适度。①

耶洛奈夫（Yellow Knife）是加拿大西北地区首府，拥有17700人。在其制定的规划期为15年的2002年中心城区规划中，规划目标是建设“寒地都市村庄”，主要由五个方面的战略行动规划组成，包括：创造生活、工作、购物和休憩的北方城市社区；设计城市空间环境，提升中心区视觉感受；通过规划和区划手段铺平发展道路，如增加对建筑高度影响日照及风环境进行控制的相关区划法规等；塑造城市形象，使中心区市场化；建立相应的组织机构如“中心区发展指导委员会”以开展行动等。该中心区的规划还包括相应的对策以指导土地使用及规划决策，对策中尤其对适应当地严寒气候特点的建设密度、公共空间、街道景观、建筑设计、城市设计、环境影响等作出规定。②

乔治王子（Prince Gorge）城人口为77343人（2006年）。由于每年冬季降雪量较大，为了提高市民的可达性和货物的交通运输能力，充分保障车辆和行人的安全，改进社区冬天生活的质量，城市把雪后的管理作为一项重要的城市政策，城市成立了专门的雪管理委员会。③

埃德蒙顿市政府针对冬季漫长（一般从10月末持续到次年4月初）、寒冷、降雪强度大的实际情况，十分重视城市冬季道路维护，制定了冰雪控制计划和清雪路线指南来为保持道路无冰雪，满足交通畅通的需求。

圣约翰堡（Fort St.John）在其制定的“寒地城市设计导引”中包括一些气候响应对策，如保持日照、防风和雪处理等，并在街道、公园及开放空间、住宅和商业建筑、停车场、绿化配置等方面提出设计导引以及适宜的颜色、材料和照明等，见图4–1。

---

① City of Winnipeg, Planning Department. Plan Winnipeg——Toward 2010. Winnipeg, 1993, 7. http://www.city.winnipeg.mb.ca.

② Yellowknife City Council, Downtownplan Yellowknife, 2002, 6: 8–9. http:// www. city.yellowknife.nt. ca.

③ http://www.city.pg.bc.ca/pages/wintercities.

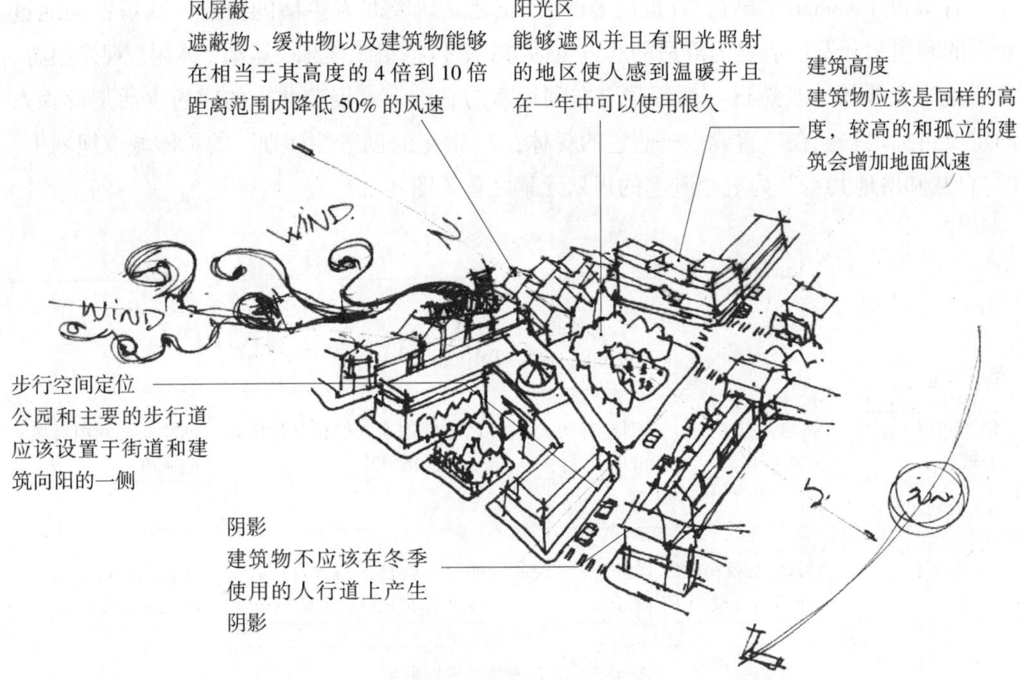

图 4-1　加拿大圣约翰堡部分寒地城市设计导引

资料来源：http://www.cityfsj.com/building.html.

4.1.2　日本

日本第五大城市札幌（Sapporo）位于北纬43°，是世界上冬季降雪最多的寒地城市之一，因而在该城市发展规划中的不同层面，包括远期综合规划、城市规划以及五年建设规划中都充分考虑到结合自身地域特点，严格控制城区发展规模，保持紧凑的用地布局方式。政府还制定针对冬季的特殊计划，如通过“抗雪城市建设计划”建立城市排雪系统、降雪预报系统、融雪系统等，提高城市积雪清除和融化的效率，减少降雪给城市生产、生活带来的不便。“区域空调计划”提出利用每天从地铁站区中排出的大量废热为区域采暖提供廉价的能源；“绿带规划”则力图有效地减弱冬季从西伯利亚吹来的寒风；其他如设立冬季节日、建设札幌艺术公园等也以增加寒地城市冬季的活力，改变城市冬季萧条的面貌，提高市民冬季生活的质量为目标。

2000年札幌市颁布了第四个长期总体规划，目标是“为每一个市民提供更完整和舒适的生活并且完善城市为这种生活提供支持”，“城市与自然环境和谐是至关重要并具有创造性的”。为了有效地对冰雪进行控制，札幌市制定了“冰雪控制总体规划”作为城市总体规划的一个重要组成部分，其规划目标是：提高冬季道路交通的安全性和畅通性；共同努力提高冬季生活条件；实现人与自然友好的冰雪控制。[①]

① http://www.city.sapporo.jp/kensetsu/yuki/english/plan/plan-f.html.

青森市（Aomori）早在20世纪80年代就建立研究北方生活的协会，其宗旨是通过对雪的利用和开发创造更为舒适的北方生活方式，包括组织娱乐、运动、休闲、观光旅游、发展地方产业等，当然这一切都建立在利用雪的基础上，创造北方的时尚生活是青森人的重要目标之一。在“青森——蓝色的森林：21世纪的创造性计划”的总体城市规划中，“与自然和谐地共生”为五个基本的规划元素之首（图4–2）。

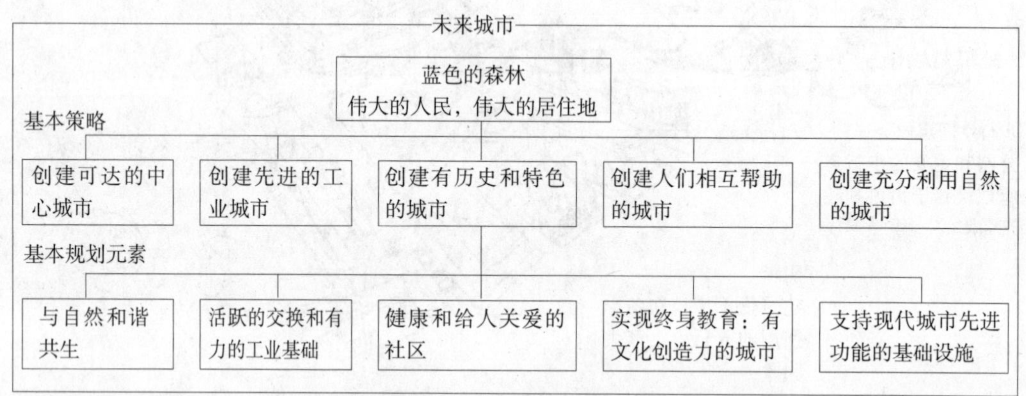

图4–2　青森市总体规划框架

资料来源：Aomori City–Making the Best Use of the Environment in Creation of A Comfortable City. Northern intercity news, 2001, 11. http://www.city.sapporo.jp/somu/kokusai/wwcam/news/ news2001 nov_e.pdf.

4.1.3　北欧

瑞典政府早在1975年颁布的房屋建设法规中就明确规定，所有新建的建筑必须具有较低的能源消耗。1978年瑞典议会又通过一项保护能源的规划，目标是在现有的建筑中减少能源损耗25%。生态循环城计划也是一项具有深远意义的环境工程，在总结已完成的四个试点都市基础上，瑞典又制定了一个全国性的计划，要求全国24个省286个市在1996年以前全部完成生态循环城计划的编制工作，由地方政府组织实施，走在了全世界的前列。

芬兰政府在1990年代初通过的“能源保护计划”规定到2005年要实现节能10%左右。执行这一计划的措施由两部分组成：一是政府部门采取的主要措施，包括经济控制、信息和法规控制；二是各领域的特定措施，包括楼房供热、家庭、服务业、工业、交通等。其中，针对楼房供热，制定严格新建楼房的建筑标准，减少耗能10%左右；对空调强制进行热回收；在社区计划中重点强调能源保护等措施。针对家庭耗能，制定对家庭耗能提供反馈和可比较信息来补充账单信息；促进节能设备进入市场；开发回收和循环使用已用过的产品，为家庭提供更多循环利用方面的信息等措施。针对交通，制定服务设施和交通系统的布局都要考虑减少交通需要；改进铁路运输，促进公共交通、步行交通和自行车交通的发展；开展关于城市结构和交通系统相互影响的研究等措施。①

① 盛泉 . 芬兰能源保护计划 . 全球科技经济瞭望，1994, 3: 33–34.

芬兰的城市规划适应冬季特殊的要求，要求街道和场地为了保存雪并方便堆集要留出足够的空间。在公共空间和住宅区的庭院建立避风的、阳光充足的场地，是土地使用计划制定中的关键原则之一，尤其注重住宅和场地设计中获取最多的阳光。建筑物必须有良好的保温性能，在一年大部分时间里要有采暖。房顶应该经受雪荷载，建筑材料应能经受迅速的天气变化，特别是冻结和解冻的时候。

在挪威，早在1986年政府就在地方土地利用规划中增加了"气候改善措施"的设计内容，即通过修建特殊屏障、土堤以及栽种植物等措施来减少强劲的风雪给挪威的许多地方尤其是北方地区带来的恶劣影响。同时，挪威政府从国家到地方多部门共同协作应对冬季气候的负面影响。比如环境部（The Ministry of the Environment）不仅在涉及环境保护政策的问题上具有相当的裁决权，而且对区域和地方的规划负有最终的责任。环境部鼓励地方政府出台针对气候、场地等自然因素以及建筑和建筑技术等文化因素的地方质量标准。农业部（The Ministry of Agriculture）投资建设"蔬菜带"种植工程，减少由于风雪引发的问题，改善严酷的冬季气候对于城镇和乡村带来的影响。消费者事务和政府管理部（The Ministry of Consumer Affairs and Government Administration）管理儿童环境，如活动场地以及日托中心的建设等，并开展与气候、建筑和规划相关的研究和实验项目。挪威国家住房银行（The State Bank of Housing）规定，根据一定的标准，对于为适应严酷冬季气候条件而进行的特殊房屋设计和建造将给予资助，从而提高了地方性和区域性建筑水平。此外，地方政府还可以在地方工业和住宅项目上从地方政府和劳工部（The Ministry of Local Government and Labour）获得基本的投资，包括道路、给排水设施等，更可以获得该部针对地方"气候改善措施"给予的特殊投资。①

4.1.4 俄罗斯

俄罗斯政府早在1985年就制定了"北疆2005"（North 2005）计划，即2005年北部边疆地区关于城市规划、住宅和市政工程的综合科学技术项目，旨在提高约占前苏联国土一半的西伯利亚等北疆地区的城市和居民点建设的水平，为北方地区城市规划与经济改革提供长期发展战略，推动住宅和公共建设协调发展，创造包括高质量的住宅和先进的社会、文化和市政设施系统。"北疆2005"（North 2005）计划的重点是北方建筑的科技发展，根据政府制定的规划，同其他地区相比，应该优先发展北方地区的住宅和其他民用建筑，同时其质量标准应高于其他地区的同类建筑以补偿北方地区严峻的自然和气候的负面影响。②

---

① Ole Bernt Skarsten.Norway Land-Use Policy and Building Design in Relation to Climate// Juma Mante, Norman Pressman. Cities Designed for Winter. Helsinki: Building Book Li.Co, 1988: 246-248.

② Yuri Konstantin Bukin.The "North 2005" Program of the Soviet Union // Jorma Mänty, Norman Pressman. Cities Designed for Winter.Helsinki: Building Book Li.Co, 1988: 270.

4.2 气候防护方面

寒地城市共同的气候特征主要表现在冬季漫长、气温低、有降雪和日照时间短等几个方面，因而许多寒地城市在针对气候特点、采取有效的气候防护措施、提高寒地城市的宜居性方面，都作出了有益的尝试，尤其是北美和欧洲一些发达国家的寒地城市。这些城市的气候防护措施主要反映在公共空间环境气候防护和居住区气候防护两方面。

4.2.1 公共空间环境气候防护

公共空间环境气候防护措施主要应用在城市空间的地下层、地上层和地面层三个不同的水平层次上。

4.2.1.1 地下层

所谓的地下层，指的是城市地下空间的开发，这一开发在世界上许多国家的城市都有很成功的实例，比如巴黎、伦敦、东京、纽约、莫斯科等，而且也并非寒地城市所特有。地下空间开发往往与地下铁路、火车站、商业中心等的建设结合在一起，从而使城市土地得到有效的集约利用，节约城市用地，实现城市交通的快速、大运量以及多层次立体化发展，并且能够提高城市的环境质量。然而，地下空间具有抵御不良气候条件的作用也是不容忽视的，人们在地下空间活动，可以避免风、霜、雨、雪、炎热和低温的侵袭，不受季节的影响。

许多发达国家的寒地城市对地下空间进行了大规模的开发。加拿大的多伦多和蒙特利尔两个城市都拥有在世界上排在前列的地下人行商业系统，系统由四通八达的地下人行通道和地下商业街区组成，并连接地铁站、写字楼、大型百货商店、银行、市政厅、停车场、火车站等公共设施，人们可以从容地走下地铁直接进入到写字楼内开始一天的工作或是到商业中心购物休闲等，而无需担心室外如何寒冷，创造了不受季节影响的庞大的地下公共空间环境。其中，蒙特利尔拥有号称全球规模最大的地下城。据统计，蒙特利尔地下连接起来的60多个建筑群的总建筑面积达到了360万m^2,包括各类百货商店、写字楼、餐馆、电影院、剧院、展览厅等2000家商业、办公及文化娱乐场所，每天流通于这一地下网络的人数超过50万。①

多伦多的地下步行街区系统也很完善（图4-3）。1969年，市政府通过的“漫步在中心市区”的规划报告对多伦多市中心步行街区系统的发展影响颇大。该报告强调了发展一个连接公共空间与个体空间综合系统的重要性，并建议步行通道与街道分离，以避免行人与机动车的冲突。20年后，多伦多已发展了一个自市中心向四面扩展，全长4.5km，连接了400多家商店和300万m^2办公楼的庞大的地下步行街区系统。②通过建有商店、

---

① 徐永健，阎小培．城市地下空间利用的成功实例——加拿大蒙特利尔市地下城的规划与建设．城市问题，2000, 6: 56.

② 张俊芳．北美大城市中心区步行街区的发展与规划．国外城市规划，1995, 2: 47.

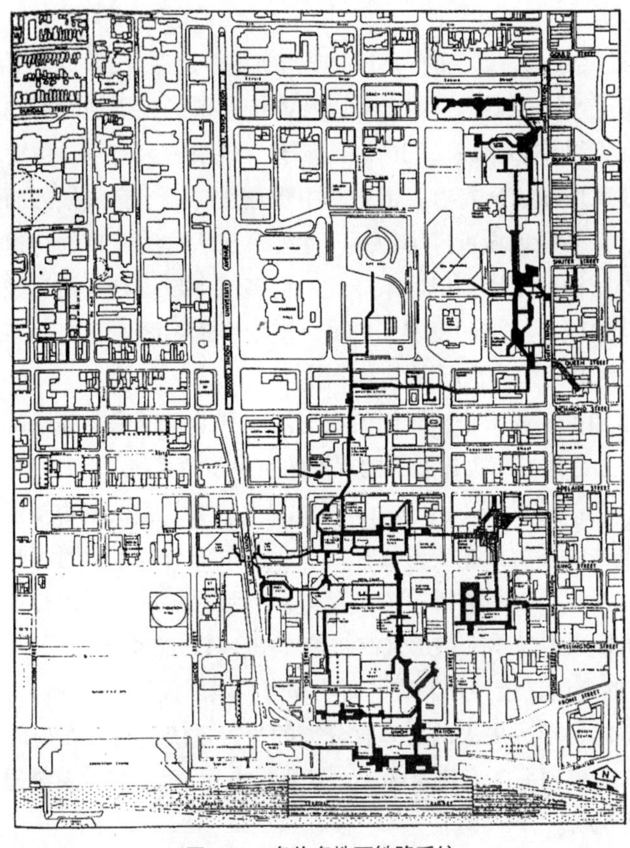

图 4-3 多伦多地下铁路系统

资料来源：Norman Pressman. Northern Cityscape: Linking Design to Climate.Ontario: Winter Cities Association, 1995: 143.

饭店和连接地铁系统的通道构成的地下网络，人们可以到达多伦多市中心几乎每一栋商业和办公建筑，甚至无须接触人行道。

多伦多地下步行街区系统便利的代价是街面上失去了大量的街道生活。为了防止地面活动的衰落，蒙特利尔地下城通过多个出口，始终与地面路网保持着相交的关系。116个出入口保证了城市中心内的任何一个目的地距离它最近的出口都不超过步行所允许的范围。相对于多伦多市，蒙特利尔所采取的措施十分积极有效。

日本札幌市的地下街是为举办 1972 年冬季奥运会修建地铁时一起建设的。其中，极光地下街全长 312m，位于札幌大道公园下面，与东西线地铁平行，有 4 处与地铁中央大厅相连，中央设有“极光广场”，广场为人们提供了休息及举办各种活动的场所；极地地下街全长 400m，位于札幌站前大道下，与地面上的购物街、娱乐街中的 11 幢建筑的地下部分相通，南北地铁线在其下方通过，地铁及相邻各建筑物之间设有十分方便的联系通道。札幌地下街虽不及多伦多和蒙特利尔的地下街系统那样庞大，但在寒冷多雪的冬季，同样为人们提供了舒适的交通和商业空间。①

① 陈光明，中岗义介，苗冠峰．日本城市的地下街．北京工业大学学报，1995, 6: 110.

4.2.1.2　地上层

所谓地上层，即城市地面以上的空间，主要指空中步道系统，即英文所指的"Skywalk"、"Skyway"。空中步道系统主要由过街天桥以及连接建筑的二层通廊所构成，大部分是封闭的。空中步道在世界许多大城市的中心区都有，规模有大有小，主要连接写字楼与商业中心等，也并非寒地城市所特有，但是空中步道在防护不良气候方面确实能够起到重要的作用，因而被许多寒地城市广为使用。此外，虽然这些城市最初建立空中步道的动机主要是出于气候防护的原因，但后来修建的许多空中步道则开始被城市用于有目的地吸引顾客以促进寒地城市经济的发展，可见，空中步道系统对于提升寒地城市的经济活力和寒地城市中心区的吸引力也起到很大作用。

加拿大的卡尔加里、渥太华，美国的明尼阿波利斯、圣保罗等城市都拥有空中步道系统，在北欧的一些寒地城市也建有不同规模的空中步道系统。

卡尔加里市以"+15 英尺"（+15 feet）的世界上最大规模的空中步道系统而闻名，防护不利气候是建设这一系统最重要的目标之一。该系统是城市交通和开放空间体系的一个重要组成部分，人们可在距离街面约 5 米高（15 英尺）的天桥内行走，不仅有效地实现了人车分离，而且还为冬季提供了气候防护（图 4–4、图 4–5）。卡尔加里市共有 40 座天桥以及 10km 长的走道，连接办公楼、商业零售和娱乐设施、广场、停车场以及其他室内和室外的开放空间，形成庞大的、垂直分离的步行系统，行人在街区内任何一座建筑物的任何一层，如果想到另一座建筑物去，只要乘电梯至"+15"系统层面，就可经过空中步道到达另一建筑物。

卡尔加里政府决定将人行步道系统建在地上而不是像多伦多和蒙特利尔那样走入地下，因为他们认为这样的步行系统更易被接受，能够提高可达性。1986 年卡尔加里市规划和住宅局曾经组织过对天桥行人数量和使用者调查，当被问及天桥系统最令人满意的

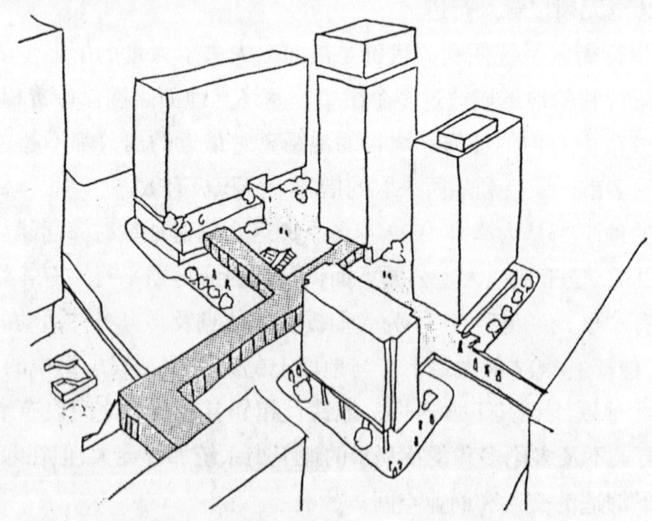

图 4–4　加拿大卡尔加里市人行天桥步道示意

资料来源：Norman Pressman. Northern Cityscape: Linking Design to Climate.Ontario: Winter Cities Association, 1995: 142.

图 4–5　加拿大卡尔加里市中心空中步道

资料来源：吴健梅女士提供。

特点时，57% 的人认为是气候防护，其便利性和人车分离的特点占的比例则相对较低，分别为 20% 和 14%。①

美国著名的寒地城市——圣保罗和明尼阿波利斯各有 30 座人行空中步道，这些封闭式过街天桥将各建筑物的二楼连接，包括写字楼、零售商店、政府部门和娱乐中心等（图 4–6 ～图 4–8）。由于有了这些天桥系统，曾经一度几乎不如大型郊区购物中心有吸引力的两个城市中心区能够得以复兴。其中，明尼阿波利斯市是美国步行街区系统最为完善的城市，位于其中心区尼克莱特步行街的双层步行系统，更是加强了中心区的活动，使得中心区更适合于冬季活动。

图 4–6　美国圣保罗空中步道系统

资料来源：http://www.saint-paul.com/maps/skyway_map_2008.pdf.

① Norman Pressman. Northern Cityscape: Linking Design to Climate.Ontario: Winter Cities Association, 1995: 137.

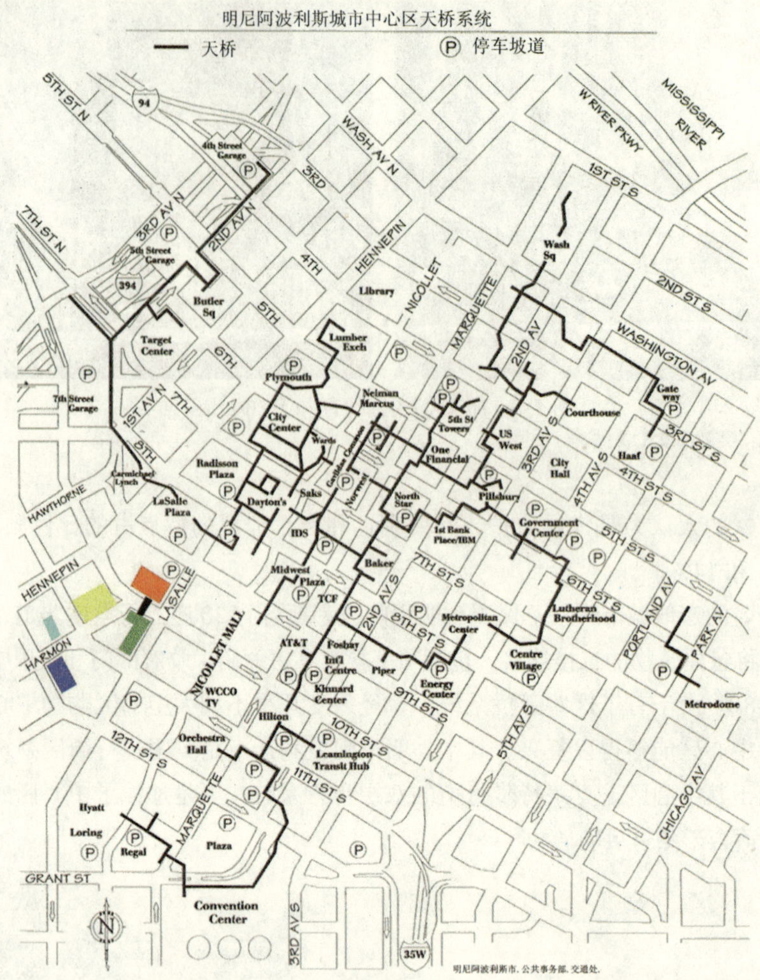

图 4–7 美国明尼阿波利斯中心城区空中步道系统平面

资料来源：http://www.minneapolis.org/page/1/skyways-minneapolis.jsp.

图 4–8 美国明尼阿波利斯市空中步道

资料来源：金广君 . 国外现代城市设计精选 . 哈尔滨 : 黑龙江科技出版社 , 1995:92, 95.

4.2.1.3　地面层

寒地城市地面层主要的气候防护措施是建立室内街和室内公共活动中心。

室内街产生于18世纪后期欧洲一些城市，如巴黎、伦敦、米兰等地，当时是一种具有创新特点的城市设施形式（图4–9）。在气候相对变化较多的城市里，为了躲避不利的天气，并且将行人步行的交通流线与汽车分开，人们建设了这种上方通常覆盖玻璃顶的、半室内化的供行人使用的步行通道，其内部的功能主要是商业和手工业活动。这种半室

（a）　（b）

（c）　（d）

（e）　（f）　（g）　（h）

图 4-9　不同城市的室内街
（a）巴黎；（b）海牙；（c）里昂；（d）米兰；（e）伦敦；（f）格拉斯哥；（g）科隆；（h）日内瓦

内化的街道，将室内艺术装饰与室外的阳光、植物等因素结合，兼有室内、室外的双重特点，为生活在中高纬度的居民所乐于接受。

在一些冬季气候寒冷的地区，如中欧、北欧、北美等的城市中，室内商业街成为城市中吸引市民以及旅游者的公共空间，它们常常包括商店、停车场、咖啡馆、饭店以及有雕塑、喷泉和绿化的休闲区等，能为人们提供全年的气候防护。与地下人行系统和地上空中步道系统所不同的是它们加强了与露天街道相关的现有城市结构，而非号召人们走入地下或地上而使地面的街道生活衰落。

建设室内购物中心及公共活动中心也是提供冬季气候防护的措施之一，带有自然采光顶棚的室内中心在欧洲和北美国家的许多城市尤其是一些寒地城市都可找到。在室外阴雨连绵或冰天雪地的季节，人们在这些公共中心内仍可以充分享受到花木葱郁、春意盎然的美景（图 4-10 ~图 4-14），并且可以不受气候的影响开展各种活动。

室内花园和室内游乐园也是许多城市防护冬季不利气候的重要公共休闲场所。许多冬季气候阴冷的城市都有提供气候防护措施的室内花园和游乐园，作为人们喜爱的

图 4–10　英国北部某郊区购物中心

图 4–11　芬兰赫尔辛基某新区中心

图 4–12　德国柏林波茨坦大型公共中心

图 4–13　捷克布拉格大型购物中心

资料来源：闫恩杰拍摄。

图 4–14　加拿大多伦多伊顿中心

资料来源：郭恩章先生提供。

观赏及休憩场所，在寒冷的冬季更是吸引了大量的市民以及慕名而来的国内和国际游客（图 4–15 ～图 4–18）。加拿大卡尔加里的德文（Devonian）花园是世界最大的室内花园之一（图 4–19），面积为 $2.5hm^2$ 左右，完全封闭在温暖的室内化空间中，周围环绕商店、餐馆和写字楼等。花园内部有多于 135 个品种的 16000 株佛罗里达热带植物和 4000 株地方植物以及喷泉、瀑布、雕塑和木制小桥等景观，布置了 500 个座位，并可提供可供 800 人参加的鸡尾酒会场地。德文花园有很多吸引人的设施，包括天气寒冷时可以作为滑冰场的倒影池，安静、舒适的谈话及游憩场所“静园”和“太阳园”，设施和活动丰富的儿童游戏场，以及可以提供季节性展示、各种表演和小型音乐会的大台阶和艺术展示区等。

除了空间相对封闭的气候防护公共设施以外，还有一些空间部分开敞的具有气候防护功能的公共设施。

图 4–15　明尼阿波利斯“美国购物中心”的室内主题公园

资料来源：张庭伟，汪云等．现代购物中心——选址·规划·设计．北京：中国建筑工业出版社，2007:15, 53.

图 4–16　丹麦哥本哈根冬季花园

图 4–17　巴黎雪铁龙公园冬季花园

图 4-18 加拿大埃德蒙顿的室内水上乐园

资料来源：刘畅先生提供。

图 4-19 加拿大卡尔加里德文花园

资料来源：吴健梅女士提供。

图 4-20　柏林波茨坦中心索尼广场

柏林、巴黎等利用张拉膜或玻璃等材料为大型公共开放空间屏蔽风霜雨雪（图 4-20、图 4-21）。渥太华市在商业街区的人行道设置可随温度和季节开启和封闭的玻璃顶盖，顶盖内部设有加热器，使得寒冷的冬季里人们在街头行走和购物不会受到恶劣天气的影响。欧洲一些城市如哥本哈根等在咖啡馆和饭店临街的一面建设日光暖房，满足寒冷季节及雨雪天气下就餐的人们接触自然的需求（图 4-22）。荷兰、

图 4-21　巴黎德方斯某休息广场

图 4-22　丹麦哥本哈根沿街咖啡馆

瑞典、英国、瑞士、美国等国家的一些城市采用附接建筑物的顶盖（Canopy）或将屋盖延伸（图 4–23 ~图 4–27），以及设置一侧向街面开敞的拱廊（图 4–28），这些措施为处于雨雪等不利天气条件下的人们提供了有效的气候防护。

图 4–23　荷兰鹿特丹中心商业区沿街连廊

图 4–24　瑞士苏黎世中心商业区沿街有顶棚的人行道

图 4–25　英国纽卡斯尔某超市室外连廊

图 4–26　苏格兰高地室外玻璃连廊

图 4-27　美国波特兰沿街玻璃连廊

除了商业用途具有气候防护功能的街道和公共中心外，还有一些其他用途的气候防护公共设施。瑞典斯德哥尔摩一所大学的校园建筑结合北欧气候特点设计了宽大的屋檐，为教师和学生提供了雨雪天气下活动的户外场所，同时注重校园中室内学习及交往空间与室外自然的融合（图 4-29）。法国巴黎美术学院在庭院覆盖了巨大的玻璃顶棚（图 4-30），在恶劣天气中为学生活动提供了气候防护。加拿大渥太华的卡勒顿大学（University of Carleton）修建了地下的隧道系统，学生们在严寒的冬季可以通过隧道系统在公寓、体育馆和大学中心之间移动，而不需到外面去。埃德蒙顿的艾伯塔大学（University of

图 4-28　瑞士伯尔尼古城沿街连廊

（a）

（b）

图 4–29　斯德哥尔摩某大学校园建筑
（a）宽大的屋檐；（b）通透的学习及交往空间

图 4–30　巴黎美术学院内庭院

Alberta）建设了横越几个城市街区的拱廊，挪威的特隆赫姆（University of Trondheim）大学则在校园里修建了连接六座建筑的玻璃顶棚覆盖的长长街道（图 4-31），使得学生冬季无论日常生活、学习，还是购物都能处于十分舒适而且便利的环境中。

图 4-31　挪威特隆赫姆大学的室内街

资料来源：秦岭绘制。

4.2.2　住宅区气候防护

住宅区气候防护最广为人知的就是英国建筑师拉尔夫 · 厄斯金提出的“风屏蔽”设计对策的应用，即在场地北部建造环绕的长板式多层建筑，为居住院落内部的开放空间、公共设施、儿童游戏场地以及其他层数较低的住宅抵御北向的寒风提供有效的屏蔽，这一对策有效地改善了冬季居住生活环境，提高了户外活动的舒适程度。“风屏蔽”设计对策在加拿大、瑞典、芬兰等许多国家都有应用。

瑞典的斯瓦帕瓦拉（Svappavaara）是厄斯金较早将风屏蔽对策运用到城镇规划中的一个实例，虽然后来最初的规划并未完全实现，但却对其他国家地区寒地城市建设产生了深远的影响（图 4-32）。其他应用风屏蔽对策的住宅区在瑞典还有蒂布鲁（Tibro）的布瑞特花园住宅区（Brittgarden Housing），该住区建设于 1959 年，共有 85 个独户住宅和 255 套公寓。

加拿大魁北克的费尔芒镇（Fermont）是一座运用风屏蔽对策建设的工人镇，一栋 5 层长长的，包括商店、图书馆、行政办公设施、学校和娱乐设施在内的多功能的风屏蔽建筑为广大居民区阻挡来自于北、东北及西北几个方向的寒风，通过计算和实验，这栋高 50 英尺的建筑改变了镇内三分之二地区的微气候环境，因而大多数该镇的居民住宅都能从这一风屏蔽措施中受益（图 4-33）。

俄罗斯、瑞典等国家的寒地城市为避免冬季暴风雪对居住区场地的侵袭，提倡多栋住宅沿地段周圈建设，形成围合式、封闭的微气候防护单元（图 4-34 ～图 4-36）。这一措施也影响到中国寒地城市的居住区建设，在哈尔滨、长春、沈阳、齐齐哈尔等城市的居住小区内，住宅周边式布局方式应用很广。

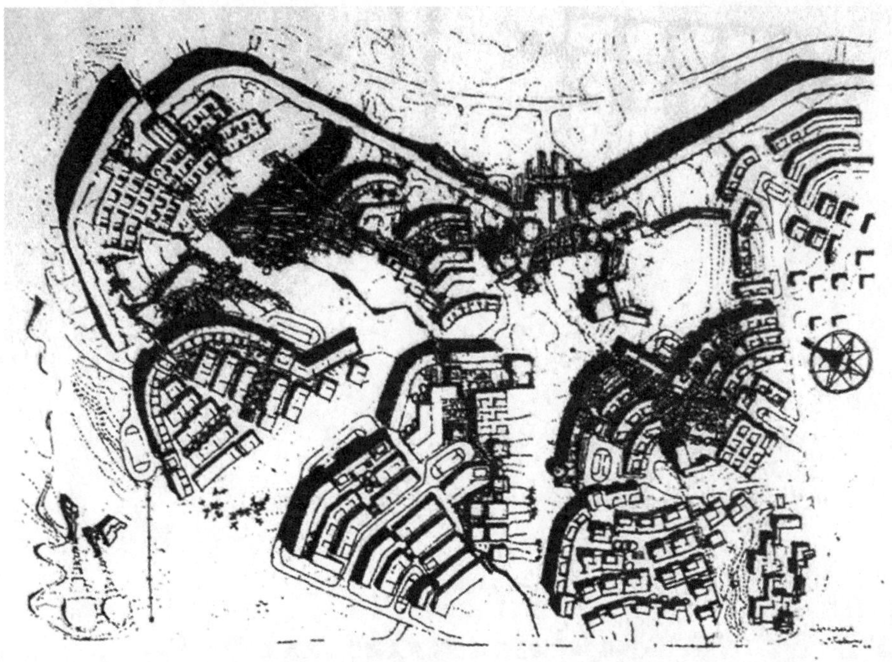

图 4–32 “风屏蔽建筑”对策在瑞典的斯瓦帕瓦拉城镇规划中的应用

资料来源：Norman Pressman. Northern Cityscape: Linking Design to Climate. Ontario: Winter Cities Association, 1995: 107.

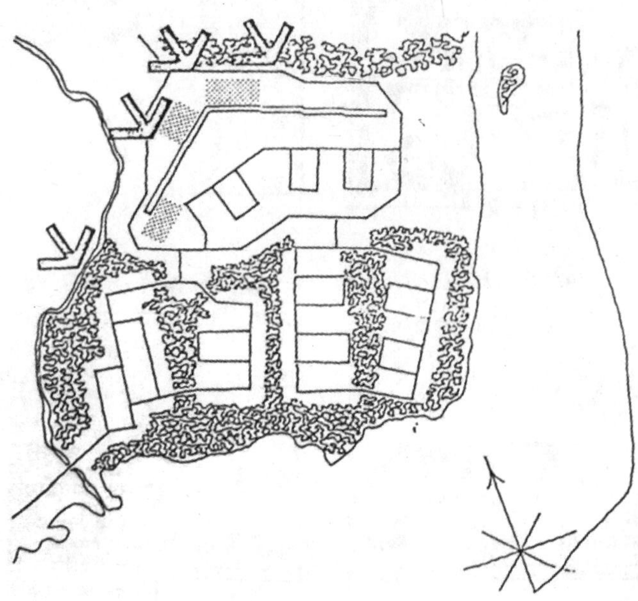

图 4–33 加拿大的费尔芒镇场地规划示意

资料来源：Norman Pressman. Northern Cityscape: Linking Design to Climate.Ontario: Winter Cities Association, 1995: 108.

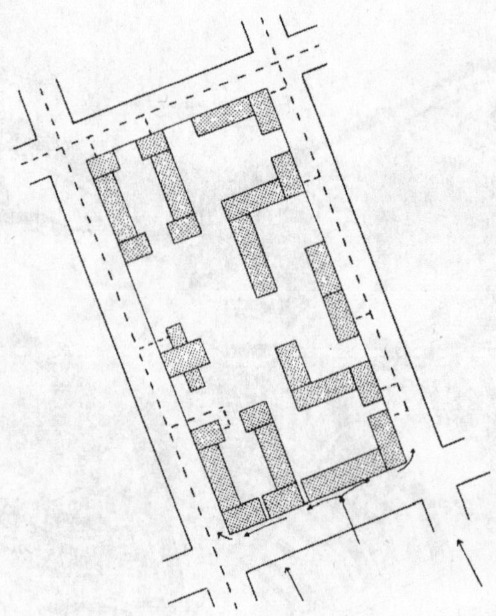

图 4-34　俄罗斯诺里斯克某居住小区规划

资料来源：Andrew.R.Bond. Urban Planning and Design in the Soviet North: The Norilsk Experience// Jorma Mänty, Norman Pressman. Cities Designed for Winter.Helsinki: Building Book Li.Co, 1988:302.

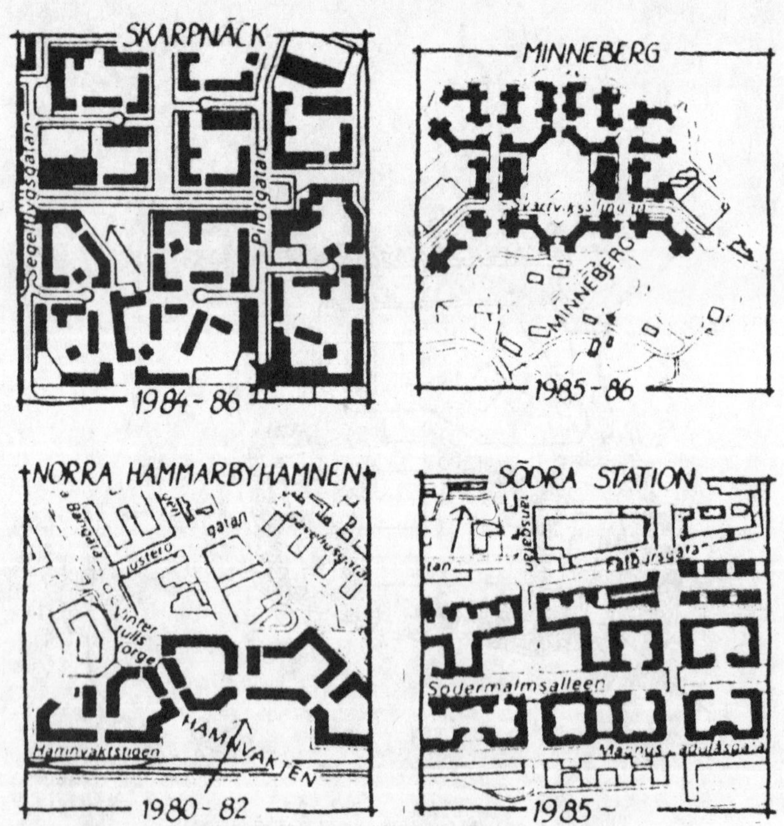

图 4-35　1980 年代建设的斯德哥尔摩 4 个典型的围合式住宅区

资料来源：Norman Pressman. Urban Design for the North. Winter Cities, 1992, 4: 19.

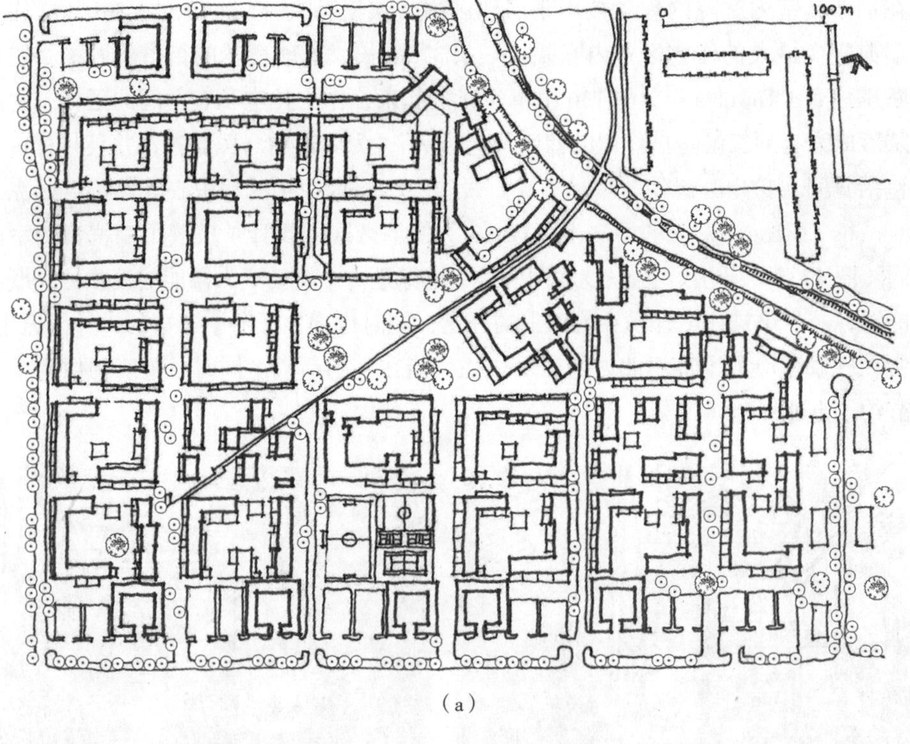

（a）

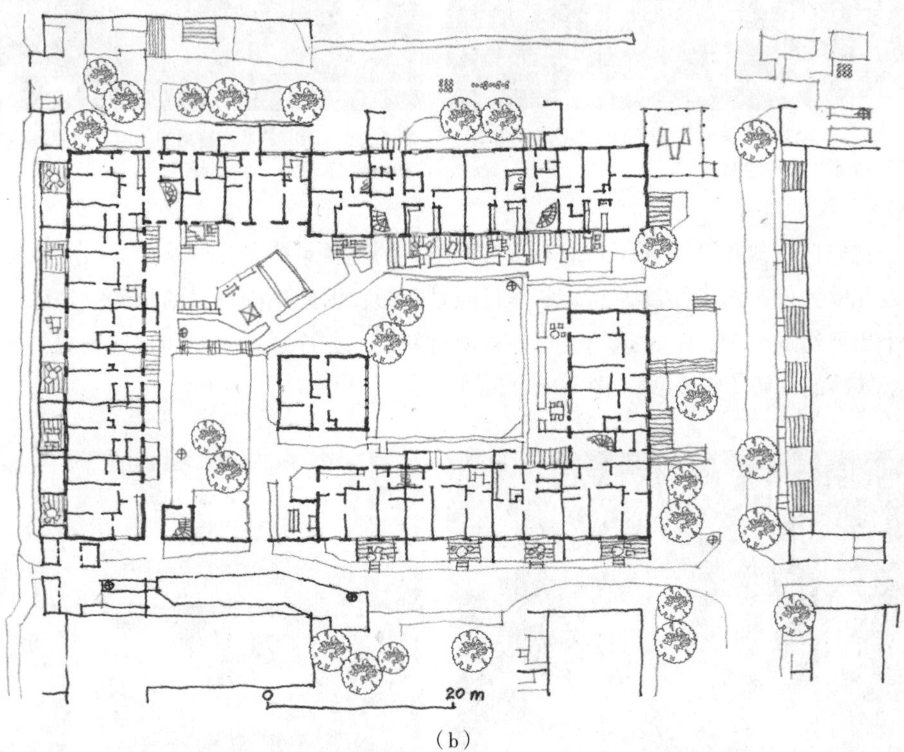

（b）

图 4-36　瑞典 Sandviken 的 Nya Bruket 小区
（a）规划总平面图；（b）典型居住单元平面图

资料来源：秦岭改绘自 Peter Collymore.The Architecture of Ralph Erskine. Academy Editions（Revised Edition），1994:126-127.

在瑞典，室内庭院的理念被用于居住区内。埃斯勒夫（Eslöv）的 Gårdsåkra 住宅区拥有瑞典规模最大的住宅区室内庭院。一条 375m 长、玻璃覆盖的街道将 6 栋 2 层的公寓和联排住宅（Townhouse）的 136 个单元连接起来，作为住宅私有空间的延伸。封闭的公共院落成为起到气候防护作用的社区“起居室”，为周边的居民服务，并且与社区公共机构包括日间看护中心、幼儿园、学校、娱乐中心、青少年活动中心等连接兰斯克鲁纳（Landskrona）（图 4–37）。的泰尔南（Tärnan）住宅区同样设计了玻璃顶棚覆盖的室内公共空间（图 4–38），利用“温室技术”使得街道像是一个被动式太阳能的接收器，既能够节约能源，减少单栋住宅建筑在能源上的开支，同时也建立了冬季丰富的户外街道生活，而通常在气候寒冷的季节里北方的居民往往只能在室内活动。同时，紧凑的住宅单元布局也节约了土地资源。

图 4–37 瑞典埃斯勒夫的 Gårdsåkra 住区室内庭院
资料来源：秦岭绘制。

图 4–38 瑞典兰斯克鲁纳的 Tärnan 住区室内庭院
资料来源：秦岭绘制。

在住宅区建筑设计方面，寒地城市气候防护的主要策略是让建筑最大限度地接收阳光。以北欧为例，由于纬度偏高，冬季日照时间短，因此不同形式的日光室是住宅设计中一个重要组成部分，通过运用玻璃等透明材料，一方面透射阳光和自然景观，另一方面屏蔽寒冷的气候（图 4–39、图 4–40）。

图 4–39 哥本哈根郊区住宅的日光室

图 4-40　赫尔辛基住宅宽大的日光阳台

4.3　寒地城市形象方面

寒地城市冬季气候寒冷，万物萧疏，景观单调，令人心里感觉沉重而压抑，因此许多寒地城市都力图塑造积极的冬季城市形象，增强城市冬季的吸引力和活力。除了通过各种途径大力对外宣传城市自身以外，发达国家寒地城市形象的塑造主要包括三种方式。

4.3.1　城市色彩的选择

在一些冬季气候寒冷的城市，如俄罗斯、芬兰、挪威、瑞典、冰岛、瑞士、德国等国家的寒地城市，城市的色彩都被设计得极为丰富，加拿大魁北克省 Gaspe 半岛的一些地区以明快的建筑色彩闻名，每年举办比赛评选谁是色彩最明快的建筑（图 4-41 ~ 图 4-46）。欧洲许多国家的城市冬季经常在城市中心区悬挂五颜六色的旗帜，给冬季的城市增加亮色。在北美许多气候寒冷的城市中，红色、粉色和金色等暖色调颜色都是受居民喜爱的颜色。总之，通过选择运用丰富的城市色彩，在一定程度上弥补了这些寒地城市冬季在城市景观方面的不足，增加了寒地城市冬季的活力。

图 4-41　挪威卑尔根旧港多彩的立面

图 4-42　冰岛雷克雅未克丰富的城市色彩

图 4-43　芬兰赫尔辛基某住宅区色彩

图 4-44　挪威奥斯陆某住宅区色彩

图 4-45　丹麦哥本哈根旧港色彩丰富的建筑立面

图 4-46　德国黑森林地区某小城色彩丰富的建筑立面

此外，许多寒地城市的居民在短暂的夏季更珍惜来之不易的好季节。在许多国家的寒地城市，夏季人们在住区、广场、街道以及窗台上细心地种植各种色彩丰富的花卉，使得寒地城市的夏季成为花的海洋，对于市民和游客来说，不仅极大地愉悦了身心，而且提升了寒地城市的形象（图 4-47）。

（a）　（b）　（c）　（d）

图 4-47　夏季寒地城市风光

（a）哥本哈根广场；（b）赫尔辛基住宅区；（c）奥斯陆广场；（d）科隆滨水区

4.3.2　城市夜景观的利用

为了弥补冬季日照时间短、气候寒冷、街道夜生活相对减少等城市形象方面的不足，加拿大和美国的一些寒地城市通过利用丰富的夜景观塑造寒地城市形象，提升城市居民和外来者在夜晚对城市的认知程度。比如，许多城市都要求写字楼、商业中心等公共设施在夜晚一定时间内要开放各种装饰照明，适宜的夜景灯光效果在漫漫冬夜中为人带来温暖、舒适的感觉和美好的城市形象，丰富了市民的晚间休闲活动，有效地减少了犯罪案件的发生。

在加拿大，当冬天夜晚来临时，城市被各种颜色的灯光和装饰所包围，人们努力用灯光来装饰自己的家庭或者商店等。蒙特利尔和多伦多等城市的街道、旅馆、商店、购物中心等都装饰着闪闪发光的各色灯饰，以鼓励人们加入到丰富的城市夜生活中。渥太华联邦林荫大道两侧和议会山上设置了壮观的灯饰，使得林荫道和渥太华河的两岸成为人们冬季夜晚理想的和浪漫的散步场所。

4.3.3 城市冬季景观的开发

冬季寒冷的气候在给寒地城市发展带来种种负面影响的同时，也造就了充分代表北方城市文化特性的丰富的冰雪景观和极地景观资源。寒地特有的冬季景观逐渐被开发，作为极富吸引力的旅游资源成为许多寒地城市塑造冬季城市形象的重要手段之一。发达国家寒地城市冬季景观的开发主要包括两部分内容：

（1）利用冬季自然环境条件开发冰雪景观或极地景观等。号称“雪都”的日本札幌以大型的雪雕景观闻名，由于札幌地处北方且有海洋暖流的影响，冬季低温多雪，积雪丰厚且雪质好，可塑性强，因此城市早在1949年就对冰雪资源进行充分的开发形成规模较大的雪雕活动。

加拿大在魁北克、蒙特利尔等城市举办国际雪雕比赛，各国艺术家用冰雪创作出代表国家水平的艺术品，城市居民也自发地制作各种冰雕、雪雕，城市里主要街道、住宅和商店门前都摆放各式各样的冰雕、雪雕作品，令人目不暇接。

瑞士居民在冬季喜欢到白雪皑皑的阿尔卑斯山山坡上雕雪像，他们根据童话或神话传说用白雪雕塑出神态各异的人物形象，有些爱好者还雕琢出各式各样的雪雕，建成一个千姿百态的雪雕动物园。

美国的圣保罗等寒地城市每年冬季也举办冰雕展览，制作大量晶莹剔透的冰雕，供市民和游人观赏，俄罗斯等国的寒地城市也以冬季美轮美奂的冰雪景观而著称。

（2）以冰雪景观或极地景观为载体开发丰富的人文活动景观。许多国家寒地城市在冬季都开展各种各样的活动，丰富城市生活。一些城市保留传统冬季节日，甚至为了扩大城市影响专门设置冬季节日，集中展示冬季文化活动，如日本札幌的雪节，青森的冬节，加拿大渥太华的冬节（Winterlude），马尼托巴省的旅行者节（Le Festival du Voyageur），蒙特利尔的雪节（Fêtes des Neiges），美国波士顿的元旦夜，加拿大魁北克、卡尔加里、美国圣保罗的冬季狂欢节，瑞典斯德哥尔摩的露西娅节，基律纳的雪节以及俄罗斯的送冬节等。

日本札幌的雪节仅仅是北海道地区许多冬天节日中的一个，除了世界文明的大型雪塑展览以外，游客和居民还可以在冬季享受到令人心旷神怡的温泉。青森为期四天的冬节每年也吸引成千上万的旅游者，滑雪旅游在该地区已经发展为一个产业，极大地增加了城市的知名度和吸引力。

加拿大马尼托巴省的圣波尼非斯（St. Boniface）每年2月中旬举办的“旅行者节”是该城市一年中最重要的事件之一。在为期10天的节日中有将近400个展览，还有成千上万的运动员、演员以及手工艺人参与表演。作为加拿大西部最大的法语社区，圣波尼非斯建立这一节日的目的是为了使冬季的城市生活更加活跃，每年这一节日都吸引接近25万的旅游者。

在闻名世界的狂欢节活动中心魁北克城，每年 2 月当地居民和大量来自世界各地的旅游者在城市的大街小巷共同享受为期 17 天的冬季狂欢节，欣赏圣劳伦斯河冬季的美景和冰雕比赛，品尝当地酿造的美酒，观看北美驯鹿，俯瞰街道游行等。人们还可以在达弗林台地上滑平底雪橇，或者驾驶独木舟穿越冰冻的圣劳伦斯河。

渥太华的冬节也在每年 2 月举行，城市被精美的雪雕和冰雕装饰一新，联邦公园内由于布满了冰雕雪塑，而被人们命名为“水晶花园”，成千上万的旅游者来到世界最长的户外溜冰场——冰冻的里多（Rideau）运河上参加各种冬季活动，如观看或参与滑冰和狗拉雪橇，品尝当地的著名小吃——“海狸鼠尾”（Beavertail）等，更增加了节日气氛。

蒙特利尔在雪节期间举办雪雕比赛，而沿着市区繁忙的圣卡特琳娜（Catherine）大道，市民和游客还可以欣赏更多精心制作的雪雕。

埃德蒙顿在每年 1 月结束时举行民间音乐节，为广大市民以及欣赏冬季风光和参与冬季冰雪活动的游客提供大量的布鲁斯、乡村和情调音乐。

总之，冬季节日对于发挥这些寒地城市的地域特色，增加城市冬季的活力，提升城市整体形象，带动城市经济起到了很大的推动作用。

除此之外，许多寒地城市还积极开展其他一些活动以活跃冬季生活，塑造冬季城市形象。美国阿拉斯加安克雷奇的居民在冬季举行一年一度横跨百公里极地的狗拉雪橇大赛；瑞典的吕勒奥为旅游者提供具有历史意义的萨米（Saami）文化之旅，让旅游者亲身体会居住在严寒北极地区的萨米人的真实生活；挪威北部的特罗姆瑟市，除了神秘的北极光现象以外，城市还将体验黑暗的极夜和暴风雪作为向旅游者推广的项目，吸引来自世界各地的旅游者。加拿大许多寒地城市利用冬季举办各种音乐、歌剧、芭蕾及舞台剧的演出，人们可以在多伦多、温哥华、埃德蒙顿、卡尔加里、蒙特利尔等城市欣赏到高水平交响乐队的演出，多伦多、温哥华、蒙特利尔还拥有许多一流的摇滚俱乐部，而观赏芭蕾和舞台剧也已成为许多市民和游客冬季一项重要的文化活动。

4.4 建设关键技术方面

多年来，发达国家寒地城市的学者们一直在积极研究开发适宜严寒气候的建设技术，并以先进的适宜技术支持寒地城市规划建设。由于冬季处于严寒的气候条件下，能源节约与应用技术、积雪处理技术和道路维护技术成为这些寒地城市建设中较为关键的几项技术。

4.4.1 能源节约与应用技术

在能源方面，许多国家的寒地城市都在积极推行有效的节能政策，除了在墙体设计以及建筑材料的运用等方面节能以外，更注重在城市建设的层面倡导节约能源，提高能源利用率。

在日本北海道和本州北部两个寒冷并且降雪丰富的地区，人们利用雪冷却系统在各种建筑物中建造存储雪的设施，将雪用于夏季制冷和空调，这一举措被用于公共设施、老年社会福利设施和其他类型的建筑中。位于北海道的札幌市计划在城市郊区的公园管理设施中设置雪冷却系统，而在远离雪存储站点的城市中心区，利用地下管沟作为雪冷却系统的贮存设施。青森市也在曾经举行过北方城市市长论坛的当代艺术中心等一些新建筑物内使用了雪制冷技术。由雪冷却系统产生冷空气比电力系统制冷明显地节约能源，同时，还能提供较适当的湿度水平，产生的冷空气对人和植物都比较温和。

札幌的另一个节能策略是制定“区域空调计划”（前文中曾提到），由于城市每天从地铁站区中排放大量热量，这些热量主要来自于地铁车厢、灯光和人体散热，因此该计划就是利用这些每天从地铁排出的低温废热为区域采暖提供廉价的能源。

在欧洲，瑞典在保护环境和节约能源方面作出了表率。马尔默在“明日城市”社区建设中，采取了大量的节能技术。该社区的能耗目标是每年每平方米 105kWh，建筑均应用新技术新材料和新结构。能源就地生产并可回收利用，包括风力、太阳能、地热采暖和海水采热，所有能源都是可再生的，并且不使用煤炭类产生二氧化物的燃料。

在北部的基律纳，家庭、办公场所和工业建筑通过社区集中供热完成供热，能量来自于采矿工业过剩的热能，以往通过烟囱失去的能量在散失到空中之前被城市用于体育运动场地和家庭供热，这些举措不但节约能源而且极大地改进了空气质量。吕勒奥则将工业废热储存起来作为热源用于融化卡拉斯（Kallax）机场跑道上的冰雪，降低清雪成本，获得良好的环境同时又增加了安全性。①

北欧国家还比较注重热量回收系统技术的应用，比如通过通风管将各房间空气过滤收集起来，并回收其中的大部分热量，污浊的空气由设在房屋顶部的风机抽走排放。这种技术在许多集合式多层、高层住宅中都有应用，在节约能源方面有很大优势。此外，还有一些废热回收技术包括锅炉尾气废热回收和城市污水处理后的热回收等多种形式，如斯德哥尔摩市回收废水中的热就可提供该市 45% 的集中供热。

此外，瑞典也积极研究和利用雪制冷的技术，在一些地区建立雪储存设施，其中最庞大的雪储存工程建在桑德沃尔（Sundsvall）的一家医院旁边，表面积为 8400m^2，人们利用雪的融化水作为整个医院的冷却水，节约了能源。②地处北欧北部的冰岛大力开发地热资源，地热能所占的比例很大，地热利用是以区域供热为主，全国有 85% 的家庭利用地热采暖。除区域采暖、发电以外，地热还被更广泛地应用于温室土壤的采暖设施、融雪系统、文化娱乐设施（温水游泳池、足球赛场的土壤干燥等）。在产业利用方面有鱼的养殖，鱼和海藻等食品的干燥加工，硅藻土的土壤干燥等。首都雷克雅未克的居民利用城市免费供给的已用于取暖后的低温热水加热自家的小型温室和游泳池。雷克雅未克附

① Northern Intercity News.2000–12.http://www.city.sapporo.jp/somu/kokusai/wwcam/news/news 2000 dec_e.pdf.

② K. Skogsberg, B. Nordellr. The Sundsvall Hospital Snow Storage. Cold Regions Science and Technology, 2001, 32: 64–66.

近一个名为维拉格尔蒂（Hveragerdi）的村庄则利用丰富的温泉资源建设了大量可以加热的温室，从而为首都源源不断地提供鲜花、蔬菜和水果。

早在20世纪50年代,美国明尼阿波利斯南谷购物中心就建设了独具特色的节能系统，使用丰富的低温地下水资源和将热量收集并储存在地下层的办法来满足降温和取暖的需要。夏季，地下水用于冷却空气，冷却之后没有直接排入附近的湖中，而是设法储存到地表以下较浅的地层中。夏天冷却荷载很大的时候，这些贮存在地下的水温度可达67℃，冬天从这些地层中抽出的水也约有45℃，可以有效地用来预热进入购物中心的新风。这套系统的优点是节能和无污染，对能量作了最有效的利用，达到了全面控制环境的目的，把人从恶劣的自然环境中解脱出来。直到今天，南谷比本地其他用复杂和现代方法来加热和冷却的购物中心效率高10%~15%。①

4.4.2 积雪处理技术

冬季降雪对于寒地城市正常的交通运转影响很大，尤其是一些寒地城市冬季降雪强度较大、持续时间长，因此及时地清除和处理积雪对于寒地城市正常的生产、生活十分重要。

经过多年的研制和开发，日本以及欧美等国家的寒地城市已经拥有较为先进的机械清雪设备，可以在较短的时间内完成大面积的自动化清雪作业。除此之外，许多寒地城市还建立了较完善的融雪系统，比如日本北方地区的一些城市如札幌、青森等（图4-48～图4-50）。札幌市早在20世纪60年代就已经开始在部分人行道下安装加热融雪系统，并且一步步推广。目前市区一些建筑物屋顶和一些道路下都使用了以电和燃油为能源的屋顶融雪系统和街道融雪系统等现场融雪设备，虽然对电和燃油等高质量能源有一定耗费，但可以在较短的时间内融化积雪。

图4-48　札幌市安装有融雪设施的步行道

资料来源：Sapporo Internatinal Communication Plaza Foundation. Top of Japan. Winter Cities Showcase Anchorage's 94 Executive Committee, 1994.

① 刘念雄．论步行商业空间室内化．建筑学报，1998, 8:43-48.

图 4-49　电话亭入口地面融雪　　图 4-50　消火栓周围融雪以免结冰影响使用

资料来源：Sapporo Internatinal Communication Plaza Foundation. Top of Japan. Winter Cities Showcase Anchorage's 94 Executive Committee, 1994.

青森市建立两种人行道融雪系统，在城市的人行道和过街人行横道地下铺设管道，融雪方式有两种：一种是通过管道运送经过加热的海水，利用海水的热量来融化积雪（图 4-51）；另一种则是利用地热融化人行道和停车场积雪（图 4-52）。为了防止融化的雪水污染海水，青森市建立一个系统使得雪被经过处理后的废水融化，以使清洁的融化雪水流入大海。

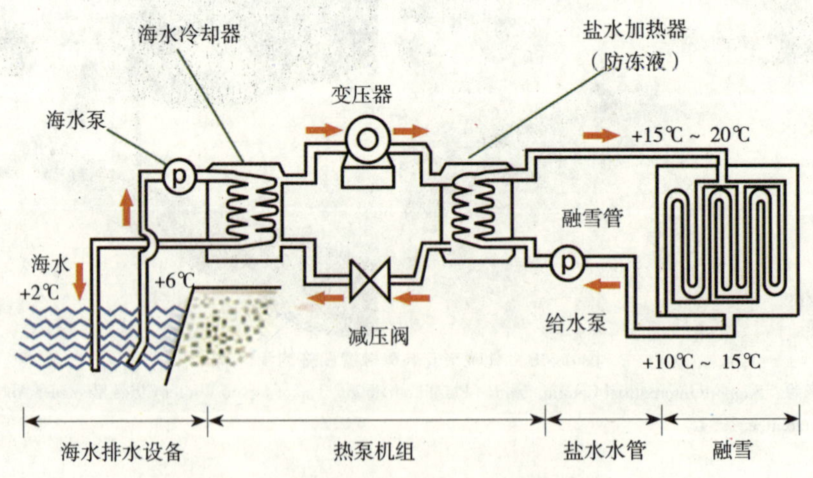

图 4-51　日本青森市的道路海水融雪系统

资料来源：http://nebuta.city.aomori.aomori.jp/WCC2002/English/index.html.

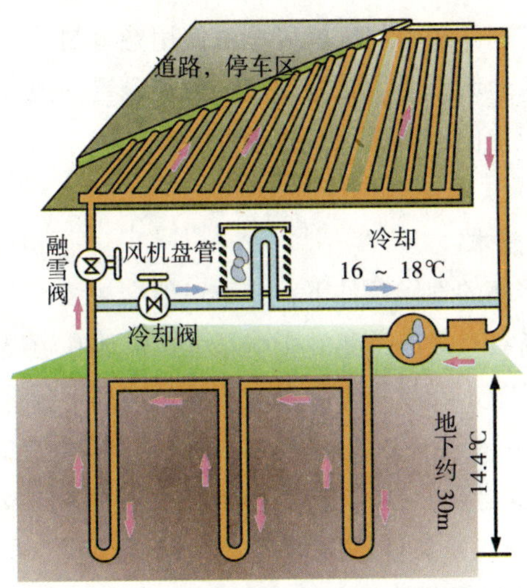

图 4-52 日本青森市的道路地热融雪系统

资料来源：http://nebuta.city.aomori.aomori.jp/WCC2002/English/index.html

此外，日本的一些寒地城市在一些道路的危险地段还使用低压力、低速度的喷撒系统产生一种稳定水流来促进冰雪融化。经过融雪处理，减少在道路交叉口、坡路段以及转弯处路面冻结打滑的危险。

在积雪的运送方面，日本的城市通过对现有城市排水系统的综合利用来输送雪，这种方法主要是在冬季将城市综合排水渠、溢水沟的有关设施改造成雪流动水槽，由商业和住宅的业主把积雪从城市的街道和人行道自愿地铲起到这些水槽中，采用液压方式来运送积雪。同时，将污水处理厂调节池改造为冬季堆雪处理系统，利用其具有的较大的储备能力来对存储的雪进一步进行处理。①

针对雪处理问题，日本寒地城市还研制开发出用于对降雪情况进行智能检测的高灵敏度降雪探测器、雪深度感应器、积雪感应器等高技术产品，并且开发出宅前和道路上的燃气融雪系统，成本可降低到电加热融雪系统的一半。

此外，如前文所述，雪在日本、瑞典等国家一些降雪较多的寒地城市成为一种资源，人们将其用于空调制冷，既解决了积雪处理和利用的实际问题，又极大地节约了能源。

冰岛首都雷克雅未克则铺设管道利用居民排放的废水余热和地热促进人行道和过街通道的积雪融化，方便居民出行，这种技术还用于建设冬季可融化冰雪的足球场地。挪威和瑞典的一些城市同日本一样在道路的表面利用电热融化系统来清除道路上的积雪和冰，以减少道路的维护费用。美国阿拉斯加的安格雷奇等城市采取利用建筑物的余热来使人行道的积雪融化，同时节约了能源。

日本、芬兰、挪威、瑞典、德国、美国、加拿大等国的寒地城市在利用化学物质控制冰雪方面进行了深入的研究，比如不同化学物质在融雪以及环境影响方面的优缺点及

① Mr. Leland Smithson. Winter Maintenance Technology and Practices: Learning from Abroad. Road Management & Engineering Journal, 1997, 3.http://www.usroads.com/journals/rmj/9703/rm9703 02.htm.

比较选择等，环保型融雪剂已经得到广泛应用。使用融雪剂还可加装固体融雪剂撒布前预湿系统，据国外一些寒地城市使用结果证明，加装融雪剂预湿系统后，达到同等的融雪能力，可以节约30%以上的融雪剂，节约融雪成本。

4.4.3 道路建设及维护技术

寒地城市地处北方严寒的气候条件下，冬季一般会持续5个月左右，有的甚至在半年以上。冬季的低温、降雪对城市道路的影响很大，需要在道路建设、养护、管理等方面采取克服冰雪严寒的措施，因此许多国家的寒地城市都十分重视研究冬季道路维护技术，日本和欧洲的寒地城市在这一方面开展的一些研究走在世界的前列。

日本北海道道路环境建设的技术开发正向多元化的方向发展。在道路建设方面，基本确立了考虑冰雪寒冷气象条件的几何构造、铺装结构、材料等的设计施工标准，并且因地制宜地利用新的材料与施工方法。几何构造的标准是从冬期交通安全、车辆的驱动与制动性能等方面来规定纵坡与横坡的最大值以及有利于除雪作业而设置的堆雪宽度。[①]在铺装结构及材料方面，为防止冻胀，除了一般采用的用抗冻材料置换到冻深的方法以外，日本还研制出以防冻为主的功能性铺装技术，有助于路面防冻及剥离路面所积的冰雪。

在冬季道路管理方面，日本和欧洲的寒地城市拥有较为先进的道路天气信息系统——RWIS（Roadway Weather Information Systems）、冬季交通管理系统和驾驶者信息系统。通过道路天气信息系统（RWIS），道路部门利用传感器收集和监控道路小气候数据，包括温度、风速、风向、降水（雨、雪等）和湿度，工作人员把信息迅速通过指定的无线电频率分发到公路休息区域，以便于根据信息调整速度限制（图4-53、图4-54）。RWIS系统安装和维护虽然昂贵，但是通过其产生的信息使得有关部门能够对是否利用化学品融冰雪进行迅速反应并且应用，这样既防止了道路结冰，又节省了时间和融雪材料。此外，工作人员还可以掌握和预测天气情况，从而决定是否在道路危险的地方分配人员和清雪机械。

加拿大交通部门（Transport Canada）也在开发一个“全加拿大道路气候信息系统一体化网络”（Cross-Canada Integrated Network of Road Weather Information Systems），这一网络主要致力于改善环境，提高道路安全性能和出行者的出行效率。通过这一系统网络，加拿大的道路养护人员可以获取实时的道路气候信息，以帮助决定在何时采取何种方式对道路进行维护管理。同时，这一系统也有助于天气预报人员来预测道路路面结冰的情况，从而使出行者能及时地获取所需的道路信息，采取防范措施或改变出行计划。[②]

在冬季交通管理系统的应用方面，道路部门的工作人员结合沿着道路的视频照相机拍摄的图像与来自传感器的信息为汽车驾驶者通过无线电提供适时的信息，进行远程控制，并选择适当的最近的道路。

---

① 刘信昌，徐子良，吴怡青．日本国寒冷地域的道路路面及其技术动向．黑龙江交通科技，1999, 2:66.

② 李珏编译．加拿大道路气候信息系统．2006-08-24. http://www.chinautc.com/usa/newsshow.asp? newsid= 99 & classid=73.

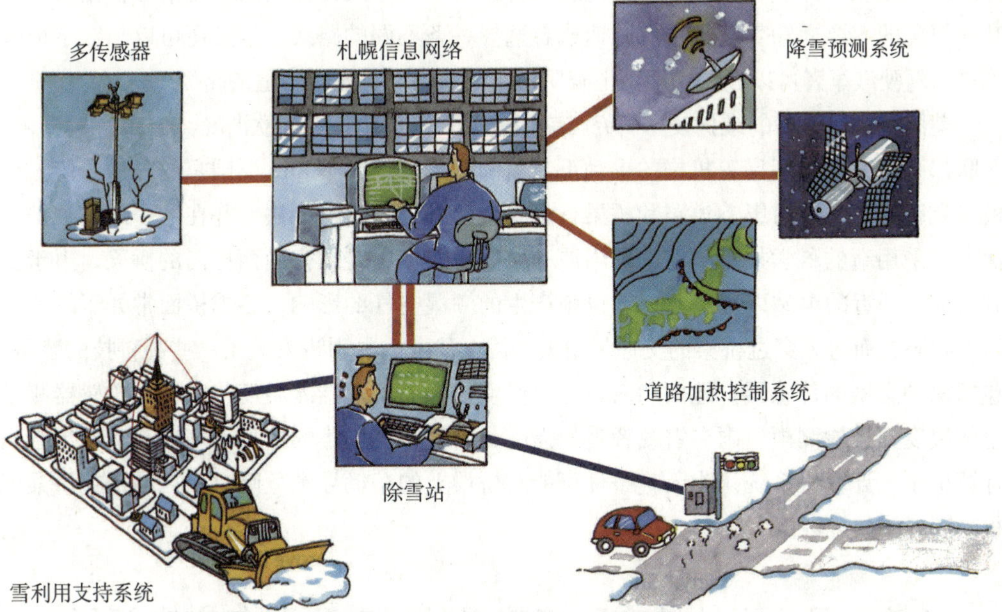

图 4-53　札幌市冬季道路及交通信息系统

资料来源：Sapporo Internatinal Communication Plaza Foundation. Top of Japan. Winter Cities Showcase Anchorage's 94 Executive Committee, 1994.

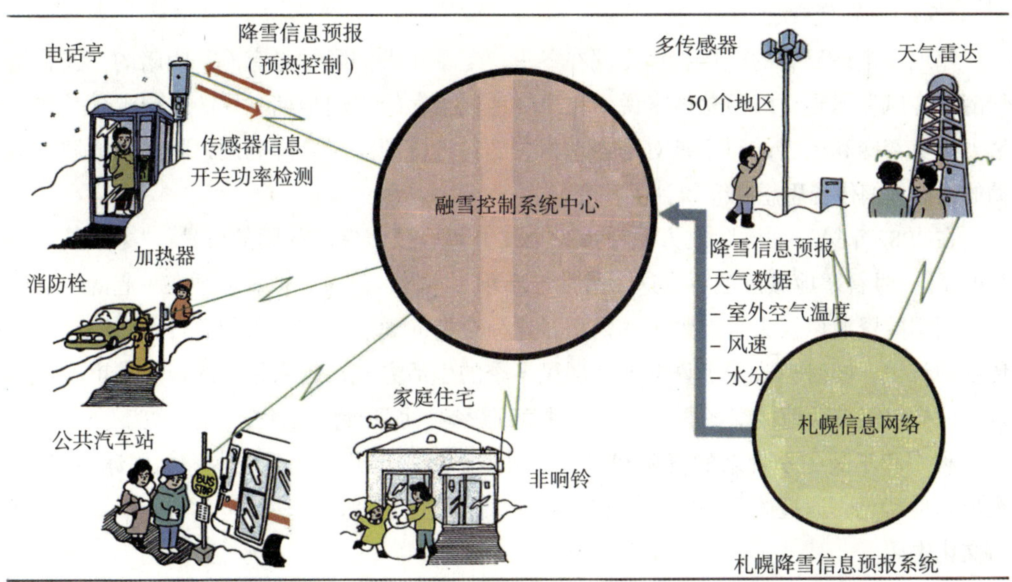

图 4-54　札幌市降雪预报及融化控制系统

资料来源：Sapporo Internatinal Communication Plaza Foundation. Top of Japan. Winter Cities Showcase Anchorage's 94 Executive Committee, 1994.

通过RWIS技术和冬季交通管理系统，日本和欧洲的道路机构能够提供关于道路条件的最新信息，并且将信息适时地传递给驾驶汽车者，人为控制的可变信号根据天气或其他情况的需要通知驾驶汽车者减速或者选择一条不同的路线。信息还可以与数字地图连接，驾驶汽车者可以在数字地图上查明道路的条件并且选择合适的路径。

美国在冬季道路的维护技术研究与应用方面开展得比日本和欧洲晚，自1994年以来，在联邦高速公路管理局等机构的推动下，美国开始引进日本和欧洲国家的先进经验，积极研究解决冬季冰雪影响道路和桥梁行车安全问题的技术与方法，并在冬季道路维护方面大力采用新的科学技术。在明尼阿波利斯建设的一座跨越密西西比河的桥梁，由于受到河流、邻近的电站以及一些工业设施产生的潮湿空气的影响，冬季桥面常处于结冰湿滑的状态，而每天穿过桥梁的交通量很大，因此研究人员引进安装了一些高科技的装备，包括两种类型的传感器：地面和人行道温湿度传感器以及结冰温度传感器。传感器测量空气温度并且检测雨、雨夹雪或者雪的强度，由传感器收集的信息被气象观测站传送到计算机中。计算机系统认为天气条件可能对桥梁上的车辆导致危险时，自动地在桥梁甲板喷洒钾醋酸盐融化冰雪。

4.5　国外寒地城市环境建设的成功经验与存在问题

4.5.1　基本经验

为了提高城市的宜居性，提升寒地居民生活质量，欧美日等发达国家寒地城市在多年的建设中积累了大量的经验，这些经验对于世界范围内严寒地域城镇的发展起到了极大的推动作用，同时也值得中国寒地城市认真地研究和借鉴。

4.5.1.1　转变观念

寒地城市最显著的气候特征出现在冬季，冬季在人们眼中是寒冷、阴暗的，并总是伴随着冷风和冰雪，因而总体来说，在寒冷地域生存的人们早期主导的思想观念是如何努力避免寒冷和风雪，而不是对与冬季相关的各种资源加以合理利用，随着寒地城市运动的兴起人们传统思想观念得到了转变。

在1982年第一届国际北方城市市长会议上寒地城市提出共同的口号：“冬季是资源和财富”，号召寒地城市把冬季这一通常与严寒、冰雪、萧条、孤寂联系在一起的季节作为可利用的资源以及大自然赠与的财富，这一全新的观点打破了人们心目中对寒冷冬天传统的认识，同时也改变了许多地方居民冬季的生活方式，越来越多的寒地城市不再像以往一样仅仅被动地接受冬季带来的种种负面影响，而开始主动化不利因素为有利因素，积极利用和享受冬季带来的资源和财富。很多寒地城市开始注重发掘和利用冰雪资源，突出寒地特色，通过冰雪旅游带动和促进相关的产业发展，推动经济发展，活跃冬季城市文化生活。

4.5.1.2　重视寒地城市研究

针对寒冷地域的特点，发达国家寒地城市在规划建设以及可持续发展方面进行了多领域的研究。

包括北美和欧洲寒地城市协会[①]在内的国际寒地城市协会组织一直致力于促进寒冷地区的经济发展，激发人们以积极的态度面对寒冷的冬季，研究能够提高寒地城市居住条件的设计，探索气候差异对人类行为方式和能源的影响，并从环境方面检验地球资源的合理利用。在寒地城市协会的倡导下，许多专家及学者在寒地城市规划设计领域开展了一定的研究，先后于20世纪80年代中后期出版了寒地城市空间环境如何适应气候的研究成果，对于世界范围寒地城市的规划建设起到了有效的指导作用。

在寒地城市建设技术领域开展的研究也很多，日本、瑞典、挪威、芬兰、冰岛、加拿大、美国等都许多国家的寒地城市都积极地针对寒地气候特点进行适宜建设技术的研究，包括能源应用与节能技术、冰雪处理技术、冬季道路维护技术、废物处理和循环利用技术等，尤其是在国际寒地城市运动的推动下，这些技术领域不断地开发和创新，为世界寒地城市的建设和发展提供了有力的技术支持。

此外，在其他研究领域，许多寒地城市研究学者还积极开展了关于旅游产业、冰雪文化、休闲娱乐以及寒地居民生活方式和身心健康等方面的研究，积累了大量的经验。

4.5.1.3　改善寒地城市空间环境

多年来，世界各国的寒地城市纷纷致力于改善寒地城市空间环境，提高寒地生活质量，创造寒冷气候条件下宜居的生存环境。许多发达国家的寒地城市提供了有效的气候防护措施，使得居民得到更多的人文关怀，补偿不利的气候条件带来的负面影响。比如加拿大的多伦多和蒙特利尔以不受季节影响的庞大的地下公共空间系统而闻名世界；加拿大的卡尔加里和美国的圣保罗以及明尼阿波利斯等城市拥有实现人车分离并提供冬季气候防护的人行天桥步道系统；许多欧美寒地城市还建立大型室内化公共空间，如室内街和室内公共活动中心等，将室外的阳光、植物、水等自然因素引入室内，通过空调技术，在室外冰天雪地的冬季，人们在这些公共空间内仍可以充分享受到花木葱郁、春意盎然的美景。

此外，还有其他一些气候防护措施，如加拿大一些寒地城市建设可随季节变化开启和封闭玻璃顶盖的人行道，以及内部有加热装置的公共汽车候车停、休息亭等，日本、冰岛等国家一些寒地城市建设可融化积雪、方便路人行走的人行道等。

4.5.1.4　参与国际交流合作

国际寒地城市间在社会经济发展、城市建设、能源利用、环境保护等多领域的交流与合作推动了世界范围内寒地城市环境的建设和发展。

---

①　北美洲寒地城市运动的发展带动了欧洲的寒地城市运动，1992年斯堪的纳维亚寒地城市协会（Winter Cities Scandinavia）成立于挪威的特罗姆瑟，并在该城设立了秘书处。该市的市长Erland Rian先生在最初两年里担任协会的主席，此后主席由瑞典吕勒奥市的市长Kjell Micklsson先生担任。1997年为了更好地面向斯堪的纳维亚半岛以外的国家，协会改名为欧洲寒地城市协会（WCE）。欧洲寒地城市协会吸收城市一级的会员，开始时使用寒地城市协会（现北美寒地城市协会）制定的章程，后来又根据自身情况对章程做了修改。目前，该协会已有12个成员，分布在瑞典北部、芬兰、挪威、格陵兰、波斯尼亚和黑山共和国，其中较大些的城市还同时是国际北方城市市长联合会的会员，协会积极地吸纳新会员并发展与北美寒地城市协会的合作关系。欧洲寒地城市协会立足于中小城市在有限的地理环境内发展的需要，建立关于冬季寒冷环境生活方式的信息交流与合作的网络。每逢奇数年，该协会都举办成员会议或者就某一主题进行研讨，如讨论冬季节日、信息科技等。由于欧洲寒地城市协会的成立，原"寒地城市协会"后改为"北美寒地城市协会"（Winter Cities Association of North American）。

历届北方城市会议[①]都为寒地城市提供定期交流信息的机会，会上提出的许多建议被会员城市采纳并加以实践。如日本札幌市从北方城市会议提出的建议中选出能在当地实施的建议，市政当局建立项目组，通过新项目的实施提高自身城市规划水平；中国沈阳市也曾采纳北方城市会议提出的路灯节能建议并加以实施；加拿大赫尔市提出关于关注环境污染的提议，被许多寒地城市接受并对城市的环境开展调查及分析。

从 1988 年第三届北方城市会议开始，每届会议都举办由多个冬季城市的数百个公司参加的冬季展销会活动，加强了寒地城市之间的经济贸易往来，其他活动如“寒地城市论坛”、“寒地城市展”、“冬季时装展”等为寒地城市间的技术与文化交流创造了便利条件。许多寒地城市间加强了相互之间的了解和友好关系，如日本札幌曾举办“斯德哥尔摩高技术经济研讨”、“特罗姆瑟极地住宅研讨”，而瑞典也曾举办“札幌日”活动，加拿大的蒙特利尔举办过“极地科技展”、“极地住宅展”，中国的哈尔滨和加拿大的埃德蒙顿建立友好城市等。

除了相互间的交流，寒地城市在一些领域还展开了积极的合作。如在札幌市提出的关于北方城市除雪情况调查报告的基础上，加拿大、美国、日本、挪威、瑞典、芬兰等国家的 20 多个寒地城市就加强研究除雪技术领域的合作达成共识，并成立寒地城市环境研究小组委员会，包括来自 7 个国家的技术人员，委员会编写了“协调冬季道路管理与环境”报告，概述了冬季雪的管理导则，通过评价后成为北方寒地城市的指南。

4.5.1.5 提升寒地城市形象

许多寒地城市都很注重城市形象的提升，以扩大寒地城市在国际上的影响，提高城市在市民和外来者心目中的认知程度，增强寒地城市自身的凝聚力和竞争力。

冬季寒冷的气候在给寒地城市发展带来种种负面影响的同时，也造就了充分代表北方城市文化特性的丰富的冰雪景观资源。在寒地城市协会和北方城市市长会议的倡导下，世界各地的寒地城市都十分重视激发城市冬季的活力，充分利用冰雪景观资源，使得无论寒地城市居民还是外来旅游者都能享受到冬季冰雪活动和冰雪景观所带来的乐趣。为了扩大城市影响和提升城市形象，许多城市专门设置冬季节日，集中展示冬季文化活动，如日本札幌的雪节，加拿大渥太华的冬节（Winterlude），美国波士顿的元旦夜，加拿大魁北克的冬季狂欢节，中国哈尔滨的冰雪节等，这些节庆活动不但对北方寒地城市传统冰雪文化进一步发扬光大，而且改变了严寒地区冬季城市生活单调萧条的局面，一方面

---

① 北方城市市长会议的举办是寒地城市运动的另一个标志。为了使分布在地球北部的城市能共同分享在严寒的气候条件下城市发展的经验与科学技术，第一届北方城市市长会议于 1982 年在日本的札幌举行。从那时起，北方城市市长会议每两年一次，开始在世界上不同的北方城市举办并延续至今。从 1982 年到目前为止，北方城市市长会议已在加拿大、美国、挪威、瑞典、日本、中国等国家的不同寒地城市举办了 11 届，这些会议的举办也代表了国际寒地城市运动发展的历程。两年一次的北方城市市长会议及会议期间举办的各种展示、交流活动等，将寒地城市作为一个特殊的城市群体展示在世人面前，不但扩大了寒地城市的知名度，而且增加了寒地城市在世界范围内的影响力（详见附录 5）。1992 年，在加拿大蒙特利尔举办的第五届北方城市会议上，到会的 32 位寒地城市的市长为联合国环境发展大会共同签署了“城市和地方当局利益的共同宣言”，标志着北方城市市长对寒地城市在世界环境保护中所扮演的角色的认可和承诺。1994 年在美国安格雷奇举办的北方城市市长会议上，国际北方城市市长联合会（IAMNC）正式成立，并在 1997 年被联合国经济与社会委员会以及公共信息部正式认定为“非官方组织”（NGO），从而进一步提高了寒地城市的国际影响。

增强了寒地城市居民自身对于所处环境的自豪感，另一方面也增加了外来游客对寒地城市的认知度，更为寒地城市带来经济发展的机遇，推动了寒地城市的可持续发展。

4.5.2 存在问题

尽管一些发达国家较早地意识到寒地城市环境宜居性建设对于城市经济和社会生活等方面的重要意义，并且为之付出了大量的努力，但其规划建设中也存在一些问题。

4.5.2.1 缺乏系统全面的气候规划设计

虽然许多发达国家的寒地城市在规划的编制和政策制定中都对寒地特点作了充分的考虑，针对寒冷地域特点采取了一些设计对策，但并没有形成较为系统和完整的气候规划设计对策体系，许多城市仅仅停留在一些中观和微观的气候设计对策。即使在寒地城市规划设计研究和实践方面走在前列的加拿大的许多寒地城市，也缺少总体层面的气候响应的城市发展措施，仅仅一些新建于20世纪70～80年代的企业镇在城镇规划中考虑到相应的气候设计对策，而寒地城市环境宜居性的提高仅仅靠增加一些气候防护措施是远远不够的。

4.5.2.2 气候防护设施存在弊端

欧美日等国家和地区的寒地城市建设的各种气候防护设施虽然为提高城市公共空间环境质量起到了很大作用，但设施的建设和利用方面也存在一些问题。

首先，大型封闭的气候防护设施建在适当的地点，能够提升寒地城市社会生活，但其在建设上资金投入过大，高额的建设和维护费用以及使用过程中大量的能源消耗使得其在经济上的可行性方面存在一定问题，因此，其应用也仅仅限制于一些大城市，在中小城市和城镇很难取得预想的经济收益。

其次，一些寒地城市气候防护设施的使用还存在着公众利益与私人利益的矛盾，比如在加拿大，由于设施的私有化，许多气候防护设施允许公众在一定的条件下，特定的时间段内使用，而有些只有少数人能够使用，削弱了其社会价值。由于经济上的原因，许多贫困居民享受大型室内化空间尤其是娱乐设施的机会相对较少，而平民化的传统开敞空间相对减少，低收入群体的利益难以得到保障。

再有，一些封闭气候防护设施比如空中步道、地下街等的过度使用导致传统公共空间的减少和街道生活的衰落，比如多伦多市由于大型室内购物广场的存在，几乎将城市北部的一切商业活动都吸引到了地下，从而使得著名的扬格（Yonge）大街一度完全丧失了活力。

此外，封闭的空间形成了与传统街面生活不同的生活方式，而且产生了一些社会问题，比如美国和加拿大的一些城市中天桥成为偷盗犯罪场所，地下设施也成为被无家可归者占据以及滋生吸毒、暴力和犯罪的场所。比如渥太华的市民甚至提出要拆除市中心Rideau商业区著名的气候防护走廊以减少丑恶的社会现象。

4.5.2.3 低密度发展引发诸多问题

由于人均建设用地较大，部分发达国家的寒地城市一直是采取低密度的发展模式。以美国为例，基于文化传统、市场经济和政府政策等因素的影响，近半个世纪以来，低密度发展模式成为美国大城市地区增长的主宰。20世纪50年代后期，美国大城市就开始出现“郊区化”现象。20 世纪 80 年代以后，随着经济的发展，美国郊区化出现了新的趋势，即“城市蔓延”现象，居住区、新的工厂区、办公园区纷纷向郊区迁移。人口和就业岗位郊迁、中心区衰退、城市用地不断扩张，城市地区增长呈现出低密度发展模式。

在加拿大，由于人口较少，居住密度更低，虽然各界政府一直致力于提高居住密度，但这一做法却受到业主的抵制。一直以来，人们由于受到美国生活方式的影响，乐于居住在独立的住宅里，“花园洋房”成为构成其基本城市形态的居住单元。

对于寒地城市而言，低密度居住生活模式虽然带来良好的生活环境，但另一方面也引发诸多问题。首先是造成建设用地的浪费。以美国为例，在 1970 年至 1990 年的 20 年间，大纽约地区人口只增长了 5%，用地却增加了 61%；大芝加哥地区人口增长 4%，用地增加了 46%；大克里夫兰地区人口减少了 11%，而用地却增加了 33%。[①]用地的蔓延不仅破坏郊区原有的自然景观，而且造成基础设施资源的浪费，使得城市基础设施投资效率日趋下降，导致许多州政府财政赤字日益严重。由于针对城市内部的投资减少，使得城市内部功能退化，内城的失业率增高，贫困状况日趋加剧。

另一方面，表面看似高质量的低密度生活环境依赖的是能源的巨大损耗（图 4-55）。美国与德国、丹麦与瑞典等西欧国家在人均收入方面相差不大，但因城市人口密度低，汽车使用率是欧洲人的 3 倍以上，导致人均能源消耗比他们高出 1 倍以上。除了能耗之外，小汽车的大量使用对环境产生很大的负面效应。居住在郊区的居民与居住在市中心高密度区的居民相比，前者使用私人汽车的情况和排放的二氧化碳是远远大于后者的。

除此之外，在低密度的居住发展模式下，由于人们大量使用远距离小汽车交通，使得生活成本加大，也耗费了较多的时间和精力，带来许多城市居民生活品质下降的问题。

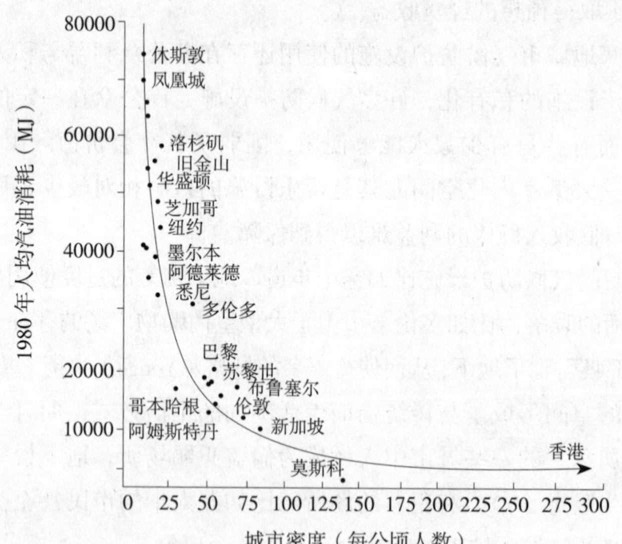

图 4-55　世界城市能源消费与城市人口密度

资料来源：Khaled Abdelmonem Mancy, Sustainable Regionalism, Climate Responsiveness as a Regional Character Stimulus, Doctor of Philosophy in Architecture in the Graduate College of the Illinois Institute of Technology, Chicago, Illinois, 2001:52.

① 王朝晖 .“精明累进”的概念及其讨论 . 国外城市规划 , 2000, 3: 33.

第5章

中外寒地城市环境宜居性建设的背景比较与分析

国际上发达国家如日本、瑞典、挪威、芬兰、冰岛、加拿大、美国等国家的寒地城市在城市人居环境建设领域多年来积累了大量的先进经验，值得我们学习和借鉴。但是，虽然同属于寒地城市，世界各地的寒地城市所处的地理位置、气候条件之间还存在一定的差别，而且由于中国属于发展中国家，与西方如日本、俄罗斯、北欧和北美等发达国家和地区有着不同的国情，中国的寒地城市在社会经济发展状况、城市建设水平等方面与这些国家和地区的寒地城市也存在很大的差异，认真地比较和分析这些差异有助于了解差距，学习先进经验，切实地探索一条适合中国国情的寒地城市环境宜居性建设之路。

5.1 自然地理概况的比较

5.1.1 地理位置

中国地处欧亚大陆的东南部，寒冷区域占国土总面积的一半以上，跨越黑龙江、辽宁、吉林、内蒙古、新疆、甘肃、宁夏、青海、西藏等十几个省区，主要的寒地城市位于北纬 35° ～ 53° 之间的广大内陆地区。

日本位于欧亚大陆东侧、太平洋西北部。日本的寒地城市主要位于北纬 36° ～ 44° 的北海道地区和本州北部临日本海的一侧，在地理纬度上虽与中国的寒地城市比较接近，但与中国的寒地城市不同的是，由于日本是一个岛国，因而其寒地城市多濒临海洋或距离海洋较近。

北欧国家位于欧亚大陆西岸、北大西洋和波罗的海周围。芬兰的领土南面边界比挪威和瑞典还要偏北，延伸到约北纬 60°，北端远达北纬 70°，芬兰的大部分面积比挪威和瑞典都更靠近北极，大约四分之一的面积（约计所跨纬度的三分之一）处于北极圈以北。挪威的南面边界分别位于约北纬 58°，北面向北极延伸几乎达到北纬 71° 左右，北极圈从国家中部穿过，也是世界公认的极地国家。瑞典全国也约有 15% 的土地在北极圈以内，南端为北纬 55°，北端达到北纬 69° 附近。冰岛最北端位于北纬 66° 左右，虽然是完全位于北极圈以南的国家，但其南端位于北纬 62°，比另外几个北欧国家的南端边界都要偏北。总之，对于北欧国家来说，除瑞典的最南部分、丹麦的大部分和挪威西部、南部的沿海地区以外，其余地区的城市均为寒地城市，其寒地城市的地理纬度比中国的寒地城市都要更加偏北，接近北极圈。

加拿大位于北美洲北半部，地处在北纬 41° ～ 83° 之间。它东西两侧分别与大西洋和太平洋毗邻，西北部与美国阿拉斯加州相连，南部与美国本土接壤，北临北冰洋到北极圈以内。加拿大共有五大地理区：东部大西洋区、中部区、草原区、西海岸地区和北部区。除了濒临大西洋沿岸的不列颠哥伦比亚省的南部以外，几乎所有其他地区的城市都属寒地城市。

美国位于北美洲南部，东濒大西洋，西临太平洋，北接加拿大，南靠墨西哥及墨西哥湾。美国的寒地城市大多位于北纬 40° 以北的内陆地区，东北部沿海地区以及北纬 60° ～ 70° 之间、大部分处于北极圈内的阿拉斯加州。

俄罗斯联邦共和国地处欧亚大陆的北部，跨亚欧两大洲，从南到北跨越纬度 40 多度，领土包括欧洲的东半部和亚洲的西部，是世界上国土面积最辽阔的国家。濒临太平洋、北冰洋和大西洋三大洋和多个边缘海，与挪威、芬兰、爱沙尼亚、中国、蒙古等14个国家接壤，隔海还与日本和美国的阿拉斯加相望，部分领土位于北极圈内。除了西南部临近里海和黑海的小部分地区外，俄罗斯绝大部分城市均为寒地城市，以内陆城市居多，且位置比中国的寒地城市更加偏北。

5.1.2 气候条件

中国的寒地城市大陆性季风气候特征十分显著，冬季大多盛行北风和偏北风。每年9～10月至次年3～4月间，冬季风从西伯利亚和蒙古高原吹到中国，造成这些地区冬季干燥寒冷，1月平均气温大都在0℃以下，黑龙江北部可达-30℃。与世界同纬度国家的寒地城市相比，中国寒地城市冬季气温偏低5～18℃。以哈尔滨为例，该城市属于温带大陆性季风气候，四季分明，冬季受强劲的西伯利亚季风的影响，寒冷干燥、气温较低，1、2月份平均气温分别在-20℃左右，几乎比位于同一纬度的加拿大寒地城市蒙特利尔低出近10℃，比渥太华也低出9℃左右。

日本的寒地城市主要位于北海道和本州北部日本海沿岸，属寒温带季风气候，冬季受西北季风的影响，气候寒冷。北海道地区为日本气温最低的地区，其月均温低于0℃的月份连续有4个月之久，最冷月（1月）平均气温为-8℃左右，本州北端则在-1℃左右。冬季日本海沿岸尤其是北部降雪较多，使这一地区成为世界上屈指可数的多雪地带。日本寒地城市的冬季气温与中国同纬度寒地城市的冬季气温较为相近但稍微偏高，降雪量却比中国寒地城市大得多。以位于北纬40°左右的青森市为例，1、2月份平均气温均为-1℃，相近纬度的北京1、2月份平均气温分别为-3℃和-1℃，青森市1、2月份降雪量分别达到292cm和209cm，而北京全年的降雪量较多的年份也不过只有几厘米左右。

在北欧国家中，挪威和丹麦具有一种典型的海洋性气候，而瑞典和芬兰的气候则是介于大西洋沿岸海洋性气候与内地气候之间的过渡性质。因此，北欧国家的城市虽然在地理纬度上偏北，接近或位于北极圈内，但是由于受到海洋性气候的影响，其冬季气温并不是很低，丹麦的冬季尤其气候温暖，除了远在北极圈内的格陵兰岛外，几乎没有真正意义上的寒地城市。同样位于北纬60°附近的芬兰首都赫尔辛基，其1月平均气温为-6℃左右。挪威首都奥斯陆，其1月平均气温为-3℃左右。瑞典首都斯德哥尔摩，其1月平均气温为-2℃左右。冰岛的气候由于受墨西哥湾流的影响，与同纬度地区相比更为温暖，降雪量也少。首都雷克雅未克虽然位于北纬64°，1月份平均气温却是0℃。如果与中国最北部的寒地城市——漠河相比，漠河的纬度为北纬53°，其最冷的1月份平均气温却达到-40℃。就冬季持续的时间而言，在挪威，冬季的长短朝着大西洋方向缩短很快。挪威西海岸和南海岸，真正的冬季还不到30天。在瑞典和芬兰，冬季的长短由北向南慢慢缩短，在瑞典中部的湖泊地区（包括斯德哥尔摩），冬季长达4个月左右，在芬兰南部（包括赫尔辛基）约4～5个月；在瑞典最南部和整个丹麦则冬季仅有1个月左右；挪威南部冬季为期4个月多一点。在冰岛南海岸及西南海岸，冬季不到30天；而在北部、东部及内地，则可持续到4～9个月。

与中国北方地区的寒地城市相比，北欧国家寒地城市的另一个气候特点是冬季湿润，常降湿雪和冷雨，不像中国北方冬季气候干燥。此外，由于位于较高纬度和受阴天的影响，城市冬季日照时间很少，北部地区冬季有1～2个月几乎不见太阳，比如挪威著名的寒地城市特罗姆瑟12月份整月处于黑暗中，1月份日照也仅为3小时。瑞典首都斯德哥尔摩12月份日照时间仅为33小时，挪威的奥斯陆为35小时，芬兰的赫尔辛基为28小时，冰岛首都雷克雅未克仅为15小时。中国的哈尔滨12月份日照时数则为113小时，长春为170小时，沈阳为147小时，地处中国最北方的寒地城市漠河12月份日照时数也在120小时以上。①

加拿大是冬季漫长而严寒的高纬度国家，89%的国土无常住人口。由于幅员辽阔，东西跨度大，各地气候的差异也很大。位于中部内陆地区的寒地城市属大陆性温带气候，冬季受到刺骨寒风的频繁侵袭，如温尼伯、埃德蒙顿、卡尔加里等城市，与中国的哈尔滨、齐齐哈尔等城市气候特点相似，但冬季气温总体上比哈尔滨、齐齐哈尔等城市要高些，不如其严寒。东部大西洋区的寒地城市渥太华、蒙特利尔、魁北克城等城市，冬季虽然寒冷，平均有3个半月以上气温在0℃以下，并且有时间长短不等的连续积雪期，但1月份平均温度还是高出与其纬度相近的中国的哈尔滨8～10℃，而降雪量比起哈尔滨来要大得多。东海岸哈利法克斯的气候，在许多方面和日本的札幌很相似，它们具有相似的温度和很高的年降水量。西部沿海地区受到海洋性气候的影响，和加拿大其他任何地区比起来冬季气温相对较高，西南部的温哥华正是由于四季如春，因而并不属于寒地城市的范畴。加拿大北部高纬度地区，冬季寒冷漫长，人迹罕至，主要散居着土著印第安人（Indian）、因纽特人（Inuit）等。

美国由于国土面积幅员辽阔，地形复杂，各地气候差异较大。大多数寒地城市位于中央平原的内陆地区，包括明尼阿波利斯、圣保罗等，这一区域呈大陆性气候特征，冬季寒冷，1月份平均温度为-14℃左右，夏季炎热，7月份平均气温高达27～32℃，气候特征和中国许多寒地城市相近。位于东北部沿海温带气候区的寒地城市因受拉布拉多寒流和北方冷空气的影响，1、2月份平均温度都在0℃以下，同样纬度情况下，比内陆地区寒地城市气温要高。还有部分寒地城市位于大部分地处于北极圈内的阿拉斯加州，如安格雷奇，其冬季气候严寒。

俄罗斯联邦地处中高纬度，气候基本上属于温带和亚寒带的大陆性气候，从西到东大陆性气候逐渐加强，西伯利亚中心地区属强烈的大陆性气候，为全国冬季最冷的地方。由于同属大陆性气候，俄罗斯大多数寒地城市在气候类型方面与中国地处东北地区的寒地城市如长春、哈尔滨、齐齐哈尔等相似，冬季漫长而寒冷，夏季短促而凉爽，春秋季甚短，只是由于纬度更高，冬季气温更低些。当然，西北部海洋性气候条件下的寒地城市则是个例外，这是由于俄罗斯联邦的西部和西北部无高山阻挡，来自大西洋的水汽可长驱直入，北大西洋暖流使西北部沿海一带的冬季气温远远高于同纬度的其他地区。如地处北极圈内北纬69°的摩尔曼斯克，1月份平均气温为-10℃，高于俄罗斯同纬度其他

① 数据引自 http://www.theweathernetwork.com/weather.

地区 20℃以上，为俄罗斯联邦北部最大的不冻港。同北欧国家一样，由于位于较高纬度，俄罗斯一些寒地城市冬季日照时间也很少，比如摩尔曼斯克同挪威的特罗姆瑟相同，12 月份日照为 0，1 月份日照为 3 小时；圣彼得堡 12 月和 1 月的日照时数分别为 13 小时和 22 小时；首都莫斯科 12 月份日照时间也仅为 19 小时。[①]

中国与一些发达国家的寒地城市在自然地理状况方面的比较见表 5–1。

中国与一些发达国家寒地城市自然地理状况的比较　　表 5-1

寒地城市地处国家	寒地城市地理位置	寒地城市气候条件
中国	北纬 35° ~ 53° 的广大内陆地区	大陆性季风气候特征十分显著，冬季大多盛行北风和偏北风，干燥寒冷。与世界同纬度国家的寒地城市相比，中国寒地城市冬季气温偏低 5 ~ 18℃
日本	北纬 36° ~ 44° 的北海道地区和本州北部临日本海的一侧，多濒临海洋或距离海洋较近	冬季受西北季风的影响，气候寒冷。冬季气温与中国同纬度寒地城市的冬季气温相近或稍微偏高，但降雪量大得多
挪威	约在北纬 58° ~ 71° 左右，不包括西部的沿海地区，北极圈从国家中部穿过	典型的海洋性气候，冬季湿润，常降湿雪和冷雨，气温并不很低。冬季日照时间少，北部的城市 12 月份整月处于黑暗中
瑞典	约在北纬 55° ~ 69° 附近，不包括瑞典的最南部分，全国约有 15% 的土地在北极圈以内	介于大西洋沿岸海洋性气候与内地气候之间。冬季湿润，常降湿雪和冷雨，日照时间很少，北部地区的城市冬季有一两个月几乎不见太阳
芬兰	约在北纬 60° ~ 70° 之间，大约四分之一的面积处于北极圈以北	介于大西洋沿岸海洋性气候与内地气候之间。冬季湿润，常降湿雪和冷雨，日照时间很少，北部地区冬季有一两个月几乎不见太阳
冰岛	约在北纬 62° ~ 66° 之间。虽然完全位于北极圈以南，但其南端比另外几个北欧国家的南端边界都要偏北	典型的海洋性气候，受墨西哥湾流的影响，与同纬度地区相比更为温暖，降雪量也少。冬季日照时间短
加拿大	北美洲北半部北纬 41.7° ~ 83.1° 之间，不包括濒临大西洋沿岸的不列颠哥伦比亚省的南部地区	中部的内陆寒地城市属大陆性温带气候，冬季多风，与中国东北地区城市气候特点相似。东部大西洋区的寒地城市，冬季寒冷，但 1 月份平均温度比与其纬度相近的中国的寒地城市要高，降雪量大。东海岸的寒地城市气候和日本的札幌很相似。西部沿海地区受到海洋性气候的影响，冬季气温相对较高
美国	北美洲南部北纬 40° 以北的内陆地区、东北部沿海地区以及位于北纬 60° ~ 70° 之间、大部分处于北极圈内的阿拉斯加州	内陆地区呈现大陆性气候特征，冬季寒冷，夏季炎热，气候特征和中国东北许多寒地城市相近。东北部沿海温带气候区的寒地城市比内陆地区同样纬度寒地城市气温要高。阿拉斯加州冬季气候严寒
俄罗斯	欧亚大陆的北部，北纬 35° ~ 77° 之间，部分领土位于北极圈内。除了西南部临近里海和黑海的小部分地区外，俄罗斯绝大部分城市均为寒地城市，以内陆城市居多	属于温带和亚寒带的大陆性气候，从西到东大陆性气候逐渐加强。大多数寒地城市气候类型与中国东北地区寒地城市相似，由于纬度更高，冬季气温更低些。西北部海洋性气候的寒地城市冬季气温远远高于同纬度的其他地区。由于位于较高纬度，一些寒地城市冬季日照时间很少

① 数据引自 http://www.theweathernetwork.com/weather.

5.2 人口状况的比较

5.2.1 人口总量

与西方发达国家相比，中国寒地城市人口总量大。中国人口本身基数就大，2006 年已达到 13.1 亿，位于寒冷地区的人口数量也比较多。相关研究显示，中国寒地人口分布于黑龙江、辽宁、吉林、内蒙古、新疆、甘肃、宁夏、青海、西藏等十几个省区，目前约有 2 亿多。[①]按照中国 2005 年平均 43%[②]的城镇化水平粗略估算，居住于寒地城市的人口也超过 8600 万。而其他一些国家如加拿大 2006 年人口总数为 3161 万，北欧五国中芬兰人口为 527 万，挪威为 468 万，瑞典为 911 万，丹麦为 545 万，冰岛为 30.7 万，[③]这些人口数字内虽然还包括这些国家内气候温暖地区的人口以及分布于乡村的人口，但已经远远少于中国寒地城市人口。

俄罗斯联邦、日本和美国总人口基数较大，2006 年分别达到 1.43 亿、1.28 亿和 2.99 亿，三个国家的城市化水平也相对较高，均超过 70%，[④]城市人口数量较大。但是，在日本属于寒冷地区的人口仅分布于地广人稀的北海道和本州北部日本海沿岸，所占比重不大。比如占日本总面积 22.1% 的北海道人口仅占日本总人口的 4.6%，人口密度为日本平均水平的 1/5，是日本经济发展比较落后的 地区。[⑤]

俄罗斯联邦寒地城市人口相对较多，由于纬度较高，俄罗斯城市人口中绝大多数为寒地城市人口。而在美国，寒地城市分布范围虽不广泛，但由于许多寒地城市位于美国重要的工业区，包括五大湖部分地区在内，而这些地区又是传统上美国人口较为密集的地区，因此，总体上寒地城市人口也很多，但数量上不如中国。

5.2.2 城市人口规模

世界各国“城市”人口标准，通常由官方统计自行决定，没有统一的国际标准。值得注意的是，中国城市设市人口数量标准与其他拥有寒地城市的国家相差较大，因而总体来讲，中国寒地城市人口规模较大。根据中国 1993 年修正的设市标准，州（盟、县）设市时，非农业人口不低于 6 万人，撤镇建市时，非农业人口不低于 10 万人。在中央政府批准的 660 个城市中，20 万人口以下的城市仅有 39 个。而在其他国家如瑞典只要人口在 200 人以上、房屋间距通常不大于 200m 的建成区即为城镇；在芬兰和丹麦，200 ~ 250 人以上的居住点便被确定为城市；加拿大将 1000 人以上的聚集区和每平方公里人口密度超过 400 人的地区定义为“城市地区”；美国的设市人口标准为 2500 人；[⑥]俄罗斯将

---

① 刘德明 . 寒地城市公共环境设计 . 哈尔滨建筑大学博士论文，1998:3.

② 中华人民共和国 2005 年国民经济和社会发展统计公报。http://www.ce.cn/macro/zt/05gb/tt/200603/01/t20060301_6230221_9.shtml.

③ 数据引自 http://www.citypopulation.de /cities.html.

④ 数据引自 http://www.citypopulation.de /cities.html.

⑤ 田野 . 日本成功开发北海道的经验 . 全球科技经济瞭望，2000, 7:29.

⑥ 高鉴国 . 加拿大城市化的历史进程与特点 . 文史哲，2000, 6:95-101.

人口在 1 ~ 2 万，其中非农业人口占 2/3 以上地区称为小城市；日本提出人口在 3 万以上，人口密度大于 4000 人 /km^2 可算作城市区域。①

如果将中国的寒地城市与日本、北欧、俄罗斯以及北美等发达国家和地区的寒地城市进行比较不难发现，就寒地城市的规模而言，不同国家城市规模等级方面差别很大。

日本的寒地城市除了札幌人口在 100 万以上，其余寒地城市人口均在 50 万以下；俄罗斯大城市的人口集中程度也不够发达，2006 年百万以上人口的城市数量只有 11 个，除了莫斯科和圣彼得堡两个超大规模的寒地城市分别拥有 1042 万和 458 万人口之外，其余 11 个大城市的人口数量都在 100 万 ~ 200 万人之间。②

美国的寒地城市中，芝加哥和底特律分别拥有 283 万和 87 万人口，另外人口在 50 万 ~ 100 万之间以及人口在 50 万以下的寒地城市均有分布；加拿大拥有两个人口规模在 300 万以上的寒地城市——多伦多和蒙特利尔，拥有 6 个人口规模在 50 万 ~ 100 万之间的寒地城市，其余寒地城市均为 50 万人口以下，另外还有一些加拿大人居住在数以千计的小型社区，包括分散于加拿大中部和北部规模较小的矿产和森林小镇等。

北欧芬兰、瑞典、挪威、冰岛等国寒地城市的共同特点是人口规模都不大，赫尔辛基、斯德哥尔摩、奥斯陆因为是首都的原因规模稍大，也不过只有 102 万、78 万和 55 万人口，其他寒地城市除了芬兰的坦佩雷和图尔库人口在 20 万 ~ 30 万之间外，其余的寒地城市人口均在 20 万以下，冰岛首都雷克雅未克人口仅有 9 万人。③

中国寒地城市人口规模较大，东北地区包括辽宁、吉林、黑龙江三省和内蒙古呼伦贝尔盟、兴安盟、哲里木盟、赤峰市，全区土地面积 124 万 km^2，占全国土地总面积的 12.9%。由于新中国成立以来一直作为中国重要的工业基地，国家曾经有计划地组织移民进行资源开发与经济建设以及一部分人口的自发迁入，因此该地区人口规模较大，且比较集中于工业活动的中心——城市。东北地区成为中国寒地城市一个重要的集中地，沈阳拥有约 410.1 万非农业人口，哈尔滨 307.5 万人，长春 245.5 万人，其他如鞍山、抚顺、齐齐哈尔等城市人口也都在 100 万人口以上。西北地区的兰州、乌鲁木齐、包头等城市人口也在 100 万人口以上，东北地区的大庆、本溪、呼和浩特、伊春、鸡西、阜新、牡丹江、鹤岗、佳木斯和西北地区的西宁等寒地城市非农业人口均在 50 万以上，除此之外，中国还有 30 多个 20 万 ~ 50 万人口的中等规模的寒地城市（表 5–2）。

2005 年国内部分寒地城市人口规模 **表 5-2**

寒地城市	市区人口规模（万人）	在本国内排序	备注
沈阳	410.1	9	省会城市
哈尔滨	307.5	13	省会城市
长春	245.5	16	省会城市
兰州	170.8	25	省会城市
乌鲁木齐	150.4	30	自治区首府

① 周淑贞，束炯 . 城市气候学 . 北京：气象出版社，1994:1–2.

② 数据引自 http://www.worldbank.org/ru.

③ 数据引自 www.citypopulation.de /cities.html.

续表

寒地城市	市区人口规模（万人）	在本国内排序	备注
鞍山	129.3	39	—
抚顺	126.5	41	—
吉林	126.4	42	—
包头	119.5	47	—
齐齐哈尔	111.5	49	—
大庆	97.6	55	—
本溪	84.7	70	—
呼和浩特	82.6	71	—
伊春	78.6	73	—
鸡西	74.0	77	—
锦州	72.1	80	—
西宁	69.2	86	省会城市
阜新	69.2	87	—
牡丹江	64.9	96	—
鹤岗	61.2	106	—
佳木斯	59.9	109	—
辽阳	59.7	111	—
四平	54.4	128	—

资料来源：根据国家统计局人口和就业统计司．中国人口统计年鉴——2006. 中国统计出版社，2006:243-249 中的数据整理得出。

通过比较各国家寒地城市人口规模及在本国的排序，总体来说，日本寒地城市人口数量和规模都要少于中国。俄罗斯虽然 200 万人口数量以上的寒地城市少于中国，但 100 万人口以上的寒地城市数量与中国相近，美国虽然寒地城市数量不及中国，但规模等级与中国较为接近。加拿大 100 万人口规模以上的寒地城市较少，多数寒地城市人口规模在 100 万人口以下。北欧五国寒地城市总体上人口规模小于其他国家，许多北欧的寒地城市在中国仅仅是小城镇（表 5-3）。

发达国家部分寒地城市人口规模　　表 5-3

寒地城市	所属国家	人口规模（万人）	在本国内排序	备注
莫斯科	俄罗斯	1042.5	1	2006 年
圣彼得堡	俄罗斯	458.1	2	2006 年
新西伯利亚	俄罗斯	139.7	3	2006 年
叶卡特琳堡	俄罗斯	131.1	4	2006 年
札幌	日本	188.9	5	2006 年
青森	日本	30.9	67	2006 年
旭川	日本	35.3	56	2006 年
芝加哥	美国	830.7	3	2000 年
底特律	美国	390.3	9	2000 年
明尼阿波利斯	美国	238.9	16	2000 年

续表

寒地城市	所属国家	人口规模（万人）	在本国内排序	备注
克利夫兰	美国	178.7	21	2000年
密尔沃基	美国	130.9	32	2000年
布法罗	美国	97.6	38	2000年
多伦多	加拿大	436.6	1	2006年
蒙特利尔	加拿大	331.6	2	2006年
卡尔加里	加拿大	98.8	4	2006年
渥太华	加拿大	86.1	6	2006年
埃德蒙顿	加拿大	86.2	5	2006年
魁北克	加拿大	65.9	7	2006年
温尼伯	加拿大	64.7	8	2006年
汉密尔顿	加拿大	64.1	9	2006年
凯臣纳	加拿大	42.2	10	2006年
赫尔辛基	芬兰	102.7	1	2000年
坦佩雷	芬兰	27	2	2000年
图尔库	芬兰	24	3	2000年
奥鲁	芬兰	15.8	4	2000年
斯德哥尔摩	瑞典	125.2	1	2005年
乌普萨拉	瑞典	12.8	4	2005年
瓦斯特拉	瑞典	10.7	5	2005年
奥斯陆	挪威	83.9	1	2006年
特隆赫姆	挪威	15.3	4	2006年
特罗姆瑟	挪威	5.4	9	2006年
雷克雅未克	冰岛	11.5	1	2006年

资料来源：根据城市人口网 http://www.citypopulation.de/cities.html. 中的数据整理得出。

但是，中国的许多寒地城市规模虽大，但城市并非真正意义上的商品、文化、信息交流中心，本质上只是工矿或林业工人居住区，而不是真正意义上的城市。比如东北、西北地区的许多城市是工矿或林业城市，相当一部分城市人口在农场、矿山、林区工作。比如辽宁阜新、本溪、鞍山、抚顺，黑龙江鸡西、鹤岗、伊春等，城市人口规模虽然在50万～100万之间，城市人口中大部分为产业工人，在经济结构调整过程中许多人失业，为解决就业问题，许多失业工人转向了第一产业，反而退回到农业社会。

5.3 经济发展背景的比较

5.3.1 国家经济背景

世界上不同的国家对于其拥有的寒地城市而言意味着不同的经济发展背景。根据1990、2000、2002、2003、2004和2005年部分拥有寒地城市国家的人均国民收入统计结果（表5–4），可以看出中国与这些发达国家之间的差距，这也表明，不同国家寒地城市发展的宏观经济背景有很大差别。

部分拥有寒地城市国家的人均国民收入（美元）　　表 5-4

国家和地区	1990 年	2000 年	2002 年	2003 年	2004 年	2005 年
挪威	25670	35660	38870	43140	51810	59590
瑞士	34230	40110	36340	41900	49600	54930
丹麦	23430	31460	29660	33620	40750	47390
冰岛	23430	29960	27420	30430	37920	46320
美国	23330	34400	35230	37780	41440	43740
瑞典	25750	28650	26190	28950	35840	41060
日本	26960	35140	33640	33860	37050	38980
芬兰	24760	24920	23990	26970	32880	37460
德国	20560	25510	23030	25700	30690	34580
加拿大	19840	21810	22660	24560	28310	32600
韩国	6000	9790	10680	12060	14040	15830
波兰		4540	4820	5440	6140	7110
俄罗斯		1710	2100	2590	3410	4460
中国	320	930	1100	1270	1500	1740

资料来源：根据中国国家统计局世界数据库 http://www.stats.gov.cn/tjsj/qtsj/gjsj/ 中的数据整理得出。

表 5–4 中的统计数据显示，日本、美国、北欧五国、加拿大以及拥有少部分寒地城市的瑞士、德国、韩国、波兰等国家人均国民收入都远远超过俄罗斯和中国，即使是俄罗斯，人均国民收入也是中国的两倍多，可见中国的经济实力与发达国家的差距是很大的。

根据世界经济论坛公布的 2006 年全球竞争力排名，与北欧国家、美国、日本、加拿大等国家相比，中国排名尚处于落后的位置（表 5–5）。

2006 年部分拥有寒地城市的国家在全球竞争力中排名　　表 5-5

国家	全球竞争力中排名
瑞士	1
芬兰	2
瑞典	3
丹麦	4
美国	6
日本	7
德国	8
挪威	12
冰岛	14
加拿大	16
韩国	24
中国	54

资料来源 :http://www.weforum.org/en/initiatives/gcp/Global%20Comptitiveness%20 Report /index.htm.

5.3.2 城市经济实力

如果以不同国家的寒地城市之间作比较，显而易见，中国寒地城市在经济实力方面与日本、北欧以及北美等国家和地区同等规模的寒地城市相比总体上处于较低的水平。

如果在同一国家内部不同地域的城市之间作比较，可以发现气候环境对经济发展的影响虽然并非绝对，但在城市经济发展方面，许多国家地处北部的寒地城市在经济实力上都弱于南部地区，这似乎已成为一个规律。比如，地处寒冷地区的日本的北海道地区、俄罗斯的远东地区、瑞典的北部地区等都属于其本国内的欠发达地区。

中国目前也是如此，与国内同等规模的城市相比，位于西北和东北地区的寒地城市在人均国民生产总值和居民收入方面，也仅处于中下游的地位。尤其是近年来，在计划经济向市场经济转轨中出现了“东北现象”，即指历史上一度作为老工业基地的中国东北地区辽宁、吉林和黑龙江三省的经济地位在全国的相对下降。新中国成立以后，东北地区一直作为国家重要的工业基地，经济地位很高，但是20世纪80年代以来，东北地区的发展速度，特别是工业和经济总量的增长，就已经落后于全国平均水平和其他几个大区。随着东北地区经济的迁延性衰退，无论是经济总量还是第二产业均呈降低趋势，经济地位日趋下降。

经济发展的滞后带来的是城市居民的收入和消费水平在全国排名的落后。根据2006年12月全国各省份36个大中城市城镇居民家庭基本情况的统计结果，在调查的12100户家庭中，人均可支配月收入1287.4元，人均消费月支出988.9元。其中，作为北方寒地城市的哈尔滨人均可支配月收入和人均消费月支出两项指标分别为942.5元和727.4元，沈阳为1048.7元和812.1元，长春为1016.1元和690.2元，均低于全国平均水平。①

5.4 城市建设状况的比较

5.4.1 建设用地

与国内东部地区省份的一些城市相比，中国的寒地城市人均城市建设用地虽然多些，人口密度也稍低，但与北欧、加拿大、美国、俄罗斯等其他国家的寒地城市相比（表5-6），总体来说中国寒地城市人均用地面积较小，人口密度较大，寒地城市人口密度普遍在1万人/km^2以上，这主要是由于中国人口众多，城市用地紧张，人口高度聚集在城市而形成的。

在一些发达国家如加拿大、美国等国，大多数城市居民实际上并不住在中心城市，而是居住在郊区城市，许多城市郊区人口增长速度都高于中心城区。居民选择郊区居住避免了中心城市的拥挤、混乱，也可以获得更为便宜和充足的住房。而在中国，寒地大城市周边的小城镇基础设施尚不完善，生活条件较差，无法起到分担大城市压力的作用。

① 数据引自中国统计数据——中国网，http://www.china.com.cn/ch-company/07-05-10/page070314. htm.

国内外部分寒地大城市人均用地面积和人口密度　　表 5-6

城市	所属国家	人口（万人）	用地面积（km^2）	人均用地面积（m^2/人）	人口密度（人/km^2）	资料来源
多伦多	加拿大	436.6	1652	378.4	2643	www.Statcan.ca
蒙特利尔	加拿大	331.6	1738	540.2	1851	www.Statcan.ca
埃德蒙顿	加拿大	86.2	850	1087.0	920	www.Statcan.ca
渥太华	加拿大	86.1	363	438.4	2284	www.Statcan.ca
卡尔加里	加拿大	98.8	702	798.6	1252	www.Statcan.ca
魁北克	加拿大	65.9	668	1052.0	950	www.Statcan.ca
温尼伯	加拿大	64.7	445	709.7	1405	www.Statcan.ca
汉密尔顿	加拿大	64.1	363	587.4	1704	www.Statcan.ca
赫尔辛基	芬兰	107	673	629.0	1589	www.demographia.com
札幌	日本	188.9	453	218.3	4578	www.demographia.com
奥斯陆	挪威	83.9	298	382.1	2619	www.demographia.com
斯德哥尔摩	瑞典	125.2	409	276.5	3614	www.demographia.com
莫斯科	俄罗斯	1042.5	3885	277.5	3600	www.demographia.com
圣彼得堡	俄罗斯	458.1	1191	224.7	4450	www.demographia.com
新西伯利亚	俄罗斯	139.7	207	147.9	6750	www.demographia.com
芝加哥	美国	830.7	5499	662.0	1511	www.census.gov
底特律	美国	390.3	3266	836.8	1195	www.census.gov
密尔沃基	美国	130.9	1261	963.3	1038	www.census.gov
明尼阿波利斯	美国	238.7	2315	969.0	1032	www.census.gov
布法罗	美国	97.6	951	974.4	1027	www.census.gov
哈尔滨	中国	307.5	302.4	98.3	10168	《黑龙江统计年鉴 2006》
沈阳	中国	410.1	310	75.6	13229	《辽宁统计年鉴 2006》
长春	中国	239.2	192.7	80.6	12413	《吉林统计年鉴 2005》
齐齐哈尔	中国	111.5	134.8	120.8	8271	《黑龙江统计年鉴 2006》
大庆	中国	97.6	170.4	174.6	5728	《黑龙江统计年鉴 2006》
吉林	中国	125.2	165.6	132.3	7560	《吉林统计年鉴 2005》
鸡西	中国	74.0	73.4	99.2	10081	《黑龙江统计年鉴 2006》
鞍山	中国	129.3	136.4	105.5	9479	《辽宁统计年鉴 2006》
抚顺	中国	126.5	122	96.4	10369	《辽宁统计年鉴 2006》
本溪	中国	84.7	106	125.1	7990	《辽宁统计年鉴 2006》
牡丹江	中国	64.9	60.4	93.1	10745	《黑龙江统计年鉴 2006》
佳木斯	中国	59.9	58.0	96.8	10328	《黑龙江统计年鉴 2006》

注：由于资料所限，表中部分城市数字统计年代不同。

5.4.2 居住模式

欧美日等发达国家和地区的寒地城市居民的居住模式与中国寒地城市有很大差别。虽然在美国、加拿大、日本和北欧国家一些大城市中心区建筑密度也很高，但就居住建筑密度而言，总的来说，这些国家寒地城市的居住建筑密度普遍低于中国寒地城市。中国人口在 100 万以上的寒地城市，居住建筑的主体是 6 ~ 8 层的多层住宅（图 5-1、图

图 5–1　中国北方寒地城市典型住宅建筑（7 层不带电梯）

图 5–2　哈尔滨多层居住区

5–2），另外沈阳、哈尔滨、长春等部分超大和特大城市近年来开发了大量高层住宅（图 5–3）。美国、加拿大等国家，除了少量人口规模较大的寒地城市，如芝加哥、底特律、明尼阿波利斯等在城市中心区开发了一些高层和多层居住建筑以外，寒地城市居住建筑主要以低层建筑为主，尤其是美国和加拿大的寒地城市居民较为崇尚居住在独立或连排的低层住宅中。北欧的寒地城市以 2 ~ 4 层的低多层住宅区为主，其中规模较小的寒地城市以低层住宅区为主。相比之下，就居住区环境而言，发达国家寒地城市居住区无论是公共绿地、儿童游戏场地等面积都大得多，环境建设优美，设施完善（图 5–4 ~图 5–7）。

图 5-3　沈阳市区大量的高层建筑

图 5-4　挪威奥斯陆 4 层住宅区

图 5-5　斯德哥尔摩 4 层住宅区

图 5-6　芬兰赫尔辛基 3 层住宅区

图 5–7　赫尔辛基住宅区室外环境

此外，近年来发达国家寒地城市的居住区以更新为主，很少有大规模建设和改造，而在中国的寒地城市，大量的多层和高层居住建筑正在拔地而起，成片的旧城区被改造，另外还有大面积的居住新区不断被建设和开发。

5.4.3　各项设施建设

加拿大、美国、日本以及北欧诸国等国家的寒地城市有相对较高的社会经济发展水平，公共和基础设施建设的资金投入较大，因此，设施人均拥有率较高，设施建设的现代化水平也较高，尤其是在道路和市政管网等基础设施的建设方面。相比之下，中国的大多数寒地城市尤其是一些中小城市在基础设施建设方面相对较为落后。

在气候防护的公共设施的建设方面，发达国家的寒地城市早在多年前就已经开展针对寒冷气候条件的城市环境的研究，并且进行了多年的实践。美国、加拿大的一些寒地城市如卡尔加里、明尼阿波利斯、圣保罗等早在20世纪60～70年代就已经拥有了气候防护的空中步道，到20世纪80年代中期已形成具有一定规模的步道系统（表5-7）。一些寒地城市拥有庞大的地下步道系统，如加拿大的多伦多、蒙特利尔，日本的札幌等。此外，在冬季花园、室内街、室内化公共中心等大型气候防护设施，步行道或活动场地融雪系统以及可加热的公共汽车候车亭、休息亭等中、小型气候防护设施方面的建设开展得也很多，形成一定的规模。

北美三个寒地城市空中步道 **表5-7**

	城市人口（万人）	首座步道开通时间	空中步道总数（座）
卡尔加里	59.3	1970	38
明尼阿波利斯	37.1	1962	28
圣保罗	27.1	1967	27

资料来源：Kent A.Robertson.Pedestrian skywalks in Calgary, Canada. Cities, 1987, 3: 207. 表中城市人口的统计结果为20世纪80年代初，空中步道总数统计结果为20世纪80年代中期。

而在中国，由于观念、资金等方面的原因，这方面的建设远远落后于这些发达国家的寒地城市。除了一些特大城市如哈尔滨等由于结合地下人防工程发展商业的需要修建了具有一定规模的地下商业街，在寒冷的冬季发挥了气候防护的作用以外，在其他的公共设施气候防护方面的考虑不多。

5.5 中国寒地城市环境宜居性建设现状和发展

5.5.1 现实困扰

5.5.1.1 观念与理论亟待更新

寒地城市环境的宜居性建设首先必须转变观念。人类在寒冷气候条件下的城市生存，需要与之相适应的寒地城市建设方式和生活方式。长久以来，居住在寒冷气候条件下的居民们一直对气候温暖地区的生活模式十分向往，许多人都拥有南方情结。由于寒冷季节的负面效应，许多人对于冬季生活往往采取逃避和较为排斥的态度，尤其是一些中小规模的寒地城市居民，因此，影响了冬季寒地城市的活力。近年来一些规划师、建筑师和政府部门的决策者们则热衷于移植南方气候温暖地区的建设方式和规划方式，而否定或忽视地区和气候的地域性，因此也就出现了许多背离冬季气候环境的做法。

另一方面，虽然一些较大规模的寒地城市已经意识到冬季气候对于发展冰雪旅游等方面的优势，而且气候对寒地城市物质空间环境质量、精神环境以及社会经济环境发展的影响已经开始得到部分寒地城市的研究学者和政府部门决策者的重视，并且开展了一些相关的研究，也取得了一定的成绩，但是针对处于特殊气候条件下的中国寒地城市环境宜居性建设，现有的理论和政策研究成果还远远不够，缺少气候响应的寒地城市建设理论和对策框架，无法提供较为全面的指导作用。

5.5.1.2　建设资金缺乏

中国的寒地城市大多位于中西部地区，包括东北地区和西北地区，主要以东北地区为主。与东部沿海地区的省份相比，西部地区寒地城市的经济发展一直相对落后，而从20世纪90年代开始，随着国家经济结构的调整，东北地区的寒地城市又陷入经济发展的低谷，形成所谓的“东北现象”。虽然近几年来，少数寒地城市的经济地位有所上升，但寒地城市作为一个大的城市群体，其经济实力总体上在全国的范围内处于中下游水平。

由于缺乏强劲的经济实力作为后盾以及城市以往资金运作体制方面的原因，导致许多寒地城市建设资金缺乏，与城市发展需求的矛盾越来越突出，公共和市政基础设施建设发展速度跟不上城市人口增长，无法满足居民日益增长的物质文化生活需要。因此，对于建设各类气候防护设施，进一步提高寒地城市公共空间环境的舒适性也就无从谈起。以哈尔滨为例，城市基础设施一直延续政府统建统管、统借统还的方式实施建设。久而久之，政府包袱越来越重，建设资金紧缺与城市发展需求的矛盾越来越突出。由于资金匮乏，城市供排水管线老化而无法及时更新，集中供热比率还不到60%，人居环境改善缓慢。毋庸讳言，资金问题成了制约哈尔滨城市建设快速发展的瓶颈。

除此之外，由于地处寒冷地区，气候原因引发的冰雪清除和道路维护等问题还为寒地城市额外增加了巨大的财政负担。仅就清除冰雪一项，哈尔滨市每年就需资金3000万元左右，然而目前通过市财政补贴、区财政投入加上依托“门前三包”收取的以资代劳费，每年实际可用于清冰雪的资金大约只有1500万元左右，资金缺口很大，①影响了清冰雪作业任务的完成和清冰雪的质量，其后果是直接影响到市民的出行，降低了城市的生产生活效率。

进入21世纪，持续多年的西部落后和“东北现象”仍未有根本性质的改观，建设资金的缺乏成为寒地城市环境宜居性建设的瓶颈。

5.5.1.3　建设用地紧张

同发达国家相比，中国的寒地城市人口密度较大，人均建设用地较少，国家严格控制占用耕地政策的实施使得可开发利用的土地资源也很有限，城市空间拓展的余地很小。由于中国的寒地城市本身人口数量众多，而目前又是中国开始进入城市化快速发展的时期，大量的农村人口涌入城市，寻找生存机会，因此，一些大城市在建设用地方面的压力很大，不得不提高容积率，加大建筑密度，导致城市空间环境尤其是居住空间环境质量的下降。

如果根据全国主要城市不同日照标准的间距系数表，按冬至日住宅满窗日照1小时的标准进行建设，许多寒地城市都达不到，这是由于在实际建设过程中，一些大城市和

① 刘述波，胡占富．哈市清冰雪指挥部有关负责人就市民关心的清冰雪问题答记者问．哈尔滨日报，2005-1-22. http://www.harbindaily.com/200501/K200501229C7665E03D528D1838F10C9C837E36E9.html.

特大城市由于人口多、建设用地不足等原因，都相应降低了日照间距标准。例如，国家标准中哈尔滨地区日照间距系数为2.46，而实际上，哈尔滨市政府制定的地方规定中，新区住宅日照间距仅为1.8，旧区改造住宅的日照间距仅为1.5，按照1.8的日照间距进行居住建筑布局以后，许多居民住宅冬至日前后有一个月至两个月没有日照，许多多层住宅楼，冬至日的日照都遮挡到住宅的三、四层，东北地区其他寒地城市的情况也不容乐观。除了日照条件降低以外，城市建设用地紧张导致文化、体育以及教育用地、公共绿地等开放空间用地面积也明显不足，人均公共绿地面积较小，交通拥挤，影响了寒地城市居住生活质量。

随着中国寒地城市工业化和城市化进程的发展，大量外来人口的涌入，城市对土地资源的需求会进一步扩大，人口与城市建设用地之间的矛盾还会存在甚至加剧。

5.5.1.4　城市环境污染

中国的寒地城市中，大多数是传统的工业城市以及国家重要的矿业、石油、森工等资源型城市，尤其是东北地区，由于该地区工业化仍处在传统的以原材料为主导的发展阶段，资源消耗量不断加大。一些中心城市如沈阳、长春、哈尔滨都是工业活动集中区域，并且大部分城镇是在资源开发的基础上形成的，城镇发展与环境问题同步增长。在其工业化和城市化发展进程中，产生了大量的工业污染，而其对环境污染治理的水平相对较低，对区域环境造成重要危害。

另外，传统的供暖方式使得寒地城市冬季的污染问题进一步加剧，虽然各个城市都意识到环境问题的重要性，并积极采取措施加以治理，但是目前，东北地区的大气污染尤其是煤烟型污染并没有特别明显的改观。今后，随着工业化和城市化进程的发展，工业所造成的污染还会加重。

5.5.2　发展机遇

5.5.2.1　西部大开发和振兴东北老工业基地战略的促进

1999年，中国政府明确提出实施西部大开发战略，加快中西部地区发展的政策，这一政策对于全国经济结构实施战略性调整，促进地区经济协调发展，保持社会稳定，实现民族团结，巩固边疆安全，改善生态环境，提高综合国力，最终实现中国的现代化建设和全国人民的共同富裕，具有重大而深远的战略意义。

此外，2002年，国家又明确提出支持东北地区等老工业基地加快调整和改造，支持以资源开采为主的城市发展接续产业。振兴老工业基地既是东北等地自身改革发展的迫切要求，也是实现国家经济社会协调发展的重要战略举措。2003年8月温家宝总理在东北三省明确提出的:“用新思路、新体制、新机制、新方式，走出加快东北老工业基地调整、改造和振兴的新路子。”“新东北”有望在中国经济的框架中，成为继“珠三角”、“长三角”、“京津唐”之后又一重要的经济增长级。当前，东北地区经济已开始走向复苏。

由于中国大多数寒地城市多位于中西部地区，西部大开发战略和振兴东北老工业基地战略的提出对于广大寒地城市的宜居性建设意义重大，中央财政拨款对于西部地区和东北老工业基地改造的投入，将为这些寒地城市的建设和改造提供难得的契机。

5.5.2.2 “宜居城市”建设浪潮的推动

随着中国综合国力和经济发展水平的不断提高，城市建设事业得到了蓬勃的发展，城市环境建设也逐步受到各级政府部门的重视。人们越来越清醒地认识到适宜居住的城市环境除了可以为市民提供良好的居住和工作场所外，还能够转化为经济优势，拉动经济发展，进而推进城市现代化建设进程，并提升城市在国内外的竞争力。

当前，包括北京、上海、天津、成都在内的许多大中城市都提出了打造“宜居城市”的目标。在这一背景的推动下，北方寒地城市各级政府部门为了提高城市的竞争力也必将加大对城市建设的投入，加快城市环境宜居建设的步伐。当前，许多寒地城市正在进行或已经完成的总体规划方案修编中，都采取一些相应的对策以完善城市功能、改善城市环境。比如，哈尔滨市 2004 ~ 2020 年总体规划将市中心内的大批工业、企业进行搬迁、改造，更新城市，调整原有工业和工业小区，加快市中心城区的产业结构和用地功能调整，最大限度地发挥市中心区的土地使用效率，提高城市用地的经济效益，改善城市环境。

5.5.2.3 利用重大节事的契机

一些重大节事也可以成为寒地城市宜居性建设的重要契机。

寒地城市有许多重要的常规节事，与冰雪运动有关的较为著名的节事有哈尔滨、长春、沈阳每年一度的冰雪节和吉林的雾凇节，其他著名的还有如“哈尔滨之夏”音乐节和中俄国际经济贸易洽谈会，长春电影节、汽博会，沈阳清文化节、装备制造业博览会等，这些节事都为推动城市经济发展、增加城市活力起到重要作用，同时，也对寒地城市建设与改造起到一定的推动作用，为寒地城市的复兴和展现寒地城市风采提供了良好的机会。以哈尔滨冰雪节为例，统计数据显示，2006 年哈尔滨冰雪节共接待国内外游客 700 多万人次，旅游收入达到 70 亿人民币。[①]

此外，还有一些非常规的特殊节事也可以为寒地城市环境的宜居性建设提供重要的机遇。1996 年哈尔滨成功地举办了亚冬会，扩大了城市的国际影响，提升了城市的国际地位，也为城市环境建设提供了重要的契机。2005 年 1 月，哈尔滨市申办 2009 年第 24 届世界大学生冬季奥运会成功，其意义更加重大。大学生冬季奥运会的举办除了能为哈尔滨市带来巨大的社会经济效益，提高主办城市的国际影响和国际地位，也能给这座传统城市的更新和振兴带来新的机遇，是城市“旧貌换新颜”的催化剂。在此基础上，哈尔滨也在积极申办冬奥会，在申办过程中，能够加快基础设施建设，促进旧区改造和新区建设，实现城市的更新；能够拉动冰雪经济，带动旅游业、体育产业、服务业、房地产及相关产业的发展，推动城市产业结构的调整优化；能够促进进一步对外开放、交流，提升城市的知名度，推进与世界融合；能够充分展示哈尔滨市独特的地域文化、城市风貌和城市形象；能够提高环保和可持续发展意识；能够激发市民参与奥林匹克的热情，促进全民体育运动的开展，提高市民的自信心和自豪感，增加城市凝聚力。

2006 世界园艺博览会选在沈阳举办，也为这座寒地城市建设和发展提供了一个重要的

---

① 张宝军 . 冰雪节：最夺目的城市名片 . 黑龙江日报 , 2007-12-28. http://www.hljnews.cn/swxx_ly/system/2007/12/28/010103926_01.shtml.

机遇。沈阳市政府以此为契机，进一步完善沈阳的发展格局，全面推动沈城东部地区的基础设施建设和与"世博园"建设相配套的旅游项目招商，建设沈阳东部生态型休闲区，拉开东部开发的序幕。同时，"世博园"的建设促进了局部区域产业结构的调整，带动了沈阳市东部经济发展。此外，沈阳举办"园博会"，还可以加速城市发展，提升城市的现代化水平，加快沈阳城市现代化的进程，提升沈阳的国际知名度。"园博会"建设冬季园林，利用沈阳四季分明的特点建设不同的季节景观，特别是利用沈阳冬季冰雪资源打造冬季园艺景观，不仅提高了绿化、园艺技术和水平，还向世界展示了沈阳寒地城市的形象和城市地域文化。

5.5.3 建设的目标及原则

5.5.3.1 目标

（1）环境目标。环境目标包括两层含义。首先是要保护好寒地城市生态环境，促进寒地城市人居环境未来的可持续发展；其次是改善寒地城市环境质量，为寒地城市居民提供安全、舒适、冷暖皆宜的城市空间环境，而所谓冷暖皆宜，并非是在冬季创造具有与夏季一样的环境，引导同样的生活方式，而是倡导冬夏各具特色，尤其在冬季环境，更应发挥北方城市特色，令人愉快地享受而非被动地接受。

（2）社会目标。社会目标的含义是力求通过寒地城市环境宜居性建设提供给人们更多的休闲、社会交往以及参加各种公众活动的机会，即使在寒冷的冬季，人们也会觉得方便、安全、舒适、愉悦，从而树立寒地城市在寒地市民和外来者心中的良好形象，提升寒地居民的自豪感和归属感。

（3）文化目标。文化目标的含义在于通过寒地城市环境的宜居性建设突出寒地地域特色，弘扬寒地城市文化。

（4）经济目标。通过建设宜居的寒地城市环境吸引更多的城市居民和外来的游客，带动第三产业的发展，增强城市经济活力。

5.5.3.2 原则

（1）基于尊重自然的适应性原则。充分尊重自然环境特点，利用本土化材料，结合地域气候、地形地貌特征，研究适应性的寒地城市环境宜居性建设理论和对策。

（2）基于节约能源和资源的经济性原则。充分考虑寒冷地区对能源的高效利用和有效节约，以及对各种资源包括水资源和土地资源的充分利用和减少消耗，体现建设的经济性。

（3）基于保护和弘扬文化的地域性原则。保护和弘扬寒地城市文化和风貌特色，突出地域性。

（4）基于提高安全便利程度的舒适性原则。在保证寒地居民日常生活安全、便利的基础上，考虑提高寒冷气候条件下生存的舒适性，以补偿不利气候条件带来的负面影响，进而提升寒地人居环境质量，提高寒地城市的宜居性。

（5）基于维护公众利益的公平性原则。力求维护社会公众的利益，使寒地城市每个人都能享受到平等、自由的权利和轻松、安全、舒适的生活环境条件，尤其是使低收入弱势群体的利益得到保障。

第6章

城市发展政策层面的理论与对策

在城市发展过程中，政府的战略选择和城市政策导向是十分重要的。从地域特点出发研究寒地城市，制定充分反映寒地特色的相应城市政策，这应该是解决寒地城市问题的根本出路。寒地城市政府部门的决策者和城市设计者、建设者们应该充分考虑到在寒冷的气候条件下提高城市环境宜居性的要求，针对寒冷的气候条件重新审视所制定的政策。由于寒地城市政策涵盖的范围较广，不可能面面俱到，而且其中有些政策如经济政策等涉及的问题较为复杂，还有些政策与本书研究没有直接关系，均不是本书的研究对象，因此，本书仅从与寒地城市宜居性建设密切相关的部分城市发展政策角度来加以论述。

6.1　控制适宜的寒地城市生态容量

控制适宜的城市生态容量，即城市人口规模与密度，是提高寒地城市环境宜居性的基础。城市生态容量是指一个城市能够最大限度地实现经济效益和社会效益、保持生态平衡的人口数量与人口密度。作为地处寒冷气候条件下的城市生态系统，寒地城市应力求保持适宜的人口规模，以维持城市良好的生态环境。

6.1.1　低人口密度造成能源和基础设施的浪费

众所周知，过低的城市人口密度并不可取。人口密度过低会造成城市基础设施的建设和利用不经济，以及能源的浪费。美国在二战后出现了严重的“郊区化”现象，中心城区人口密度很低，从 1950 年每平方英里城市建成区内居住 9000 多人降到 1990 年每平方英里居住 3000 多人。城市中心区人口密度的急剧下降造成了巨大的能源浪费。

人口密度较高的城市中心比那些人口密度较低的地区具有更高的土地使用效率，并更有可能支持基础设施建设和交通服务，人口密度高的城市通常也具有服务费用便宜以及在城市边缘占用土地较少的优点。中国尚属于一个发展中国家，经济发展水平远不及美国等发达国家。中国的寒地城市基础设施尚不完善，城市建设资金也很紧张，在这种情况下，人口密度过低势必会造成建设资金的浪费，而且更加不利于节约能源。

6.1.2　高人口密度影响环境质量

从另一角度分析，城市人口规模的快速增长给城市尤其是大城市发展带来许多诸如用地紧张、住房拥挤、冬季日照不足、居住环境质量下降、交通运力紧张、环境污染加剧等方面的问题。一些超大城市人口发展超过资源和环境的承载力限度，从而使城市聚集所产生的边际收益小于边际成本，导致可持续发展能力下降。对于北方寒地城市而言，这些问题显得更加紧迫。一方面，受到冬季不利自然条件的负面影响，如降雪、低温等，寒地城市在住房、市政和道路等基础设施的建设及维护、能源供应以及冬季环境污染处理等方面的费用相对较高；另一方面，地处寒冷地区的城市出于补偿北方地区严峻的自然和气候条件的负面影响、提供更多人文关怀的考虑，需要建设相对更高质量的住宅和更先进的社会、文化和市政设施系统。比如，俄罗斯政府早在 1985 年制定的“北疆 2005”（North 2005）计划中就曾提出，北方地区住宅和其他民用建筑质量标准应高于其他地区同类建筑。从这两方面出发，过大的人口规模必然加重寒地城市建设的负担，降低寒地城市生活的质量。

6.1.3 中国寒地城市控制生态容量的对策

合理地控制好寒地城市人口规模、保持适当的人口密度必须充分考虑中国寒地城市发展的具体情况，抓住主要矛盾。相关研究表明，中国城市规模效率最好的是 50 ~ 200 万人口的大城市和特大城市，其余等级城市的规模效率皆次之。尽管这些城市随着城市规模的扩大带来了各种成本支出的大幅度增加，甚至产生一些规模不经济的现象，但城市聚集所产生的边际收益仍然大于边际成本，故规模效率水平仍然是最大。从城市可持续发展能力上看，这部分城市的可持续发展能力最强。在寒冷地区适当地发展这样规模的大城市和特大城市有利于发挥寒地城市的聚集效益，并可有效地利用各种资源和发展基础设施，提高寒地城市运行的效率。

对于一些人口大于 200 万的超大寒地城市，这些城市人口高度集中，人口增长速度较快，虽然沈阳等城市已经出现部分居住区向郊区延伸的现象，但真正像美国等发达国家一样的"郊区化"时代并未到来，由于人口密度过大带来住房、环境、交通等方面的问题仍是这些城市的主要矛盾，因此，必须通过"有机疏散"的方法控制人口规模，利用小城镇或新城控制和疏导人口，同时控制人口向郊区蔓延。

此外，对于人口规模在 50 万以下的寒地中小城市，则以控制建设用地发展规模为主。因为地处中国北方的寒地中小城市本身人口规模不大，外来人口不多，人口增长速度不快，许多城市不顾实际情况盲目开发拓展建设用地，扩大城市发展规模，造成实际上的人口密度下降，而城市经济、社会发展却相对滞后，基础设施建设又很薄弱，各种资源不能得到合理开发和利用，导致城市可持续发展能力较差，因此，用地规模不经济才是这些城市的主要矛盾，因此，要控制好城市建设用地规模，进而达到合理的城市人口密度。

总之，寒地城市生态容量的确定必须充分研究寒地城市的地域特点，尤其是应注重冬季寒冷气候条件下城市环境质量、能源、城市污染控制、城市基础设施和城市生态等诸多因子的相互影响和相互制约，同时借鉴和吸取欧美国家寒地城市人口规模控制的经验和教训，科学定性与定量地确定适宜的城市生态容量，以便更有利地创造良好的寒地城市人居环境，提高寒地城市的宜居性。

6.2 发展高效的寒地城市公共交通

建设高效的城市公共交通是世界上所有城市的共同目标，高效即意味着方便、快捷、安全和舒适，同时也意味着节约能源。一方面，国际经验表明，公交优先只有成为政府一贯的政策理念并得到政府强有力的支持才能实现；另一方面，政府能否坚持并最终实现公交优先，不仅决定着城市未来的机动化道路、城市交通系统的效率和服务状况，而且将对城市整体发展及人民生活产生重大影响，决定着未来的城市布局演化、城市活力与效率、城市特色保护及城市长远的可持续发展。

中国在制定汽车产业发展政策的同时，已经确定了优先指导地方发展城市公共交通的政策，将优先发展公共交通的战略列入国家发展体系。地处寒冷气候条件下的北方城市，冬季漫长，而且城市要经受低温、降雪、冰冻、昼短夜长的考验，高效的城市公共交通无论对提高城市的运营效率和市民的生活质量，还是节约交通能源消耗都是十分重要的，是寒地城市环境是否宜居的重要标志，因此应该作为城市发展一项重要的政策来制定和落实。

6.2.1　确立公交优先的政策

6.2.1.1　公交优先的意义

选择适宜的主导交通方式对于城市的可持续发展意义重大。一方面，由于中国许多地区目前正处于城市化进程快速发展时期，大城市人口规模增长很快，引发交通需求增长迅速，城市中心不断增长的交通量，使原有的交通基础设施不堪重负。中国人均GDP已处于轿车进入家庭的临界点，机动化时代又同时到来，小汽车的发展正从北京、上海、深圳、广州等城市开始逐步向其他大中城市蔓延。以哈尔滨为例，截至2007年，哈尔滨市机动车保有量已达50万辆。随着城市经济的发展及城市化进程的不断加快，机动车保有量每年以15%的速度递增，远远超过了交通基础设施的建设速度。小汽车仅仅能解决少数人的出行，即使抛却价格因素，单就其运载能力也远远满足不了广大市民尤其是中低收入阶层出行的需求，而且还会随之带来城市交通拥堵、交通污染、能源浪费等一系列城市问题，因此，在大多数寒地城市机动化时代刚刚开始或是还未到来之前，迅速确立公共交通方式的主导地位是十分必要的。

另一方面，当前，中国的许多地区都进入了城市化快速发展时期，城市向周边郊区和乡村地带扩散，城市紧凑度降低，周边绿色开放空间减少。有学者指出，发展城市远程、快速、大运量公共交通系统，能够促使城市跳跃式分布，有助于解决郊区化过程中中心区与郊区的联系，形成良好的城郊空间结构。[①]在一些寒地特大城市中形成的“摊大饼”现象，就是由于城市无法提供远程、快速、大运量的公共交通，而使得从市中心区迁出的企业和居民只能选择距城市中心区较近、与城市相连的郊区，造成城市建成区向郊区无序的蔓延。在城市发展过程中，如果能够有意识地将城市的土地开发与主要的公共交通线路相结合，则能在提高公共交通线路使用效率的同时，形成紧凑高效的城市发展模式。[②]

另外，改善公共交通还是城市中心区空间复兴的契机和关键，是改善空间环境的基础保障。西方国家利用城市地下铁道和市郊快速列车的建设，结合城市公共汽车、有轨电车，组成覆盖全城的高效快速的公共交通服务体系，来提高中心区的可达性，有效地缓和了城市中心的交通矛盾，同时为老城中心区的改造建设创造了条件。[③]

除此之外，中国的寒地城市大多冬季漫长、气候寒冷，而且道路时常会受到降雪和冰冻的影响，容易产生交通拥堵现象和发生交通意外。而一些可以用于其他气候温暖地

① 周一星，孟延春．沈阳的郊区化——兼论中西方郊区化的比较．地理学报，1997, 4:298.

② 费移山，王建国．高密度城市形态与城市交通——以香港城市发展为例．新建筑，2004, 5:5-6.

③ 王鹏．城市公共空间的系统化建设．南京：东南大学出版社，2002:41-43.

区的交通方式，如自行车、摩托车等非机动车冬季在东北地区的许多寒地城市并不适用。比如哈尔滨的冬季天冷路滑，加之又地处丘陵地带，地形起伏，自行车、摩托车等非机动车的发展呈逐年递减的趋势，从1990年代初到2000年代初，非机动车数量已经由近100万辆降为60万辆。[①]而在拥有非机动车的人群中，许多夏季可以将自行车或是摩托车作为代步工具的市民冬季又不得不转为选择乘坐机动车出行的方式，这样就进一步加大了冬季公共交通的需求。

因此，为了减少人们户外长距离出行的时间，并且在恶劣的天气条件下尽快地到达目的地，同时也为了减少由于空调或加热器取暖而给机动车增加的额外能耗，寒地城市也必须优先发展快速、安全、舒适而且是大运量的公共交通系统，尤其是对于沈阳、哈尔滨、长春等特大城市。国际上著名的寒地城市如加拿大的蒙特利尔、多伦多，日本的札幌以及瑞典的斯德哥尔摩等城市都有快速的公共交通系统，对于塑造城市形态、增加交通可达性、节约能源都起到了重要的作用。

6.2.1.2　公交优先的对策

国际经验表明，200万人口以上的特大城市，要确立公共交通的主体地位，最终必须依靠快速、大运量的轨道交通来支撑，几乎所有发达国家都将建设轨道交通作为提高交通供给水平、解决城市交通问题的根本手段。1994年4月在新加坡召开的国际市长会议上轨道交通被明确为现代化城市标志。中国在1985年的《中国技术政策》蓝皮书中，基本确定了百万人口以上大城市的综合交通运输系统以城市轨道交通为主干的发展方向。在1995年实施的《城市道路交通规划设计规范》中也强调“规划城市人口超过200万人的城市，应控制预留快速轨道交通用地”。

相对于其他公共交通方式，寒地特大城市选择轨道交通优势明显，除了运力强大、效率高、清洁、环保、能耗低等特点以外，还有很重要的两个因素，一是安全舒适，二是立体开发。轨道交通由于采用独立专用轨道的封闭运营系统，因此速度高、系统稳定，受冬季恶劣天气等外界影响因素干扰小，安全性和舒适性高。而且，轨道交通通过开发立体交通空间，可以不占用宝贵的地面道路空间，地下轨道交通与商业开发以及人防空间结合，可以在冬季为市民提供气候防护。

瑞典首都斯德哥尔摩用便捷的城市轨道交通连接郊区卫星城，车站站口与市中心相连，周围是超市、各类商店和其他服务设施，由于交通快速、便利，城市人口中一半住在中心区，另一半住在卫星城。

但是，目前在中国，北京、天津、上海、广州等少数城市虽然已经拥有了地铁和轻轨交通，但其线路长度、站点布局和运营能力与市民日益增长的交通需求相比还相差很远。寒地城市沈阳、哈尔滨、长春等特大城市正在积极筹备启动城市轨道交通建设，但真正要建成并形成规模至少尚需15～20年时间。而且，由于轨道交通投资大、工程难度高、面临的矛盾问题比较多，大多数寒地城市都没有能力在短时期内建成有一定规模的轨道

① 战伟，孙玉庆，李晓冬．浅析哈尔滨市轨道交通建设与城市道路交通管理 // 中国建筑学会主编．新世纪的城市与交通发展——中国建筑学会城市交通规划学术委员会2001年年会暨第十九次学术讨论会论文集．北京：中国建筑学会，2002：229-233.

交通。而这段时期正是中国寒地城市的城市化进程进入加速期和小汽车时代到来的关键时期，因此，一方面一些特大寒地城市应积极推进轨道交通的建设，另一方面，在过渡时期，以道路公共交通为主的常规公共交通系统的建设对于各个规模的寒地城市都是至关重要的，应力求建设寒地城市多元化的道路公共交通系统，包括电车、公共汽车、小巴、出租车等多种交通工具，提高公交运营效率。

常规公共交通系统投入低、技术门槛低、运营管理成本低，但是运行效率也较低，关键是采取先进的理念和技术手段对其进行升级改造。巴西的库里蒂巴市采用的 BRT（Bus Rapid Transit）——巴士快速公交系统，对于中国的寒地城市是一个重要的经验，其每公里造价仅为相应的轻轨系统的 1%，采用宽门、底盘较低的大容量铰接客车，每辆可以容纳近 300 名乘客，该系统拥有公交专用车道，公交车辆在交叉路口享有通过的优先权，并可以自由地在其他车道进行交织，乘客在上车前检票，这些特点极大地提高了城市公共交通的运行效率。BRT 系统有时也被称为 Metrobus，意为达到轨道交通运量水平的公共汽车系统，美国的许多城市也采用这种投资少、见效快、建设周期短的系统。对于中国广大的寒地城市来说，借鉴 BRT 系统的经验可以在短时期内提高城市公共交通服务水平和运行效率。①

除了选择发展适宜的公共交通方式，还应重视推行和实施各项措施，如控制私人机动化交通的不断增长，减少交通阻塞，可以采取定价、交通法规、停车、用地规划和缓解交通的方法；另外，提供或推行其他有效的交通运输方法，比如，大力发展以企业工人、学校在校师生、政府公务员、医院医护人员等为使用对象的通勤车运输方式，这种方式能够提供有针对性的交通服务，可以在较短时间内提供较大的运载能力，有效地提高运行效率。

总之，寒地城市应该充分考虑城市自身的特点如经济发展水平、人口规模、城市形态等，认真制定城市公共交通规划，合理选择公共交通方式，完善各项公共交通设施，以促进高效的寒地城市公共交通体系的形成。

6.2.2 提供优质的公共交通服务

优质的公共交通服务对于寒地城市的宜居性建设意义重大。首先，在寒地城市，由于冬季气候因素对市民出行影响很大，以往许多人不得不在冬季减少长距离出行次数，而只保留必要的出行如上班、就医、购物等，优质的公交服务可以吸引更多的人利用公共交通走出户外，减少冬季不利气候条件对于市民生活方式的影响，焕发城市在冬季的活力。其次，随着小汽车开始越来越多地进入寒地城市家庭，以往冬季寒地城市由于降雪、冰冻等引发的交通运营效率下降，甚至造成城市交通拥堵的问题会更为突出，只有提供优质的公交服务，才能让绝大多数市民选用公共交通来进行日常的出行，提高城市公共交通分担率，达到减少交通拥堵、节约交通能耗的目的。

---

① 马强 . Bus Rapid Transit：城市公共交通系统的新选择 // 中国城市交通规划学术委员会 . 中国城市交通规划学会年会 . 郑州 , 2003. http://www.chinautc.com/organization/2003/026.asp.

寒地城市提供优质的公交服务，同其他城市一样应进行科学的交通规划，采取先进的管理技术和手段，增加公交线路的密度，提高可达性，车辆运行达到安全、准时和高速，车辆内部环境舒适和整洁，除此以外，还要针对冬季寒冷的气候特点，提供特殊的人性化服务，包括：

• 提供便捷、舒适、全天候的换乘服务，尽量减少换乘中不利气候条件造成的不便和身体的不适。

• 改进公共交通设施，如建设可加热的候车亭，改善候车环境的热舒适条件；提高公交站点站台高度，便于乘客上下车，尤其在冬季地面和车辆踏板由于降雪和结冰造成湿滑的情况下，能够避免乘客摔伤。

• 全面推行交通智能卡（Smart Card），有效地降低由于乘客上车投币或向售票员购票的传统方式造成的时间延误，避免增加在寒冷环境下等候上车的时间。

• 建立公共交通辅助系统，如冬季为中小学生上学、放学提供的校园公共交通专线，出租车预约服务等，一些西方发达国家城市提供的预约公交车（Dial-a-bus）服务，可以为老年人、残障人士等的冬季出行提供方便的服务，值得中国的寒地城市借鉴。

总之，寒地城市公共交通人性化的服务有利于全面提升城市公共交通的运行效率，推动寒地城市环境的宜居性建设。

6.3 积极弘扬寒地城市文化

寒地城市文化是寒地城市的灵魂，也是寒地城市发展的动力。特殊的地理位置、寒冷的气候条件以及与温暖地区生产、生活方式的差异使得寒地城市文化的地域特色明显，充分利用这一地域特色，建设高文化品质的寒地城市，将会增强寒地居民对寒地城市文化的认同感与自豪感，并且可以激发其对自身所处城市的亲切感和归属感，进而激励自身为城市发展贡献力量。

另一方面，弘扬寒地城市文化能够丰富寒地城市内涵，展示寒地城市形象，提高寒地城市的知名度，优化投资环境，促进寒地城市以其强大的魅力吸引更多的人来旅游、投资、居住，留住和吸引更多的优秀人才。

此外，城市文化是推动城市经济活动的动力，是扩大城市经济吸引力与辐射力的重要基础，也是支撑城市生存、竞争和发展的无形资产。近年来，国外一些城市的发展经验很好地说明了这一点。美国的匹兹堡、巴尔的摩、波士顿这些先前衰落的中心城市以创造繁荣的文化区域带动了经济的复苏；西班牙的巴塞罗那通过与城市设计相联系的文化计划、新文化旗帜的创造和文化节的举办使城市得以复兴；英国老牌工业城市格拉斯哥，通过投资于文化创造了独具风格、引人注目的城市，从而吸引了跨国公司的到来。

寒地城市文化的保护和发掘能够培植新的经济增长点，推动新兴产业发展，给城市带来可观的经济效益，拉动城市经济的增长，而寒地城市经济的发展又可进一步促进其新的文化特色的形成。因此，弘扬寒地城市文化与寒地城市环境的宜居性建设和城市活力的激发都有着非常密切的关系。

6.3.1 保护和发掘寒地城市文化

6.3.1.1 冬季文化

同其他城市的文化一样，寒地城市文化的价值可以体现在很多方面，比如建筑环境、历史传统、产业发展、艺术活动、自然景观，甚至语言、服饰、生活方式等，关键是要改变寒地城市居民对于冬季的态度，才能发掘出冬季给城市带来的更多好的方面。不同寒地城市发展的自然、历史以及文化背景各不相同，寒地城市文化也呈现出多元化的特点。在地处北方高纬度地区的寒地城市，相对于其他各具特色的文化，我们更应该关注"冬季文化"的发掘，这是北方特殊的地理位置和寒冷的气候条件赋予寒地城市共同的最具代表性的特色文化。保护和发掘寒地城市冬季文化，不仅能够提供对北方寒地城市传统文化特质的保护，更可以激发寒地城市在冬季的活力，为寒地城市带来复兴的机遇，在寒地城市的可持续发展方面有很大的潜力。

从世界范围来讲，冬季文化的主要代表是冰雪文化和极地文化，而对于地处北极圈以外的包括中国在内的广大寒地城市，冰雪文化是最具特色的寒地城市冬季文化。

发展寒地城市冰雪文化除了塑造冰雪景观和开展冰雪活动（图 6-1、图 6-2）以外，还应注重冰雪文化领域的拓展，如倡导冰雪饮食文化、冰雪服饰文化等，使市民与观光

（a） （b） （c） （d）

图 6-1 寒地城市冬季冰雪景观

（a）雪后城市；（b）雪屋；（c）冰建筑；（d）树挂

资料来源：图片（a）引自聂云凌，俞滨洋等 . 都市华彩 . 哈尔滨：黑龙江科学技术出版社，2005:152.

（a）（b）（c）（d）

图 6–2　寒地城市冬季冰雪活动

（a）观赏冰灯；（b）滑雪橇；（c）乘坐狗拉爬犁；（d）滑雪

资料来源：图片（d）引自聂云凌，俞滨洋等 . 都市华彩 . 哈尔滨：黑龙江科学技术出版社，2005:151.

的游客对冰雪文化建立多角度、多方位的感受，发挥寒地城市的地域特色，增加寒地城市的魅力。

6.3.1.2　夏季文化

除了冬季的冰雪文化，寒地城市的夏季文化也应成为极富特色的城市文化来加以弘扬。身处北欧国家的居民们由于经历了漫长而阴暗（由于纬度较高而日照时间短）的冬季，因而格外珍惜气候温暖的季节，他们会迫不及待地走出户外从事各种活动，夏季也就成为这些城市最绚烂多彩的季节（图 6–3）。“当可爱的夏季再度来临，每个人都想最大限度地享受它们。太阳、夏天、光明和绿色的阔叶林及植被备受珍爱，这是斯堪的纳维亚文化的特征”。①

中国的寒地城市由于大陆性气候特征明显，冬季寒冷多风，人们无法长时间在户外活动，因而，与冬季相比，人们夏季户外活动的热情极其高涨，更加乐于走出户外享受

① 扬 · 盖尔，拉尔斯 · 吉姆松 . 公共空间 · 公共生活 . 汤羽扬等译 . 北京：中国建筑工业出版社，2003:48.

（a）

（b）

（c）

（d）

图 6–3　北欧城市绚丽多彩的夏季

（a）哥本哈根；（b）斯德哥尔摩；（c）奥斯陆；（d）卑尔根

温暖的阳光、新鲜的空气和鲜花、绿草的美丽，夏季的城市生活甚至比其他一些地区的城市更加具有活力（图 6–4）。蜚声中外的歌曲《太阳岛上》描写的就是夏季哈尔滨的年轻人去太阳岛郊游的欢乐场景。另一方面，中国的寒地城市尤其是东北地区的寒地城市夏季虽然短促，但是气候温和，凉爽宜人，空气湿度较小，人们觉得干爽、舒适，而相对而言，南方城市的空气湿度则很大，闷热潮湿，像在洗桑拿，令人觉得很不舒服。此外，北方寒地城市白天和夜晚的温差较大，即使白天稍热，晚上也会很凉快，舒适度非常高，具备成为全国避暑胜地的优势条件。因此，充分利用和发扬寒地城市夏季文化包括广场文化、街道文化、滨水城市休闲文化以及避暑旅游文化等的魅力对于增强寒地城市的凝聚力，提升寒地城市在人们心目中的形象，同样具有重要意义。

6.3.1.3　传统文化

传统文化是寒地城市建设和发展宝贵的资源和优势。中国的寒地城市主要位于东北地区和部分西北地区，因而在寒地城市中，就有一个数量众多的群体——寒地老工业城市，除了省会城市中的老工业基地哈尔滨、长春、沈阳、兰州以外，吉林、鞍山、抚顺、包头、齐齐哈尔、大庆、本溪、鸡西、阜新、锦州、牡丹江、鹤岗、佳木斯、双鸭山、辽阳等众多 50 万人口以上的大城市也都属于国家陆续建设的老牌工业城市，沈阳的铁西区、长

图 6–4　寒地城市夏季文化

春的汽车城、哈尔滨的动力区都是国内外著名的工业区。

由于东北地区自“一五”、“二五”时期以来就作为国家重要的工业基地来建设，当时前苏联政府曾对中国进行较大规模的援助建设，使这一地区迅速建立起完善的重工业生产体系，成为中国早期的产业基地，煤炭、钢铁、石油化工、机械和电子等工业比较发达，工业生产的现代化使文化产业成为这些老工业城市一直以来主要的文化特色，具有大工业孕育的工业文化基础。因此，在这些寒地老工业城市中，除了冰雪文化以外，另外一种极具代表性的城市文化就是工业文化。作为新中国工业起家的地方，许多寒地城市都是共和国老工业发展历史的见证。即使其中的一些城市经过了产业结构的调整，转变了城市的性质，但多年深厚的工业文化积淀仍然是这些城市宝贵的资源，是市民和外来者认识城市历史的重要线索，保护和利用寒地传统工业文化，不仅具有重要的史学价值，对于寒地整体地域文化的复兴也意义重大。

对寒地城市传统工业文化的保护和利用，可以通过几种方式实现：将传统工业区部分作为城市的历史文化遗产加以保护；将具有历史意义的工业建筑作为历史建筑加以保护；对工业区或工业建筑进行再开发利用；开发传统工业文化旅游等。

此外，由于不同寒地城市各有不同的历史文化背景，因此还有其他各具特色的文化，比如哈尔滨的近代建筑文化、啤酒文化，沈阳的清文化，长春的电影文化等，这些文化同样需要很好的保护和发扬光大。

6.3.2 发掘和创新冰雪景观资源

寒地城市的冰雪景观资源是城市的宝贵财富，许多寒地城市因此在国内外久负盛名，冰雪景观对提高寒地城市的声誉和地位，丰富市民寒地城市文化生活，促进经济发展起到了很大的推动作用。然而，随着物质生活水平的提高，人们对精神生活提出了更高需求，冰雪景观的建设水平和欣赏品位也走向更高的层次。1963 年哈尔滨第一届冰灯游园会的冰灯作品仅仅为园林工人用盆、桶等简单的模具浇筑出来的，里面布置了简易的灯光，品种单调。在物质和精神生活匮乏的年代，这些冰灯确实起到了振奋人们精神的作用，市民纷纷走出家门，前往观赏。然而时代在不断进步，在当前物质文化生活相对丰富的年代，人们对那时的冰灯可能没有丝毫的兴趣了。适应时代的变化，冰雪景观也需要不断地进行发掘和创新，这样才会提升寒地城市在同类城市中的竞争力，并增强城市的吸引力。

冰雪景观资源的发掘与创新应是多方面的，包括冰雪活动项目的发掘，冰雪景观与现代科技手段的结合，冰雪文化领域的拓展等。

6.3.2.1 冰雪活动项目的发掘

在保持传统的冬季冰雪活动如观赏冰雪景观、滑雪、溜冰、滑雪橇、冰爬犁、乘冰帆以及举行国际冰雕、雪雕比赛等的基础上，进一步发掘新的冰雪活动项目，满足游客和市民不同类型的需求。

在冰雪活动方面，应该充分利用城市现有的冰雪资源加以整合。哈尔滨在连续几年冬季规划建设了用地面积 30 ~ 40hm^2，可容纳 5 万人以冰雪活动为主的“冰雪大世界”，作为目前世界上最大的人工冰雪游乐园，对冰雪活动项目的发掘作出了很好的尝试。在“冰雪大世界”里，市民和游客除了从事传统的冬季冰雪活动以外，还可参加攀冰、雪地足球、冰上保龄球、滚雪坡、荡绳、雪地摩托、儿童冰雕雪雕比赛等活动。沈阳、长春、吉林、佳木斯、齐齐哈尔、鞍山、抚顺等城市也在冰雪资源的发掘和冰雪活动的组织方面作出了许多有益的尝试。

此外，为打破冬季户外活动少的局面，应充分发挥北方寒地民俗文化的魅力，在冬季可以安排各类有地方特色的民俗活动丰富城市生活，增加寒地城市旅游的内容，如组织花车巡游、冰上表演、东北秧歌、冰上婚礼、冰上冬钓等。

6.3.2.2 冰雪景观与现代科技手段的结合

冰雪景观只有与现代科技手段结合才能逐步有所创新和发展。除了运用传统的声、光、电的处理手段，高科技的技术含量可以为传统的冰雪景观增加新的活力。

近几年来，在哈尔滨“冰雪大世界”、冰灯艺术博览会、雪雕艺术博览会、雪上风情园等景点，建设者们将高科技手段与冰雪艺术有机结合，创造出晶莹剔透的环保彩色冰、彩色雪雕、雪地彩绘、低温喷泉、人工飘雪等新的艺术表现形式，使冰雪艺术的独特魅力得以更加充分地展示，带给人丰富的视觉感受。其中，“冰雪大世界”的低温喷泉在滴水成冰的冬季一出现，就引起了市民与游客的极大关注。此外，各种新型光源的运用，在夜晚照亮色彩斑斓的冰灯雪景，也给城市的夜晚增加了无穷的魅力。

6.3.3 重视市民冬季文化活动

在寒地城市广泛宣传和开展市民冬季文化活动，除了能够提高市民的文化品位，有利于身心健康以外，更重要的是有助于增加市民对于冬季这一寒冷季节的认同并且积极地参与到冬季户外生活中，从而提升寒地城市的活力。

6.3.3.1 冬季文化活动的类型

冬季寒冷的气候在给寒地城市发展带来种种负面影响的同时，也造就了充分代表北方城市文化特性的丰富的冰雪景观资源，为开展冬季文化活动提供了得天独厚的优势。因此，在北方寒地城市，与冰雪相关的活动是冬季重要的活动内容。这些活动包括冰雪景观的制作、冰上运动、雪上运动以及其他冰雪娱乐活动等。寒地城市应该积极地制定冬季冰雪活动规划，建设和完善相应的活动设施，为冰雪活动的开展创造各种条件。欧美国家的冰雪活动具有广泛的群众基础，由于市民有较高的审美层次和较强的参与意识，冰雪活动在城市公共空间中广泛地开展，塑造出整体冰雪环境艺术氛围，形成城市冰雪系统。

此外，演出活动应该成为寒地城市冬季另一类重要的文化活动。寒地城市冬季气候寒冷，而且昼短夜长，许多户外文化活动都因冬季的到来而终止或减少，人们在室内停留的时间相对较长，因此，相应地增加戏剧、音乐、戏曲、杂技等室内演出文化活动可以有效地丰富和活跃冬季文化生活。在加拿大的许多寒地城市，冬季的到来也就意味着一年中最活跃的演出季节开始了，人们在这一季节温暖的剧院、音乐厅里欣赏着各种演出，尽情地享受着艺术的无穷魅力。

总之，开展各种相关的冬季文化活动，能够增加寒地市民冬季“出户率”，创造良好的活动氛围，增加城市冬季的活力。

6.3.3.2 冬季活动的开展方式

寒地城市市民冬季文化活动可以通过经常性活动和节庆活动两种方式来开展。

经常性的活动不受时间和地点的限制，可以随时开展于社区、校园、企业以及一些公共场所等。通过制定经常性活动的计划，将各种不同冰雪活动和演出活动按照活动内容、活动方式和参加人员规模等划分出类别，分别选择适合于开展此类活动的时间和场所。

冬季节庆活动一般都应有明确的时间范围和活动场所，集中展示城市的冬季文化活动。正如本书第4章所述，加拿大、日本、美国、瑞典、挪威、俄罗斯等发达国家的寒地城市大都设有自己的冬季节日，以振奋城市精神，提高城市的知名度和文化品位。加拿大、美国的一些寒地城市将冬季节日设在2～3月之间，这段时间人们早已从圣诞节和新年的欢乐中走出来，又回到周而复始的工作和生活中，而春天还没有到来，城市冬季节日的到来和随之开展的巡游、演出等各种文化活动为城市注入了新的生机和活力。甚至一些位于气候温暖地区的欧洲城市也在冬季设置节日，比如法国著名的夏季度假胜地尼斯每年2月份举行冬季狂欢节，通过这种方式增加城市冬季的活力。

中国的寒地城市也有自己的冬季节日，如哈尔滨、长春、沈阳、齐齐哈尔、抚顺、鞍山等的冰雪节，吉林的雾凇节，佳木斯的泼雪节，牡丹江的雪城旅游文化节等，每年吸引大量的中外游客。其中以哈尔滨的冰雪节规模最大，历史最为悠久。从 1985 年至今，哈尔滨已经举办过 20 届冰雪节，用冰雪文化作包装，开展经贸、科技、文化、旅游等活动。经过多年的发展与完善，如今哈尔滨的冰雪节已成为国际著名冰雪节之一，其在城市发展中产生了全方位的重要作用，比如加速冰雪资源的开发，促进冰雪文化的发展，发展冬季旅游事业，活跃冬季城市文化生活，提升城市形象，增加城市的知名度，促进国际交流，增加城市经济效益，促进城市可持续发展等。

无论是经常性活动还是节庆活动，城市政府都应该重视提高本地市民的参与意识，增加活动对本市市民的吸引力，改变以往许多市民认为冬季活动就是针对旅游者的观念。因此，在重视冬季节庆活动的同时，面向广大市民，为经常性活动的开展提供便利应该更加受到寒地城市政府的关注。

6.3.4 加强寒地城市的文化合作与交流

同样位于北方的高纬度地区，世界范围内的寒地城市有许多相似的特点，城市发展面临许多相同的问题，因此，加强不同国家寒地城市之间在各个领域的合作与交流对于这些城市来说是十分必要的。

首先，寒地城市之间开展科学技术、社会文化等领域的交流与合作可以使信息得到共享，互相学习先进的理论和经验，并吸取已有的教训，少走弯路，这样的交流和合作对于像地处中国这样的发展中国家的广大寒地城市更加重要。

其次，对于城市建设和发展中面临的相同问题，可以整合研究力量，明确分工，共同面对挑战，避免人力和财力的浪费。比如加拿大、美国、日本、挪威、瑞典、芬兰等国家的 20 多个寒地城市曾经就加强研究除雪技术领域的合作达成共识，并成立寒地城市环境研究小组委员会，共同研究如何协调冬季道路管理与环境。此外，积极的对外交流还有利于扩大城市的影响，增加城市的知名度。

加强寒地城市的合作与交流有多种方式，比如建立友好城市，互相访问，进行科研或经济项目合作，举办国内外学术会议、科技或经济论坛、商业展览等。自从第一届北方城市市长会议 1982 年在日本的札幌举办以来，在世界上不同的北方城市每两年一次的市长会议为世界各国的寒地城市提供了定期交流信息的机会，增进了国际寒地城市间在社会经济发展、城市建设、能源利用、环境保护等多领域的交流与合作。

2004 年 2 月世界寒地城市市长联合会①重新修订了“寒地城市宪章”，在宪章中除了对寒地城市的含义进行了重新解释（见“1.1.1 寒地城市概念释义”一节）以外，还规定了联合会的活动包括：

---

① 2004 年 2 月在美国安格雷奇市召开的第 11 届北方城市市长会议上，与会城市就会员范围扩大到北方地区以外的城市以及将北方城市市长会议名称更名为“世界寒地城市市长会议”达成了协议。国际北方城市市长联合会（IAMNC）也正式更名为世界寒地城市市长联合会（WWCAM）。联合会的目标被定为：通过拥有积雪和经历严寒的城市的共同努力，为发展功能性的、有效率的寒地城市作出贡献，并且鼓励共享与冬季相关的共有的城市问题方面的信息和知识并为之提供便利；在“冬季是资源和财富”的口号下促进寒地城市运动的发展；寒地城市之间加强协作和团结，为世界和平和国际协作作出贡献。

- 举办世界寒地城市市长会议；
- 举办冬季城市论坛和冬季展览会；
- 管理附属委员会；
- 出版时事通信和其他出版物；
- 承担合作项目；
- 承担其他必需的活动等。①

这些活动目标的制定旨在加强世界范围内寒地城市的交流和协作，推动寒地城市的可持续发展。

中国的部分寒地城市如哈尔滨、沈阳、长春、齐齐哈尔、鸡西、佳木斯等由于积极参加国际北方城市市长联合会（现更名为世界寒地城市市长联合会）以及北方城市市长会议，在国际上扩大了自己的影响。其中，沈阳、哈尔滨和长春由于分别成功地举办了第 2 届、第 8 届和第 12 届北方城市市长会议，更是扩大了国际知名度，令人瞩目。

6.4　提升寒地城市经济活力

城市是否具有较强的经济活力是城市宜居性的重要标志之一。针对中国部分城市居民的一项关于“宜居城市”的调查显示，“经济发达，经济发展迅速，经济实力强”是上海成为人们心目中“宜居”城市的主要原因。同样，“机会较多，经济水平高”也是广州入选“宜居榜”最关键的因素。可见，城市只有做到环境、经济、文化等多个因素的协调和均衡发展，才是最具有生活价值的城市。

提升城市经济活力，应该遵循市场经济规律，克服和避开阻碍城市发展的不利因素，积极利用和发展地方在资源、环境和产业方面的特色和优势，这一点无论对于地处北方的寒地城市还是其他地区的城市，都是相同的。由于不同寒地城市有不同的特点，因而提升经济活力的对策也应各有侧重，本书仅对寒地城市经济发展具有特殊意义的理论和对策加以研究和分析。

6.4.1　发展寒地特色的第三产业

6.4.1.1　以寒地城市文化促进第三产业发展的意义

许多国家寒地城市发展的经验表明，将寒地城市文化作为一项产业来建设，是给寒地城市带来生机和活力、推动寒地城市复兴的重要因素，寒地城市应充分发挥自身的优势发展地方文化促进第三产业发展。

美国著名的“寒霜带”城市芝加哥原来是一个典型的寒地工业城市，主要有钢铁工业、屠宰业等，20 世纪中期城市经济开始走向衰退。1980 年代芝加哥政府开始重视发展文化产业在内的第三产业，建立文化设施，兴办各种展览，发展交响乐、芭蕾舞等高雅艺术。更重要的是，充分利用芝加哥黑人音乐、篮球运动等通俗文化发达的

① http://www.city.sapporo.jp/somu/kokusai/wwcam/charter.html.

优势，每年夏季都举办四个月的芝加哥文化节，吸引全国各地的民间艺术家前来献艺，文化设施的改善与文化活动的丰富促进了城市环境的建设和旅游业的发展。芝加哥第三产业包括文化产业发展起来之后大大促进了消费，消费反过来又促进了城市经济的繁荣，同时还解决了大量人口的就业问题。现在的芝加哥已经发展成重工业、轻工业、金融业、交通运输业、旅游业、会议承办业都十分发达的美国第二大城市。芝加哥的城市复兴表明，积极推进寒地城市文化产业建设可以改善城市环境质量，提升寒地城市经济的价值和品位，增强寒地城市的吸引力，拉动消费，增加经济的总值，有力地促进寒地城市经济发展。

6.4.1.2 以冰雪文化促进第三产业

近年来，寒地城市特有的冬季文化活动日益成为极富吸引力的旅游资源，国外很多寒地城市都把冬季旅游作为当地经济的支柱产业之一。如日本、加拿大、美国等国寒地城市的冰雪旅游，瑞典、芬兰、挪威等国寒地城市的极地冰雪旅游等，这些对于发展旅游业，增加冬季城市的活力，振兴寒地城市经济起到了很大的推动作用。

中国的哈尔滨、长春、吉林、沈阳等城市也把冰雪文化资源作为产业来开发，突出冰雪文化旅游这一重点。尤其是哈尔滨，通过冰雪文化旅游带动冰雪经贸，促进与冰雪相关的产业发展，进而成为拉动经济的新的增长点，形成冰雪经济，包括源于冰雪活动的第三产业、为冰雪旅游服务的经济生产活动以及为经济服务的冰雪活动。冰雪经济的发展树立了哈尔滨新的寒地城市形象，提高了城市地位和声誉，改善了城市面貌和人居环境，也激发了冬季城市的活力，推动了城市的可持续发展。

冰雪经济的发展还可以为城市解决大量的冬季就业岗位，以往由于季节的影响，到了冬季哈尔滨的建设单位不能施工，因此员工要一直放假到第二年春天，而开展冰雪节和冰雪旅游以来，许多施工单位在冬季都投入到各类冰雪景观的建设中，仅一项冰雪大世界工程建设就动用了近 50 个施工单位，提供了近万个工作岗位，加上太阳岛雪博会、冰灯游园会的施工人员，总的岗位数在 2 万左右，企业和个人都取得了良好的经济效益，许多下岗工人和农民工在采冰、运冰、建设和制造冰景以及冰雪场所维护等环节上实现了就业（图 6–5、图 6–6），而由冰雪旅游拉动的服务业就业岗位的增加就更多了。

图 6–5　哈尔滨冰雪大世界施工现场

图 6-6　哈尔滨雪雕博览会施工现场

哈尔滨市旅游局公布的最新统计显示，2007 年春节黄金周期间，各大航空公司在哈尔滨机场共增加航班 780 班，近 165 万国内外旅游者在哈尔滨市度过春节，哈尔滨以冰雪旅游为龙头的各项旅游总收入达到了 13.5 亿元。[①]冰雪节期间组织冰雪节洽谈会吸引了来自土耳其、韩国、新加坡、日本、英国及国内一批知名企业的客商，经贸洽谈达成交易额 115 亿元。[②]

冰雪经济的发展在为寒地城市带来经济效益的同时，也增强了寒地城市的活力，尤其是焕发了城市夜晚的活力。与哈尔滨兆麟公园冰灯艺术博览会毗邻的中央大街步行街成为"冰城"夜晚最热闹的一条街，行人如织，既有慕名而来的游客，也有阖家出游的市民，进行观赏以及休闲购物等娱乐活动。受益最大的是餐饮、酒店、购物中心、娱乐场所等服务行业场所，许多商店和餐厅都延长了营业时间，并取得了较好的经济效益。商店客流量也比平时增加了一倍，销售额增长 15% ~ 20%。城市公交车冬季晚上不再"空跑"，还出现乘车排队的情况，而这些情况在以往寒冷的冬季里是不可想像的。

6.4.1.3　以夏季文化促进第三产业

与冰雪文化相对的是寒地城市的夏季文化。近年来，许多寒地城市政府发展北方特色旅游，都将注意力集中在冬季冰雪旅游业的发展上，而对于城市夏季气候的优势却没有足够的重视。实际上，寒地城市在凉爽的夏季也是大有文章可作的，北欧国家的城市成为许多西方游客夏季度假和避暑的胜地也说明了这一点。中国东北地区的寒地城市夏季气候凉爽宜人，而且山地、森林、水体、草原、湿地等旅游资源种类丰富，同样很适宜开展避暑旅游。

目前，一些寒地省市旅游部门已经意识到开发夏季避暑旅游的重要性。比如，在《黑龙江省旅游发展总体规划》中，规划确定了其旅游形象定位是"黑龙江：夏季清凉世界，冬季冰雪世界"。在《哈尔滨市旅游发展总体规划》中，也提出了《避暑旅游专题规划》，在这一专题规划中，用"哈尔滨——'酷爽'之城"、"哈尔滨——不只是冰雪热土"、"松

① 哈尔滨旅游局 2007 年春节黄金周情况通报 .2007-2-24. http://ta.harbin.gov.cn/hrblvyouju/display.php?id=536

② http://www.hlj.xinhuanet.com/icesnowday/bxjm.htm.

花江、太阳岛，避暑天堂哈尔滨”、“冰城夏都”作为避暑旅游城市的宣传。[①]

当然，我们应该清醒地认识到，凉爽的气候只是发展夏季避暑旅游的一个前提条件，真正要发展成为夏季避暑旅游产业，还应该给避暑旅游注入文化内涵，充分展现和发挥夏季城市文化的魅力，同时积极进行各种旅游资源整合。

总之，除了将冬季作为一种资源和财富以外，得天独厚的夏季气候资源同样可以为北方寒地城市带来财富，如同冬季冰雪旅游可以发展为“冰雪经济”一样，避暑旅游同样可以发展为夏季“避暑经济”，发挥出巨大的经济效益，激发寒地城市的活力。

6.4.1.4 以传统文化促进第三产业

对于中国的寒地老工业城市而言，保护和利用传统工业文化对激发城市活力具有重要的积极意义。德国、英国、法国、美国等许多国家的老工业城市都有对其传统工业文化加以改造和利用并取得巨大经济效益的成功实例，如德国著名的鲁尔工业区曾经是德国的工业命脉，煤炭和钢铁生产的大本营，20世纪中期开始的产业衰退摧毁了该地区的经济基础，也带来了严重的文化认同危机和失业问题，该地区一度成为欧洲最肮脏的地区之一。近年来该地区政府把目光集中于20世纪遗留下来的大批工业产物，积极推动工业文化之旅，把多个废弃的工业建筑改造成公园、美术馆、设计中心等，为老工业区注入活力，也让城市的文化得以延续。工业文化与旅游业结合，不仅改变了城市的形象和功能，而且带动了旅游服务业，使得这一本身天然资源不算丰富的城市获得重生。

中国的许多寒地老工业城市已经意识到，保护和利用寒地城市传统工业文化可以带动旅游业的发展，促进城市经济发展，并且已经有了初步的尝试。有着近百年的工业发展史，被誉为“东方鲁尔”、“共和国装备部”的沈阳市在《沈阳市2002—2010年文化建设纲要》中，规划在铁西区和大东区建设主题博览园，展示沈阳工业的过去、现在和未来，让更多的人士了解工业文化。在新近完成的铁西工业带规划中，规划建设铁西工业文化长廊、现代工业文化会展区以及全国第一座工业博物馆，展示传统工业的魅力。

黑龙江也在积极推进工业文化游项目，其中大庆的石油工业文化游、齐齐哈尔华安机械厂的军事工业游、哈尔滨第三发电公司的电力工业游等工业旅游项目已开发得较为成熟，其他一些城市工业旅游资源也大有开发潜力。哈尔滨还在积极规划建设反映新中国五十多年来工业发展的“工业博物馆”，博物馆以“三大动力”——电机厂、汽轮机厂和锅炉厂的产业和产品为依托，展现哈尔滨浓厚的工业文化和雄厚的工业实力。此外，哈尔滨在总体城市设计中明确了对特色工业区环境的保护与整治对策，并提出对具有历史特色的工业建筑加以保护的对策。

6.4.2 利用特殊项目激发城市活力

美国学者韦恩·奥图（Wayne Attoe）和唐·洛干（Donn Logan）在《美国都市建筑》一书中提出了城市触媒（Urban Catalyst）的概念，认为触媒的建筑是能够对相继而来的计

① 中国旅游学院旅游科学研究所，哈尔滨市旅游局．哈尔滨市旅游发展总体规划 2002—2020.

划方案以及最终的城市形式带来正面影响的城市建筑或计划方案，因此建筑师、规划者以及决策者应该考虑这些方案在城市发展中所具有的影响潜力，充分发挥城市设计会对城市发展产生的正面推动作用即良性触媒作用。

根据城市触媒理论，利用特殊的项目建设可以激发寒地城市活力，使之成为寒地城市经济发展的催化剂，推动城市社会、经济、文化等各方面的发展，带动寒地城市更新。

为了摆脱经济衰退的困境，位于美国中西部“寒霜带”的许多城市重点发展了商业、房地产业、娱乐业、旅馆业等第三产业，并初步取得了一定的效果。许多城市在中心区兴建大型的购物中心，其中，密尔沃基市1980年代建成了大街购物中心（Grand Avenue Mall），3层的拱廊建筑延伸4个街区，将该市两个主要的购物商场连接起来。该购物中心力求创造一种节日气氛，使其成为集购物娱乐为一体的场所，使城市中心区面貌一新，不仅吸引了大批顾客，而且还吸引了许多投资者，许多开发商移入中心区，兴建了大批工程项目，使密尔沃基中心城区充满了生机和活力。1980年代中后期，圣路易斯和印第安纳波利斯采取同样的措施振兴中心区，也取得了一定的成效。

除了购物中心，发挥公共活动空间环境整治项目的良性触媒作用，对于激发城市活力也十分重要，包括为市民提供步行街、露天广场、室内街、中庭等一系列环境舒适的公共空间，重新振兴城市中心区，聚集人流和社会活动，为社会交往和活动的开展提供便利，借助公共空间吸引足够的客流，获得商业效益，提高城市活力和吸引力。哈尔滨中央大街及周边地区的环境整治就取得了良好的社会效益和经济效益，对于中心城区活力的复兴起到了重要作用。

此外，滨水城市还可以选择滨水区的改造来激发城市活力，包括建设滨水散步道，改造废弃码头，开发假日购物广场等商业娱乐设施等，在滨水区设计有吸引力的公共场地，将滨水作为公共开放空间，创造宜人的休闲、娱乐、消费空间，吸引市民和游客，并带动周边地区的经济活力。

总之，利用特殊项目建设的良性触媒作用推动城市经济发展，对于中国寒地城市，尤其是位于东北老工业基地、人口规模较大的寒地大城市和特大、超大城市，是值得借鉴的经验。当然，项目的计划和实施都应该经过专家和有关部门的详细论证。

6.5 研发与应用寒地生态适宜技术

科学技术是社会发展的第一生产力，科技进步是推动经济发展和社会进步的积极因素，是国家竞争力的核心，也是城市发展的动力。同样，科技进步也是寒地城市人居环境可持续发展的关键，寒地城市环境的宜居性建设必须依靠技术的支持。但总体来说，由于经济发展水平的制约以及人才短缺等因素，中国寒地城市在城市建设技术开发与应用方面的很多领域都落后于一些发达国家的寒地城市，尤其是一些既适合国情，又先进适用的生态技术，因而尚需进一步深入研究与开发。

寒地城市的宜居性建设必须在城市政策层面强调运用生态适宜技术的策略，积极倡导研究开发与应用适宜严寒气候条件下城市建设的生态适宜技术，以此来提高城市的宜居性。事实上，寒地城市涉及的生态适宜技术体系非常庞大，其中较为关键的技术策略主要包括节能技术、冰雪处理技术及道路维护技术、计算机及信息应用技术等。

6.5.1 节能技术

6.5.1.1 研究意义

能源是实现国民经济现代化和提高人民生活水平的物质基础，现代化在很大程度上取决于能源的科学开发、充分供应和合理利用，尤其对于位于高纬度的寒地城市来说，能源的作用更是至关重要的。寒地城市无论是在工业、民用还是交通方面的能源消耗都很大。其中就民用能耗一项，由于冬季气温低、取暖期长，无论在供热热量还是供热时数上都远远超过其他城市，因而能耗巨大。

寒地城市在应用能源的同时，城市环境也在付出巨大的代价。中国寒地城市目前用于冬季供暖的“清洁能源”如电、燃气等尚未普及，冬季供暖主要采用燃煤，能源结构中原煤所占比例很大。以哈尔滨为例，2007 年城市能源结构中原煤占 58%，由此产生大量的煤烟型大气污染，空气中烟尘和 SO_2 的含量较高，使得城市环境质量相对较差，冬季在逆温的情况下污染更加严重。进入采暖期，城市空气呈现典型的煤烟型污染特征，SO_2 浓度比非采暖期猛增。冬季城市环境的污染不仅对人的健康不利，而且还影响城市景观，城市的天空呈现灰蒙蒙的景象，白雪时常会变成“灰雪”，甚至“黑雪”。

另一方面，中国本身能源人均占有率就很低，能源供应远远低于需求，建筑能耗的平均能源使用效率为 30% 左右，据统计，全国采暖地区平均每平方米建筑面积一个采暖季节消耗 30.7kg 左右的标准煤，是相近气候条件发达国家的 3 倍左右。随着经济的发展，居民对居住环境的要求不断提高，能源消耗还将大幅度增加，这就必须以提高能源利用效率、降低能耗（建筑节能）来达到改善居住环境和节约能源的目的。

可见，在当前寒冷地区城市化进程加快的背景下，节能技术的研究和应用无论对于节省资金投入还是保护生态环境意义都十分重大，尤其是在能耗较大的中国北方寒地城市。

6.5.1.2 关键技术

寒地城镇除了研究墙体设计以及建筑材料的运用等方面的生态节能技术以外，更应注重在城镇建设的层面研究生态节能技术，倡导节约能源，提高能源利用率，其关键技术主要包括能源的再利用和新能源的研发与应用两个方面。

（1）能源的再利用技术。能源的再利用可以提高能源的利用率，对于人均能源占有率较低的中国城市有重要的意义。能源的再利用技术主要包括：

工业余热——中国的大部分寒地城市主要分布于东北地区，该地区大型工业企业众多，可利用工业余热作为民用建筑的采暖热源或作为城市交通要道、桥梁下面铺设输热管道的热源来融化积雪和冰层。经验表明，当降雪强度为 25 ~ 27mm/h 时，融化 10mm 的积雪需要 142W/m^2 的热量，[①]在新建道路和重修旧路时，此项建设费用并非很大。

① 中国地理学会 . 城市气候与城市规划 . 北京：科学出版社，1985:272.

地下管道的热量——生活污水一般温度较高（经处理后），可用于融化人行道的积雪，或者用于为公交停车站点、休息亭等小型公共设施加热的热源，利用其余热，可使冬日的人们在寒冷中感到温暖。

回收废热——寒地城市冬季采暖有大量的燃煤锅炉，对其尾气处理和热回收处理，不仅具有很好的环保效果，而且可以大大提高锅炉的利用效率，减少煤的使用量。废热回收技术在中国具有广阔的应用前景。

（2）新能源的研发与应用。寒地城市应强调生态新能源的研发与应用。生态能源的利用不同于化石燃料能源，它直接利用太阳能等最本初的能量，因此是最清洁的能源。生态能源利用的关键是要尽可能提高能源的转化效率，方便能源的利用和使用。生态能源的研发与应用技术主要包括：

太阳能——中国的寒地城市所在地域阳光都比较充足，阴雨天较少，所以应充分利用太阳能，采取将太阳光进行能量形式转换和变向传导的方式，利用太阳能光电系统和太阳能光热系统，分别将太阳能转化为电能和热能。应用光纤导光系统，将太阳光传导到没有日照但需要自然光的区位。欧洲许多国家的生态住区中普遍重视利用太阳能来解决住宅能源问题，德国的住宅建设中大面积采用了太阳能光电板，太阳能光电装置产生的电力不仅可以自给，而且多余部分可以送到城市电网上去。瑞典、英国、加拿大等国也都在生态住宅上装有太阳能集热装置，用来提供解决住宅热水。由于冬季太阳光照射不足，瑞典一直致力于研究如何将太阳能产生的热量由夏季储存至冬季。

风能——利用风力推动电机发电，产生能量。发电效率高，结构简单，维护方便，可靠性强。

地热能——主要利用地下一定深度的低温热源，使其在地面较高温度环境中成为可利用的热能能量，是一种清洁、高效、经济、适用的能源，被冰岛等国家广泛采用，地热能可用于寒地城市供暖系统以及融雪系统。

生物质能——利用有机废水治理过程中或者有机废物发酵时产生的可燃气体提供能量，如沼气，可用于锅炉燃烧和发电等，另外生活污水和部分工业废水处理后可作为中水回用，节约水资源。

除了以上生态能源以外，寒地城市还应积极推行天然气等绿色清洁能源，既可以减少冬季环境污染，又能够有效地改善冬季城市景观，但要解决使用成本过高的问题。

6.5.2　冰雪处理和道路建设及维护技术

6.5.2.1　研究意义

降雪是寒地城市冬季主要的降水形式，中国的寒地城市总体来说年降雪量与加拿大和美国的大多数寒地城市较为接近，冰冻、降雪以及随后带来的种种不便仍然是影响冬季寒地城市生产和生活的一个突出问题。

冰雪对寒地城市的交通影响很大，导致路面光滑，不仅影响到车辆的行驶速度，而且极易造成交通事故，对于车辆本身来说，冰雪路面也会加大其能耗。另一方面，从步行者的角度，冰雪路面容易使行人尤其是老年人在行走过程中摔伤。

目前，中国寒地城市道路路面冰雪的清除主要由清雪机械、撒融雪剂以及人工劳动三种方式完成。绝大多数寒地城市都存在着一些现实问题，例如，清雪机械数量少、作业面积小，许多国外引进的清雪机械不适合国内使用；随意撒播不合乎环保要求的融雪剂导致土壤、植被、水体受到污染，机动车车体损耗加剧，城市景观被破坏等，而符合环保要求的融雪剂却又由于价格过高很难得到推广。因此，目前绝大多数的寒地城市，尤其是一些冬季降雪较多的寒地城市，清除冰雪还是以人工劳动为主。以哈尔滨市为例，至2007年底，全市共有2000余条街路需要清冰雪，面积达到3060万m^2。全市清雪机械仅有150台，作业面不足全市清雪作业面的30%，因而大量的清冰雪工作是由人工劳动完成的。很多时候由于人工清理冰雪效率低，冰雪未能得到及时有效的清理，影响了城市的正常运转，频繁的降雪也增加了城市用于清雪的投入，加重了政府的财政负担。

当前，随着许多寒地城市建成区的扩展和道路面积的增加，尤其是一些城市环城高等级公路的增加，仅靠人力清除路面冰雪的办法已远不能解决路面冻结的问题。研究与开发冰雪处理和道路维护的生态适宜技术，无论对于提高寒地城市交通的运营效率和寒地城市生活的质量，还是减少政府财政支出和保护寒地城市生态环境都是十分重要的。

6.5.2.2 关键技术

在借鉴其他发达国家寒地城市相关领域的经验基础上，中国寒地城市关键的冰雪处理和道路维护技术主要包括以下几方面：

（1）步行空间环境融雪技术。此类技术主要针对降雪频繁的寒地城市中重要的室外步行空间，如人行道、过街横道、商业步行街、室外台阶、广场等研究如何建立局部融雪系统，其应用热源可根据实际情况采用电、燃气、燃油、工业余热、生活污水及其他回收废热等。此类技术的研究和应用能够改善寒地城市公共空间环境的质量，减少冬季由于降雪后人行道等步行空间路面光滑对行人造成的意外伤害。另外，在大规模降雪开始之前使用少量液体融雪剂，防止人行道表面结冰，也是一种改善步行空间环境质量的方法。

（2）道路路面除冰雪技术。研究寒地城市道路（包括人行道）如何快速有效地清除冰雪，包括高效清冰雪机械和工具的研制，低温输热管道铺设技术的研究，低成本除冰和抗冰环保融雪剂的研制，自动收集、探测道路和天气信息并发出指令的智能融雪系统技术等。此外，研究还应从对生态环境的影响程度、成本、除冰和融雪效能、使用的便利程度、对车辆的腐蚀和磨损程度、使用条件等方面多角度地对不同除冰雪方式加以综合比较，制定最符合城市自身实际情况的除冰雪技术政策。此类技术的研究和应用能够改善寒地城市生态环境质量，提高交通运营效率，并减少城市在清冰雪方面的支出。

（3）道路路面防冻胀、冻结技术。为防止冬季寒冷气候条件下道路冻胀引起的路面铺装破坏，需要在考虑交通情况、路基状况、气象条件、经济性等因素的基础上开展对道路铺装材料、铺装结构和铺装方式等相关技术的研究。另外，针对降雪频繁的寒地城市，借鉴日本等国家的先进经验，研究开发抗冻结路面的铺设技术，有助于路面防冻及剥离路面所积冰雪。

从道路路面铺装的角度研究道路防冻胀、冻结的技术可以提高寒地城市道路的使用寿命和交通的安全性，减少道路维护方面的投入，而且能够在雪后快速、有效地恢复交通。

（4）积雪存储利用技术。当前，在中国的寒地城市，冬季积雪清理后的存储一直是一个很大的问题，多数情况下都是先堆积在道路旁边或道路的绿化带中，然后再清理运到郊外，还有的地方任其慢慢融化或直接将其倾倒于水体中，不仅白白浪费，而且有时积雪内残存的融雪剂对城市绿化、水体和土壤造成不良影响。北欧一些国家冬季对积雪加以集中存储，然后用于建筑和医疗制冷的技术值得中国的寒地城市借鉴。

雪制冷技术应用的原料来自于北方冬季的大自然，在解决了积雪处理问题的同时充分利用了地方资源，符合生态建设的要求，又有利于环境保护。同时，雪制冷也开发了寒冷地区一种新的替代能源利用技术，节省了传统能源，有利于寒地城市的可持续发展，因而具有巨大的潜力，是一种环境友好的技术。在中国的寒地城市，研究与应用雪制冷技术的关键在于解决好两个问题，即冬季与其他季节雪存储设施的综合利用问题以及少雪年份雪制冷系统的有效利用问题。

6.5.3 计算机及信息应用技术

进入 21 世纪，计算机和信息应用技术对于寒地城市规划建设起到的推动作用应该受到人们足够的重视。

6.5.3.1 与城市室外物理环境相关的计算机模拟技术

研究与城市室外物理环境相关的计算机环境模拟技术意义重大，有助于通过合理的规划设计改善寒地城市户外微气候环境，也有利于规划管理部门对于规划设计项目的管理和审批。这类技术主要通过场地实验和计算机模拟技术的结合，研究关于室外风、雪、污染、太阳照射和阴影等方面的问题，包括城市高层建筑的风压和气流、公共空间和露天广场人行空间的风环境、烟尘污染、户外阳光和阴影区以及雪控制等，从而作出对户外环境舒适度的预测。比如借助气象资料、街道平面布局和计算机模型，可以模拟在任意给定的一天和时间段内，在城市某一街道或广场的某一位置上，正常装束在此散步的人感觉是否舒适。

利用计算机环境模拟技术还可以开展城市形态对微气候环境影响的相关研究，对城市某一地区新建建筑的高度和密度加以控制，检验建筑群体对街道风环境的影响，以及太阳和风对于行人舒适程度的混合影响，研究不仅限于单体建筑，而是从地区发展的层面评估累计影响，通过模拟试验将现状发展条件、当前规划控制允许的发展条件以及经建议修正后的规划控制允许的发展条件加以比较。

6.5.3.2 与冬季气候条件相关的道路智能管理信息技术

目前在中国寒地城市中，冬季道路除冰雪和路面的维护行动相对来说还是滞后于气候条件的变化，无法及时对天气情况作出反应，也就是说针对寒冷气候条件的道路智能管理信息技术还有待于开发和应用，比如可以自动收集、探测道路和天气信息并发出指令自动喷洒融雪剂的智能融雪技术等。此类技术能够帮助道路和交通管理部门及时了解气候对道路和交通的影响，预测道路路面结冰的情况，从而迅速、及时地对以何时、何种方式清除冰雪以及对道路进行维护管理作出反应，不仅提高了效率，而且最大限度地减少了不利气候对道路交通的影响。同时，该系统还能使驾驶员获取准确的道路信息，以选择最佳路线。

此外，开发和应用智能化的公共交通指挥系统能够根据人们的出行信息和多元化的出行需求，通过公共交通的一体化联运，使人们以最短时间、最少的换乘到达目的地，对于寒地城市居民而言，这就意味着冬季出行变得更加舒适和快捷，提高了生活质量。

6.5.4 其他技术

除了以上生态适宜技术以外，还有一些技术的研究对于寒地城市环境的宜居性建设将起到重要作用。比如，研究有效的冬期施工技术可以改变以往近半年的时间无法施工的情况，缩短建筑建设周期，节约人力和资金，提高效率，而且可以增加城市冬季经济活力，避免工人的季节性失业。目前，北欧一些国家如瑞典等通过冬期施工技术的研究和改良，可以在冬季进行混凝土的搅拌工作，开展冬期施工，使得建设已经变得无季节性可言，极大地提高了生产效率。

此外，针对寒地城市冬季冰雪旅游的需要，研究各种冰雪建筑、冰雪景观的建设技术可以进一步开发和利用冰雪资源，充分发挥寒地城市的特色，增强寒地城市的吸引力。针对寒地城市气候条件，研究室外环境建设工程技术，包括园林水景设施等的建设，可以更加适应寒冷城市人们的使用需求，并且节约建设和维护资金。

最后，除了积极研究和开发以上寒地城市关键的生态适宜技术以外，还应该更加强调制定相应的优惠或奖励政策鼓励和扶持这些技术的研发与应用，比如，对研究和采用相关生态技术的部门机构或公司给予额外的贷款或奖励等。

第 7 章

城市规划设计层面的对策

提高寒地城市的宜居性必须创造与冬季气候和地域特点相适应的城市空间环境，因而需要借助于相应的生态规划设计手段来完成。当前,中国寒地城市在单体建筑的层面上，针对寒冷气候条件的一些生态建筑设计理论与方法的研究开展得较为广泛，如被动太阳能利用、气候设计等，为寒地生态建筑设计提供了理论和技术支持。然而，在城市的层面上，生态设计的理念和对策还没有充分、系统地融入城市规划设计中，导致一些寒地城市规划设计地域特色不明显，缺乏解决寒地城市问题的针对性。

因此，应该从寒地地域的角度探求基于整体和环境优先的寒地生态城市规划设计理论与方法，追求寒地城市人工环境和自然环境的和谐，提高寒地城市人居环境质量，实现寒地城市的可持续发展。论文将在探讨寒地城市生态规划设计方法的基础上，进而从城市规划设计层面研究宜居的寒地城市环境建设策略。

7.1 寒地城市环境规划设计方法

对于地处北方高纬度地域环境中的寒地城市而言，气候是最具有决定作用的生态因子之一，是影响寒地城市环境宜居性的重要因素。由于相对恶劣的自然气候条件的影响，寒地城市规划和建设面临许多难题。因此，尊重寒冷的气候环境特点，充分考虑“冬季生态”对城市环境宜居性建设的影响，从气候影响作用的角度研究寒地城市规划设计，创造适合寒冷气候特点的可持续城市空间环境模式是一种重要的生态规划设计方法。

另一方面，中国的寒地城市民用、交通和工业能源消耗都较大，节约能源在寒地城市环境建设中应该贯彻于从设计到实施的各个阶段。从节约能源的角度研究寒地城市规划设计，规划节能型的寒地城市空间环境模式也是一种重要的生态规划设计方法。

7.1.1 从气候设计到气候规划

全球性气候、地区性气候甚至局地气候主要取决于自然气候，自然气候决定了春夏秋冬气候变化的大趋势。凯文 · 林奇认为，人与环境的和谐程度是通过人直接控制和调节环境的能力来提升的。多年来，居住在严寒气候条件下的人们一直在为建设与自然相适应的人居环境作着不懈的努力，不同国家的寒地传统居住形态都强烈地反映出对气候的适应性设计。

在中国的东北地区，寒冷干燥的气候决定了其古代民族的居住形式以穴居和半地下穴居为主要居住形态，再发展为室居的演变过程。早期的肃慎人，“夏则巢居，冬则穴处”。作为肃慎人的后裔，挹娄、勿吉、靺鞨人的居住方式也是穴居，“筑堤穴居，屋形似塚，开口于上，以梯出入”。“无屋宇，并依山水掘地为穴，架木于上，以土覆之，状如中国之冢墓，相聚而居”。[①]现代的东北民居则非常讲究朝向，一般是坐北朝南，背阴朝阳，既有利于采光，充分利用日照取暖，又能躲避冬季强烈的西北风。

---

① 张碧波，董国尧 . 中国古代北方民族文化史 . 哈尔滨：黑龙江人民出版社，1993:283.

在北冰洋沿岸，因纽特人用雪制造的圆顶雪屋一直被人们描绘成是抵抗北极严寒和多风气候条件理想的生态居屋（图 7–1），反映了其对严峻的地域自然环境的适应性。因纽特人的祖先来自亚洲，与蒙古人种的血缘相近，他们千里迢迢跨过白令海峡的陆桥来到北美大陆，留在北冰洋沿岸。严寒的气候和恶劣的环境能够提供给极地因纽特人的建筑材料只有冰雪，这些极地居民充分发挥自身的智慧以及对环境较强的适应性，建造了为世人称道的圆顶雪屋。圆顶雪屋能够抵御风暴，并能有效地保存热量。半球形的小屋形成对风的最小阻力，地道入口处是弯曲的，并建有一垛矮墙，可以防止寒风吹入屋内。小屋的内墙和顶板上挂上兽皮，产生隔热的空气层，并且利用鲸油灯来取暖。因此，即使当室外气温低于 -40℃，雪屋内部的温度也可以保持在 15℃左右。此外，营地位置也选在避风的地方，避免过分暴露在北极酷烈的自然环境里。

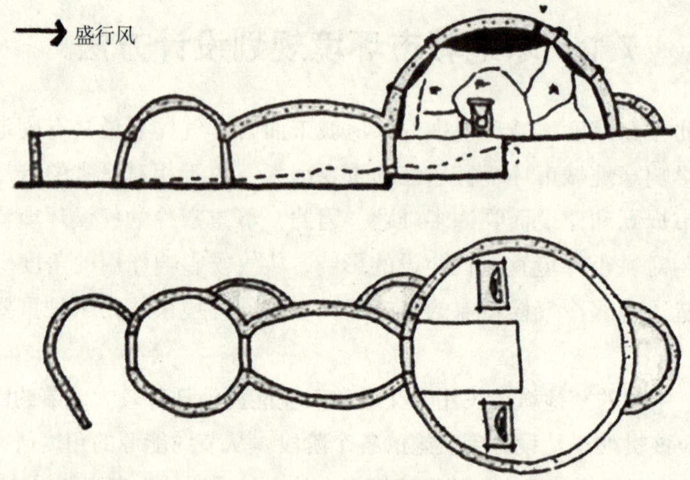

图 7–1　因纽特人传统雪屋 Igloo

资料来源：引自 Norman Pressman. Northern Cityscape: Linking Design to Climate.Ontario: Winter Cities Association, 1995:66.

在斯堪的纳维亚半岛上，典型的农场建筑通常是由一些房间较小的建筑组群环绕形成的院落，中央房间有大的开敞式壁炉将热辐射到周边的居住空间内，封闭的院落形成良好的微气候环境，有效地阻止外界寒风的进入。

在冰岛，寒风和冷雨多过降雪，为了遮蔽冷风，当地的农场建筑群布局紧凑，而且建筑物为半地下，主要的立面和开口如门、窗等均位于南向，屋顶隔热性好、结实，而且具有良好的抗风性，朝南一侧墙面深颜色的运用增加被动式太阳能的吸收。①

此外，居住在东北大、小兴安岭原始森林里的鄂伦春人、鄂温克人和赫哲人创造的“仙人柱”居屋形态，蒙古族和哈萨克等少数民族的居民广泛采用的圆顶毡房以及分布于北欧挪威、瑞典、芬兰以及俄罗斯北部的拉普兰人为了适应极地的气候环境建造的圆锥形帐篷都是适应寒冷气候的传统居屋设计的典型实例（图 7–2）。

① Supic.P. Vernacular Architecture:A Lesson of the Past for the Future// Arieh Bitan. The Impact of Climate on Planning and Building.Lausanne: Elsivier Sequoia, 1982:343.

图 7-2　拉普兰人的圆锥形帐篷

资料来源：斯德哥尔摩北极博物馆展览资料。

在瑞士和奥地利的阿尔卑斯山区，传统的民居——“沙莱”（Chalet）木屋在山坡上面向阳光，背对寒风成行排列，形成与自然环境融合的聚落。木屋冬季具有较好的隔热保暖性能，屋顶部坡度较大，利于消除积雪（图 7-3）。

图 7-3　阿尔卑斯山区传统的民居——“沙莱”（Chalet）木屋

1960 年代，V·奥戈亚提出了“生物气候地方主义”的设计理论，强调设计的出发点是人体生物舒适要求以及特定设计地域的气候条件，应按上述特点进行适应气候的建筑设计。20 世纪中后期，许多建筑师在其作品中都充分考虑到建筑与气候的关系，强调气候设计方法的运用，寒冷地区的建筑师们同样在为建筑设计如何适应寒冷气候而进行着大量的研究，并且力求通过技术手段如建筑隔热形式，新型屋面、墙体系统和双层、三层窗等实现建筑冬季保温、节能的目的。

然而，一直以来，国内外对于寒冷气候控制设计的大量实例多数还是来自于微观的建筑层面，气候设计也似乎仅仅局限于以传统居屋为代表的地方建筑的形式和构造上。

随着人类生态意识的增强和对城市可持续发展科学理解的逐渐深入，气候条件尤其是一些恶劣的气候条件对城市空间环境的影响越来越受到人们的关注。研究城市空间环境发展如何适应地域和气候特点，将建筑设计的气候响应理念扩展到城市规划设计领域，对于那些处于相对恶劣气候条件下的城市如北方高纬度地区的广大寒地城市来说，具有十分重要的意义。尤其是当前，关注城市空间环境在较为温暖季节情况下的状态而忽视或轻视冬季的季节因素，是中国一些寒地城市在规划与设计方面的通病，导致许多在图纸上看来令人振奋的规划设计实施以后却由于漫长冬季的影响而与预先期望的结果相差甚远。因此，充分尊重气候条件，按照季节特点的需要制定相关设计对策是十分必要的。

另一方面，城市局部地区由于下垫面结构不同可以引起独特的微气候变化，[①]从而影响局部空间环境的舒适度，因此，城市微气候规划也是十分重要的。虽然无法改变地区性宏观自然气候，人们可以通过各种途径在适应宏观自然气候的大趋势下，对在微气候范围内的空气温度等进行调节，使空气在一定幅度（6 ~ 8℃）范围内变化，从而提升城市微气候环境质量。

拉尔夫 · 厄斯金曾指出："作为自然环境的一个基本要素，气候是城市规划的一个基本参数。"对寒地城市人工环境进行生态设计，应该在综合分析城市太阳辐射、温度、湿度、降水和风向等主要因素的基础上，注重分析对于城市微气候改善起到影响作用的要素，包括城市下垫面、绿地[②]和水体以及人工热源[③]的布置等，分析和研究这些影响因素，有助于采取相应手段控制局部地区温度、湿度和风等环境因子，避免形成恶劣的微气候，使得寒地城市环境更加舒适、宜人。

良好的微气候是健康和幸福的物质环境的重要标准，也是提高城市环境宜居性的重要因素。加拿大学者研究认为，"宜居性包括生存、个人健康和发展、环境健康、舒适、安全和有保障。"就舒适而言，应该提供生理和心理两方面的舒适以支持个人和群体所需的各种活动，其中生理的舒适是通过感应设计实现舒适的微气候和对风雨的防护来获得的，环境的规划设计必须提供安全和有保障的背景以使人们在其中活跃地生活。因此，虽然无法改变寒地城市的地区性气候，无法改变冬季寒冷的严酷现实，但是通过基于生态设计的人工环境可以使城市微气候向安全和舒适的方向发展，改善寒地人居环境质量，使寒地城市环境的宜居性得到提高。

总之，从气候影响作用的观点研究寒地城市，形成能充分反映寒地气候特点的城市建设目标并建立相应的政策，同时在城市规划各层面上对气候影响进行综合考虑，并通过适当的规划手段创造出适合寒地特点的可持续的城市空间模式，进而将其纳入寒地城市的规划实施和管理框架中，这应是解决寒地城市问题的根本出路。寒地城市应该依靠气候城市规划与设计的方法，在宏观的层面如城市，中观的层面如分区、住宅区、建筑

① 城市内有街道、广场和各种不同形态的建筑物，形成凹凸不平的粗糙下垫面，可以改变风向风速。同时，不同下垫面热力属性也不同，可形成不同的微气候。

② 绿地在夏季起减温作用，冬季起保温作用。同样水体由于热容量大，蒸发水分多，也起调节气温的作用。

③ 城市工业、交通以及居民生活使用能源释放大量余热对城市热环境有重要影响。在气候寒冷地区，热岛现象可以节约取暖费用，或者能很快地清除积雪。

群体、街道、街坊以及在微观的层面如场地、环境小品等方面都充分考虑气候响应的规划设计对策，结合可持续发展的理论，克服由于地域和气候条件等因素给寒地城市发展带来的负面影响，提升寒地城市空间质量，创造宜居的寒地城市环境。

7.1.2 从节能设计到节能规划

能源是实现国民经济现代化和提高人民生活水平的物质基础，1973年世界范围的能源危机为人们敲响了警钟，各个国家都开始重视节约能源的问题，兴起了世界性的节能运动。对于地处北方高纬度的寒地城市来说，能源作用更是至关重要的。除了工业能源消耗和交通能源消耗以外，寒地城市冬季气温低而且供暖期很长，能源消耗相对较大。因此，寒地城市节约能源意义重大。

以往关于寒地城市节能理论和技术方面的研究多是针对于单体建筑节能设计而言的，比如在建筑设计阶段考虑建筑物的朝向、间距、体形、体量、绿化配置等因素对节能的影响，改善建筑热环境，提高围护结构的科技含量，研究墙体、门窗和屋顶节能材料和构造技术，研究采暖系统及空调系统的节能方式等。然而，节能除了表现在建筑形式、建筑结构的设计、被动和低能量环境控制系统以及建筑材料的运用等方面，更应体现在寒地人居环境建设的各个方面，要全面地看待寒地城市的能源节约问题，从较为宏观的城市人居环境层面如城市化的模式、城市形态和布局、道路系统规划、生态绿地建设、居住区规划布局等方面入手倡导节约能源，提高能源利用率，增加经济效益，也就是说引入节能规划设计方法，这对于寒地城市人居环境的建设和发展是十分现实而迫切的。

1996年3月由欧洲11个国家的30位著名建筑师如R·皮亚诺、R·罗杰斯和赫尔佐格等共同签署了《在建筑和城市规划中应用太阳能的欧洲宪章》(European Charter of Solar Energy in Architecture and Urban Planning)，其中提出了有关具体规划设计的极有启发性的建议，对于寒地城市人居环境建设有较强的指导意义。宪章强调，设计师应该发展新的设计概念来增加对太阳作为光源和热源的认识。城市、建筑以及各种各样的元素应该作为一个原料和能量里流动的复杂系统，应该从一个全局的角度出发规划环境友好的能量形式的使用。

因此，在人口密度较大的寒地城市除了针对建筑进行节能设计以外，还应针对城市环境进行节能规划和设计，在充分考虑城市的整体背景、交通规划、能量系统的基础上，通过节能的规划设计理念实现对能源的节约和对寒地城市环境最小的损害。

7.1.3 规划设计中气候因子分析

研究分析气候因子对寒地城市规划设计的影响，并在规划设计中自觉地引入气候因素，对城市形态、布局、景观特色等进行研究分析，有助于在寒冷气候条件下生存的人们通过微气候控制手段改变局地气候条件，提高寒地城市环境的宜居性。

寒地城市规划中应特别加以研究的气候因子主要是气温、风和太阳辐射。

(1) 气温。根据寒地城市气候特征，追求满足人在生理及行为心理方面对于所处环境感觉的热舒适度应成为寒地城市设计重要的出发点，人体舒适区随着所处的地理区域、环境背景的不同而有所变化，并且受年龄、心理等其他因素影响。气温是影响人体热舒适度的主要因素，身处不同气候区的人们满足舒适时的气温是不同的，比如生活在寒冷北极的爱斯基摩人的热舒适温度比生活在炎热沙漠中的非洲人要低得多，爱斯基摩人的雪屋中达到 5 ~ 16℃就是其感觉舒适的温度，而热带地区则要 22 ~ 30℃。

同样位于北美洲，加拿大著名的寒地城市——埃德蒙顿市规定的热舒适温度为 8 ~ 29℃，而美国的热带沙漠城市凤凰城地方规定的热舒适温度则为 13 ~ 35℃。[①]气温还是划分气候类型的重要参数，同时也是气候设计的重要依据。在严寒地区，城市规划设计的出发点和设计对策以保温为主，与炎热地区有着明显的差别。

（2）风。在进行城市规划设计时，风也是重要的气候要素。风以风向和风速两个变量来描述。风是影响户外环境热舒适度的一个重要标准。清末何光廷在《地学指正》中指出，“平阳原不畏风，然有阴阳之别，向东向南所受者温风、暖风，谓之阳风，则无妨。向西向北所受者凉风、寒风，谓之阴风，宜有近案遮拦，否则风吹骨寒”。当气温低于皮肤温度时，风能使机体散热加快。风速每增加 1m/s，会使人感到气温下降了 2 ~ 3°C，风越大散热越快，人就越感到寒冷不适。因此，冬季即使在同样的气温条件下，风速不同，人们的感觉也会不同，而且有研究表明，在不同空间里，人的活动状态不同对于风寒的忍受程度也不一样，因此，气象专家提出以风舒适等级（Wind Comfort Scale）描述风对人的影响。表 7–1 和表 7–2 分别为风速分级和相对于人类活动的不同的风舒适等级。

风速分级表 **表 7-1**

风级	风速（m/s）	风名	风的目测标准
0	0 ~ 0.5	无风	缕烟直上，树叶不动
1	1.5 ~ 1.7	软风	缕烟一边斜，有风的感觉
2	1.8 ~ 3.3	轻风	树叶沙沙作响，风感觉显著
3	3.4 ~ 5.2	微风	树叶及枝微动不息
4	5.3 ~ 7.4	和风	树叶、细枝动摇
5	7.5 ~ 9.8	清风	大枝摆动
6	9.9 ~ 12.4	强风	粗枝摇摆，电线呼呼作响
7	12.5 ~ 15.2	疾风	树干摇摆，大枝弯曲，迎风步艰
8	15.3 ~ 18.2	大风	大树摇摆，细枝折断
9	18.3 ~ 21.5	烈风	大枝折断，轻物移动
10	21.6 ~ 25.1	狂风	拔树
11	25.2 ~ 29.0	暴风	有重大损毁
12	>29.0	飓风	风后破坏严重，一片荒凉

资料来源：叶歆 . 建筑热环境 . 北京：清华大学出版社 , 1996:6.

① Crowther, R.L.Sun/Earth:How to Apply Free Energy Sources to Our Homes and Buildings. Crowther Solar Group, 1977:23.

相对于人类活动的风舒适等级　　表 7-2

活动类型	地点	相对舒适等级（Beaufort Scale）			
		可感知的	可忍受的	不愉快的	危险的
行走	人行道	5 15 ~ 20MPH	6 20 ~ 25MPH	7 25 ~ 31MPH	8 31 ~ 38MPH
散步 / 溜冰	公园、入口	4 10 ~ 15MPH	5 15 ~ 20MPH	6 20 ~ 25MPH	8 31 ~ 38MPH
站 / 坐 / 短时间暴露	公园、广场	3 6 ~ 10MPH	4 10 ~ 15MPH	5 15 ~ 20MPH	8 31 ~ 38MPH
站 / 坐 / 长时间暴露	咖啡、露天剧场	2 3 ~ 6MPH	3 6 ~ 10MPH	4 10 ~ 15MPH	7 25 ~ 31MPH
应该发生少于一次			周	月	年

注：MPH 为风速单位，表示英里 / 小时。
资料来源：Madis Pihlak.Outdoor Comfort: Hot Desert and Cold Winter Cities. Arch.& Behav, 1994, 1:87.

风对城市规划设计的影响主要表现在如何通过合理的街道走向、建筑物布局和其他相应的设计手段来创造舒适的风环境。在严寒地区需要屏蔽冬季盛行风进行保温，同时，城市为了达到自然通风的目的，应设计“风道”将夏季盛行风引入城市。同时，合理的建筑物布局尤其是合理的高层建筑布局能够减少风的负面效应，降低人在外部空间环境中由于局部地区高风速引发的不舒适性，尤其在寒冷的冬季，这一点尤为重要。

绿化对于风速也有很大影响，曾有研究指出，当居住区内树木面积增加 10% 的时候，能够减小风速 10% ~ 20%，如果树木面积增加 10% ~ 20%，则能够减小风速 15% ~ 35%。①

（3）太阳辐射。太阳辐射是影响空气温度的主要因素。太阳辐射来自太阳的电磁波辐射，除了太阳高度角、大气透明度、地理纬度、天空云量和海拔高度影响太阳辐射强度以外，城市街道走向、宽度，地面材料，建筑物高度和布局，绿地和水体等也是影响太阳辐射的因素。寒冷地区冬季充足的日照条件对于人们身心健康是极大的促进因素，阳光具有强烈的热效应，在冬季可以增加室内温度，是寒冷地区的重要热源补充，起到节能的效果。阳光还可以杀灭如白色葡萄球菌、绿色链球菌和溶血性链球菌等多种细菌，促进人体产生维生素 D，增强免疫力，抵抗佝偻病等。

太阳辐射的强弱和不同地区对日照要求的差别使得城市布局、建筑群体组合和单体的组织都有所不同。不同的气候带，太阳辐射量的处理方法也不一样。高纬度地区，希望太阳辐射与日照时间都多些，从建筑物高度、门窗位置以及道路宽度、方向等方面加以设计、安排，可使太阳辐射量及日照时间增加。

寒地城市规划设计应以最大限度地获取阳光为出发点，不仅通过合理的日照间距获得室内日照条件的满足，还应充分关注室外活动场地的日照条件。

① M.Santamouris. Energy and Climate in the Urban Built-Environment. London: James & James Ltd., 2002:147.

（4）降雪。降雪或降雨加雪是寒地城市主要降水形式之一。北美、亚洲的寒地城市冬季以降雪为主，北欧的寒地城市冬季雨加雪较多，频繁的降雪带来雪清理和利用方面的问题，需要通过有效的城市空间组织和规划设计为积雪的清理和利用提供便利条件。

7.2 寒地城市形态和布局

7.2.1 适度紧凑城市形态

从降低能源消耗和追求生活舒适的角度出发规划城市形态和城市结构是十分必要的。事实证明，适度紧凑的城市形态有利于高效地建设和使用城市基础设施，节约建设资金、节约土地以及节约能源。

紧凑型的城市发展模式（Compact City Development）是西方学者在20世纪80年代末提出的概念。其最重要的理论依据，一是密集型的城市形态有助于减少城市对于周围生态环境的侵蚀从而降低人类活动对自然环境的影响；二是空间紧凑型城市可以大大减少对道路交通尤其是对私人轿车的依赖，从而减少石油消耗和大气污染，降低全球温室效应的影响。同时，学者们认为相对地提高城市在空间密度、功能组合和物理形态上的密集程度有助于形成资源、环境、基础设施的共享，减少重复建设对土地的占用，降低城市运行的能源和资源成本，从而提高城市发展的可持续性。但是，过高的居住密度，也会产生许多负面的影响，比如交通拥挤、空气污染、绿化率降低、居住私密性降低、环境噪声以及由此带来的一系列心理、精神方面的影响等。[①]

寒地城市由于处于寒冷的气候条件下，冬季时间漫长，气温低，物质损耗大；冬季降雪及雪后路面结冰，对交通出行影响很大，不合理的城市形态和布局将加大由于寒冷气候带来的负面影响。许多每日奔波于住家与工作地点之间，有些甚至要在路上花费几个小时的寒地城市居民都曾经历过雪后交通瘫痪带来的麻烦。寒地城市选择紧凑发展的城市形态，便于节约出行时间，同时便于组织发展公共交通，方便人们出行和活动，还可以减少小汽车的使用，降低污染物排放，并且降低交通事故发生的几率，这对于冬季出行相对困难的寒地城市尤为重要。

从节能规划的角度而言，城市的形态影响城市的能源消耗，密集型的城市比不断蔓生郊区的城市使用更少的能量。城市布局越紧凑，其人均能耗就越低，总体能源消耗量与城市发展密度呈负相关。城市形态还影响城市环境质量，影响交通能源消耗，而增长迅速的交通又是产生温室气体的主要来源。城市形态也影响建筑能源的使用效率，并且对农业用地的减少、环境敏感地域、自然居住区以及水质产生影响。[②]寒地城市紧凑发展能够集中进行各种市政和公用设施建设，减少冬季供热的消耗，节约大量的能源，同时减少污染，利于生态环境的保护。

① 陈海燕，贾倍思．紧凑还是分散？——对中国城市在加速城市化进程中发展方向的思考．城市规划，2006, 5:66.

② 王成超．加拿大城市可持续性发展战略及对我国的启示．中国人口 · 资源与环境，2004, 5:130–135.

在中国，寒地城市人口规模较大，城市正处于城市化阶段的上升期，建设发展速度较快，但由于受到当前交通方式的局限，不能大运量、快速远途地输送乘客，许多城市已经形成向郊区“摊大饼”式的建成区蔓延方式，因此必须要严格加以控制。同时，也要借鉴一些发达国家如英国、美国等控制城市发展盲目向郊区蔓延的经验，强调在当前的建成区内填补发展而非在城市的郊区新开发用地，尤其应该合理地提高数量较多的寒地中小城市的建筑密度。

但是，另一方面，值得注意的是，寒地城市由于对微气候环境的要求较高，布局密集的建筑和城市用地会使日照条件达不到标准，也会造成令人不悦的风效应，使得城市空间环境质量恶化，因此，紧凑的城市形态应当适度，并非一味地加大建筑密度，寒地城市建筑密度的提高应以满足日照等物理环境条件为基础。

总之，寒地城市应倡导适度紧凑的城市形态，以利于减少交通需求，减轻不利气候条件对出行的影响，节约能源，并且提供良好的城市空间环境。为实现寒地城市形态的适度紧凑发展，应该对特大城市进行有机疏散。人口在200万以上的城市都应采取有机疏散的发展模式，可以依托周边具有一定基础的城镇或居民点，建设较高水平的基础设施和生活服务设施，形成有凝聚力的、相对独立的郊区城镇，当然这要依托大运量远程公共交通系统的建设来完成。

7.2.2 有机整合功能布局

寒地城市还应该协调土地使用和交通运输规划，对城市不同功能区加以有机整合，以鼓励城市空间布局能便于满足各种基本需要，使居住、工作、休闲场所之间有便捷的联系，避免出现工作与居住明显分区的现象，这样有利于减少出行的需要，尤其是减少长距离交通出行带来的人力、物力的浪费，减少交通损耗，节约能源。

作为美国城市规划和发展一项重要的法则和政策——“精明增长”（Smart Growth）对于中国的寒地城市来说是一个十分宝贵的经验。“精明增长”除了强调城市应该相对地集中、建设紧凑社区以外，还强调建设用地的混合功能（Mix-Use），即适当地混合居住、商业以及就业功能，混合的过程中注意生态平衡和生活的舒适度，并且贯彻就近就业、低开发和低环境成本、尊重自然生态等原则。

北欧的寒地城市也十分强调用地混合功能，芬兰赫尔辛基郊区的马尔明尔培就是一个将生产活动、办公活动、商业活动、文教活动与居住生活有机组合在一起的综合住区，有效地提高了生产和生活效率，减轻了寒冷气候的不利影响。

在寒地城市社区内提倡多功能的土地利用，混合居住、办公、零售商业、无污染或低污染工业及休闲功能，有利于社区内部功能自我完善，减少交通需求，增加可达性。此外，可以促进城市中心区用地功能的多样化，即居住、办公、商业、文化、教育等多种功能混合，提升寒地城市中心区的活力，进而增加整个城市的经济活力。虽然这些对策对其他城市也同样适用，但在寒地城市，它们的意义更为重大，既可以减少市民出行次数和出行距离，进而有效地减少冬季由于寒冷和冰雪带来的交通问题，有利于气候舒适和增进社会联系，又可以增加寒地城市的活力，促进经济发展。

7.3 寒地城市生态绿化

寒地城市生态绿化体系的建立应该充分考虑寒冷地区的气候特点，根据提高寒地城市人居环境的宜居性和改善寒地城市居民生存环境质量的要求，提出相应的设计对策。

7.3.1 充分利用城市生态廊道

合理地规划、建设寒地城市生态廊道，有利于保护寒地城市的生物多样性，改善寒地城市生态环境。提高寒地城市环境的宜居性应该充分发挥城市生态廊道的作用，除了发挥作为物种栖息地的功能以外，寒地城市生态廊道的规划建设应该充分考虑寒冷地区城市的气候特点，发挥生态廊道的物质传输、过滤和阻抑以及供给源等功能。

中国的寒地城市冬季大都会受到来自西伯利亚寒风的频繁侵袭，低温的寒风向城市周边渗透使得城市边缘区较中心区温度要低，增加了城市周边住宅区用于取暖的能耗。因此，在规划建设中应充分利用生态廊道的作用改善局地气候。适宜的绿化种植可以作为软的屏障起到阻挡、过滤、引导、偏转冬季寒风的作用，其中最为重要的是阻挡作用。

冬季绿化区中的气温高于城市中无树空地的气温，主要由于冬季树木能挡住寒风的侵袭。因此，在生态廊道的建设布局方面，利用生态廊道阻抑的功能选择冬季盛行风向的上风向，在城市边缘建设防护林带作为生态廊道，可以阻隔冬季寒风。日本札幌市就曾经制定“绿带规划”，以有效地减弱冬季从西伯利亚吹来的寒风。

此外，除了防止冬季寒风以外，寒地城市也应该考虑沿着城市夏季主导风向，利用道路、河流、绿带等开辟城市生态廊道，通过生态廊道的物质传输和供给源功能，将城市郊区新鲜清洁的空气引入城市内部，改善寒地城市空气质量。

7.3.2 提高城市全年绿量

城市生态系统中绿化的生态环境效益不仅取决于绿化的覆盖面积，而且取决于绿化的结构和植被的类型（乔木、灌木、地被、草坪、藤本植物等）。

绿地是城市供氧的主要因素，根据城市氧平衡理论，较为理想的是城市绿地自身产生的氧气能够相当于市区人群活动所需的氧气量。然而，由于城市并非一个自我平衡和封闭的简单系统，而是复杂、开放的生态系统，会与周围地区进行产品、材料、能源和信息的交换。城市生态系统中的耗氧因子有动植物的呼吸，工业、交通消耗燃料的燃烧以及各种有机物的氧化分解等，因而城市地区人均耗氧量是单纯呼吸耗氧的数十倍。而且，不同的城市需氧量有很大的差别，对于中国绝大多数寒地城市而言，冬季较长的采暖期和城市的工业性质决定城市要消耗大量的化学燃料，有较大的耗氧量，因而城市地区人均的耗氧量还要大得多，需要大量的绿化面积。中国的寒地城市尤其是一些人口规模较大的城市，人均绿地指标都远远不足。哈尔滨 2005 年城市人均公共绿地面积为 6.41m^2，而国外寒地城市的人均公共绿地面积都远远大于哈尔滨，波兰的华沙为 90m^2，瑞典的斯德哥尔摩为 68.3m^2，而莫斯科的人均公共绿地中仅人均公园面积指标一项就达到了 21m^2。①

一般而言，就植物吸碳产氧的功能而言，成龄乔木林的日吸碳产氧量相当于同面积草坪的 3 ~ 5 倍。对于建筑密度较高的城市中心区，利用有限的土地面积，选择最佳的绿化结构对于城市生态系统建设是十分重要的。因此，应根据中国寒地城市自身的实际情况，一方面尽量加大城市绿化面积，提高绿化覆盖率，另一方面注重增加绿色植物茎叶所占据的空间体积，即提高绿化三维量，增加乔、灌木植物绿化比例，从而有效地提高寒冷地区城市的生态环境效益。

7.3.3　合理进行植物品种选择

寒地城市植物品种选择应该综合考虑功能、景观等多方面的需求，结合寒地气候特点、植物形态、土壤类型以及冬季融雪剂的影响因素，选择适合于寒冷城市生长的植物品种，应尽量以本土植物品种为主，避免盲目引进。在树种的选择和组成上以常绿树为主，并与落叶树结合的方法。加拿大的埃德蒙顿针对冬季的特点，在城市公园和户外活动场地如溜冰场等最大限度地使用地方常绿树种，如阿尔伯塔云杉和松树，并且在城市里广泛种植白桦树。

寒地绿化配置还要考虑到四季景观需求。冬季由于气候寒冷，适宜生长的绿化品种相对受到限制，有些寒地城市又只注重春、夏等温暖季节的绿化景观设计，而忽视冬季的季节因素，使得冬季景观较为单调。因此，在绿地规划设计和环境塑造上要符合季节变化，注重以植物不同的纹理愉悦市民和游客的感官，使得绿地在一年四季中可分别展示不同的生态景观（图 7–4）。尽量多采用常绿植物，以提高寒地城市全年的绿量（图 7–5）。"常绿乔木和灌木应该成为北方寒地城市的自然象征，它们应该美化我们的花园、邻里空间和公共空间……它们为刻板的冬季世界增加色彩，在可爱的冬季清晨为我们举起雪的手臂，软化混凝土墙和砖房，美化停车场地的边缘……"。②

常绿针叶树种植在街道、公园、广场等公共空间的迎风面可用于为行人区域阻挡冬季寒风，近地生长的松柏树是冬季城市控制风最有效的植物，在寒地城市公园、居住区游园以及街区绿地等不同规模的公共绿地中应充分考虑种植常绿针叶树，避免主要的活动区域受到冬季主导风的侵袭。密植落叶树也可降低冬季风速，不同形态的落叶树夏季可以遮阴，冬季落叶后，可以透射阳光使场地获得日照。因此，将落叶乔木与常绿针叶灌木配置，既可以在冬季享受阳光、躲避风寒，又可以在夏季遮阴，增加户外环境的热舒适度。

---

① 王保忠，王彩霞等 . 城市绿地研究综述 . 城市规划汇刊 , 2004, 2：62.

② William C. Rogers, Jeanne K.Hanson. The Winter City Book. Edina, Minnesota: Dorn Books, 1980:70.

图 7–4　寒地城市四季绿地景观
（a）春季；（b）夏季；（c）秋季；（d）冬季

图 7–5　寒地城市冬季常绿植物景观

7.3.4　加强小规模绿地建设

寒地城市应加强分散的小规模城市绿地建设。小规模绿地一般指广泛分布于城市中、规模小于 $1hm^2$ 的城市绿地，也有学者称其为“袖珍绿地”，这类绿地不属于原有城市绿地划分类别，是城市各类绿地当中小型绿地的综合。

从生态的角度，规划和建设遍布城区内的小规模绿地能够提供更加有效和迅速的空气转换，获得较好的空气质量，调节小气候环境，改善寒地城市环境。

从景观的角度，小规模绿地可以利用寒地城市改造中各种小块零星建设用地，形成整体的系统，全面提升寒地城市景观质量。

从使用的角度，小规模绿地分布广泛，更便于寒地城市居民在日常生活中就近使用，如晨练、散步、闲逛等，从而减少冬季不利气候条件导致居民长距离出行不便而造成大规模公共绿地利用率不高的情况发生。

从实施的角度，小规模绿地面积小，投资少，见效快，实施相对容易。

寒地城市小规模绿地在位置的选择上，可以有两种看似截然相反但却目的相同的考虑，一是尽量避免设置在有可能频繁产生近地高风速的地段，并注意设在建筑阴影区之外，供人休闲活动的区域要保持充足的日照，从而延长人在户外活动的季节。另一点则是有意将绿地设置在微气候条件较差的地段，这种绿地完全以绿化种植为主，居民无法入内，起到将行人阻隔在较差的微气候环境之外，使其免受不良影响的作用。比如居住小区内的公共绿地，可以将冬季风速高、夏季无风的区域安排为以观赏为主、不进人的绿化用地，而将夏季有风、冬季风速低的区域安排为小区居民活动的场所。

但是，建设小规模绿地也应避免建设面积较小的小块街边花坛，因为人行道上的小块花坛既对于改变街道景观帮助不大，又无法起到气候防护的作用，由于面积过小在将行人与较差的微气候环境阻隔方面也意义不大，而且很容易成为行人的障碍，在漫长的冬季，花坛里面往往成为堆积积雪、冰和垃圾的地方，影响城市景观。

7.4 寒地城市景观

7.4.1 冰雪景观

冬季寒地城市气候寒冷，景观萧条，人们的户外活动受限，适宜的冰雪景观设计策略不仅有利于丰富漫长冬季里寒地居民的视觉感受，增加寒地城市的生机和活力，而且有利于提升寒地城市形象。

冰雪文化是寒地城市宝贵的资源和财富，冰雪景观的含义广泛，既包括以冰雪为主体构成的自然景观，也包括利用冰雪开展活动的人文活动景观。充分发挥寒地城市冰雪景观独特的魅力，关键在于高质量的冰雪景观设计。这种设计应包含三个层面的内容：

7.4.1.1 冰雪景观总体设计

作为总体城市设计的一部分，对城市的冰雪景观进行总体的规划设计，在城市总体规划的基础上，通过对各项因素如现状条件、地理位置、环境影响等的综合分析，从城市宏观的层面上对城市冰雪景观的发展进行统一的规划。内容包括：

确定城市冬季冰雪景观主要场所的选址、分布、等级、规模、容量以及性质，如城市大型冰雪景观展示场所，市内大型冰雪活动场所，郊外冰雪活动场所，社区中、小型冰雪景观展示场所，中、小型冰雪活动场所等。

其中，在冬季冰雪景观展示场所的布局方面，要突出大、中型冰雪景观展示场所，减少小型冰雪景观展示场所，这是因为过多的小型冰雪景观展示场所导致冰雕雪塑的作品质量难以保证，并且缺乏有效的管理维护，反而影响寒地城市的景观，并对游客产生负面影响；同时，也浪费了大量的人力、物力和财力，而且还与主要冰雪景区争抢冰雪资源。

在冬季冰雪活动场所的布局方面，要重视不同规模、不同类型活动场所的有机结合，尤其关注与市民日常生活接近的社区内冰雪活动场所的设置，可以丰富冬季市民的户外生活。

加拿大蒙特利尔市区将 190hm^2 的皇山（Mount Royal）作为越野滑雪、滑冰和雪地行走的理想场地，山的最高处是人造的海狸湖，在冬天成为蒙特利尔最流行的滑冰场。魁北克城市内部也有各种各样的溜冰场，包括像著名的圣弗埃（Sainte-Foy）一样第一流的溜冰场。人们可以沿着杜弗林阶地坐雪橇滑行，或者租借木排在魁北克博物馆后面的山冈上飞驰。由于邻近落基山，许多埃德蒙顿的市民都是狂热的高山滑雪爱好者，而且该市还在 Sakatchewan 河谷公园系统建设了长长的越野滑雪路线和大型户外溜冰区。北欧的挪威在大奥斯陆地区也建设了 200km 长、夜间有照明设施的冬季越野滑雪路线，满足人们冬季滑雪运动的需要。

此外，在城市中心区可以选择重要的“城市节点”，如中心广场、公园、水面等设置溜冰场、滑雪练习场等，可以聚集人气，增加城市中心区冬季的活力。加拿大渥太华冬季将穿过市中心的著名的里多（Rideau）运河封冻的河面作为天然的滑冰场，吸引了无数本地市民和外来的游客，成为城市最著名的冬季景观。欧洲一些国家在冬季将城市中心广场建成溜冰场，成为城市生活最活跃的地方。

图 7-6　哈尔滨总体城市设计中冰雪景观规划设计

资料来源：哈尔滨工业大学，哈尔滨市城市规划局．哈尔滨总体城市设计 2002—2020.

同时，还应结合寒地城市总体规划和总体城市设计，深入研究利用城市公园、广场、街道、山体、河流湖泊等开展冰雪活动的方式，进行冰雪旅游和活动线路的安排和组织等。

哈尔滨市总体城市设计中就提出充分结合松花江沿江绿带和贯穿市区的马家沟河生态廊道规划建设两条城市“冰雪观光走廊”，使得城市一年四季景观皆宜的设计对策（图 7-6）。此外，哈尔滨在充分利用各种场所开展冰雪活动方面也已经积累了不少成功的实践经验（图 7-7 ~ 图 7-9）。

（a）

（b）

（c）

图 7–7　哈尔滨利用内河河道的不同部分开辟滑雪场和滑冰场
（a）夏季的河园；（b）冬季人工滑雪场；（c）冬季的溜冰场

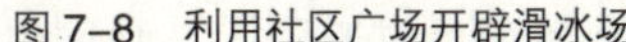

图 7–8　利用社区广场开辟滑冰场

图 7–9　利用小区广场作为冰上游戏场

7.4.1.2　详细设计

在总体设计的指导下，对每一场所进行详细设计，包括功能分区、道路组织、平面布局、冰雪建筑与雕塑定位等。在详细设计阶段，除了适应冰雪自身及其活动的特点，设计良好的冬季冰雪景观以外，更重要的是应充分考虑冬季人们在户外活动的需求，创造适宜的冬季户外活动环境。设计中应提供充分的活动支持，除了冰雪作品的观赏以外，尽可能创造让市民及游客参与活动的机会，如提供自己动手做冰雕、雪塑的场地和工具，增加具有北方地域特色的民俗活动等，增加冬季户外环境对市民及游客的吸引力，改变城市冬季户外萧条的景象，增加城市的生机。尤其是在寒地城市的广场、街道、公园的设计中，这一点对于改变冬季这些场所利用率低下的局面尤为重要。

在冬季冰雪活动场所户外环境色彩的设计上，除了重视设计夜晚冰雪景观丰富的灯光效果以外，还应考虑人在白天的视觉感受，在以白颜色为主的基础上，增加用于点缀的鲜艳色彩，丰富视觉景观。

冰雪景观设计还应融入城市详细规划和城市设计中，充分考虑室外环境的冬季利用问题，如居住区绿地做成起伏较缓的草坡，冬季可作为儿童打冰爬犁、坐冰滑梯的场地等。

除此之外，设计中应充分体现对人的关怀，设置可供人休息、餐饮以及观演的暖厅或暖棚，通过设计减少户外寒冷气候带给人生理上的不适，延长人在户外活动的时间。

7.4.1.3　单体设计

在详细规划基础上，具体对单体冰雪建筑与雕塑进行设计创作。创作中应树立精品意识，无论是设置在城市主要冰雪活动场所的冰雪作品，还是设置在一般街道、公共建筑前的作品，都应精心设计，并通过有关部门严格把关，避免粗制滥造的作品滥竽充数，影响寒地城市景观。

7.4.2　色彩景观

7.4.2.1　色彩景观对于寒地城市的意义

城市色彩是形成城市景观的重要因素，也是提升城市形象的重要手段。寒地城市气候规划的重点之一就是要使在漫长的冬季里，即使城市街道上行人很少时，其空间环境也是友好和美丽的。而要做到这一点，城市色彩的作用功不可没。

城市色彩主要由城市建筑及其外部环境来体现。其中，建筑色彩往往会给人们留下对城市最直观的印象。以沈阳为例，在过去的几十年中作为城市建筑主体的大量的居住建筑外立面的颜色以灰色居多，再加上冬季万物萧疏，景观单调，由于供暖造成的煤烟型污染和一些工业的污染造成空气也是灰蒙蒙的，难怪以往谈起对这个城市的印象，许多人包括众多的沈阳市民首先想到的都是同一个字——“灰”，城市色彩极大地影响了人们心目中城市的形象。

城市色彩不但对城市建筑及其外部环境进行装饰和塑造，对城市居民心理也形成很大影响。心理学研究表明，色彩与人类情感密切相关，并影响到人们的情绪和心境。中国的寒地城市冬季漫长，气候严寒，缺少绿树、鲜花的色彩；室外照度低，或轻或重的煤烟型污染增加了空气中的烟尘，降低了空气透明度；街道两旁降下的白雪时间久了常会变成灰色。因而，在冬季，大多数城市总体上会给人以较为灰暗的感觉，缺乏活力，而冬季人们接触自然的室外活动又相应减少，心情往往会有些压抑。

因此，动人的寒地城市色彩景观无论是对于塑造良好的寒地城市形象，还是丰富寒地居民的视觉和心理感受都是十分重要的，因此，必须做好寒地城市的色彩规划。

世界上许多国家都已认识到城市色彩规划的必要性，制定了相应的措施和政策以协调和完善城市色彩景观。近些年来，中国城市对色彩规划也逐渐重视起来，一些城市包括哈尔滨这样的寒地城市都相继制定出城市色彩规划，用以指导建筑及外部环境的色彩设计，创造体现地域文化特色的城市景观，改善城市形象。

7.4.2.2 规划设计对策

法国著名色彩学家让 · 菲利普 · 朗克洛（Jean Philippe Lenclos）在对欧洲、北美洲、南美洲、非洲、西亚和东亚等几十个国家地区进行相关的研究之后，提出了“色彩地理学”的概念，认为：一个地区或城市的建筑色彩会因为其在地球上所处的地理位置的不同而大相径庭，这既包括了自然地理条件的因素，也包括了不同种类文化所造成的影响，即：自然地理和人文地理两方面的因素共同决定了一个地区或城市的建筑色彩，[①]这一观点得到了许多相关研究人员和研究机构的赞同。

对于广大的寒地城市而言，寒冷地域的自然气候、地理环境以及历史和人文特点是城市色彩景观的重要决定因素，因此，相应的色彩景观规划应该充分考虑这些因素，从宏观的城市角度对建筑以及环境色彩进行系统的和指导性的研究，在与环境相协调的基础上，增加色彩变化，突出城市色彩特色。在进行寒地城市总体城市设计时，应该将城市色彩作为构成城市景观的重要内容纳入到规划设计层面，制定寒地城市色彩景观的总体规划设计策略，用以指导详细规划、城市设计与建筑设计。

除了在大多数城市通用的色彩规划原则和方法以外，寒地城市必须充分考虑气候的影响因素。由于冬季气候寒冷，草木枯萎，色彩单调沉闷，因此寒地城市建筑色彩在传承不同寒地城市历史文化的前提下，宜选用中高明度的中性色或暖色调为主的基本色，以此为基调，通过色相、明度、饱和度的调整，形成整体协调基础上的多色彩体系，在冬季既给人们带来温暖的感觉，也为城市环境带来生机和活力。在夏季，在蓝天、绿树的映衬下，也可以给人以绚丽多彩的感觉。

哈尔滨在城市色彩专项规划上除了注重城市历史文脉的延续以外，针对寒地城市的气候特点，本着“明快、大方、温暖、和谐”的原则，确定城市总体色彩以明快的暖色系为主基调，尤其以米黄色和黄白相间的暖色调为主，以增加城市的温暖感。在此基础上，调整变化颜色的色相、明度和饱和度作为调和色和重点色，形成既丰富多彩又统一和谐的城市色调（图 7-10）。

① 尹思谨 . 城市色彩景观的规划与设计 . 世界建筑，2003, 9: 68.

图 7-10　丰富的城市色彩为寒地城市冬季增添了活力

寒地城市居住区环境应体现安宁、舒适、温暖的氛围，居住建筑在城市里数量最多，墙面面积大，在一定程度上能体现寒地城市的主导性色彩，是城市的背景色，可选择明度高的浅中性色或浅暖色，既给人带来温暖、明亮、轻松、愉悦的心理感受，同时，利用太阳光的反射也增加了对面房屋背光面及地面阴影区的明亮度，在冬季能够明显改善居民的视觉感受。应避免使用高饱和度、高纯度的明艳色彩作为居住建筑大面积墙面使用的色彩，但这类色彩却可以用作建筑局部的点缀色或者居住区内小品设施的颜色，以增加冬季居住区内部的活力，吸引人们到户外活动。

寒地城市中心区色彩应该强调丰富多彩，除了有历史意义的保护建筑和街区在色彩规划上要注重历史文化的延续性以外，其余建筑和环境的色彩应新颖、别致、活泼、醒目，颜色搭配上可富于变化，不一定拘泥于中性色系或暖色系，也可以采用对比的冷色系作为辅助颜色，局部可适当提高色彩饱和度，通过增加活跃、明快的色调吸引人的视线。

东北地区的寒地城市中拥有许多大中型的工业企业，对于工业区环境色彩，除了具有历史意义的传统工业区，新建和改造的工业园区中的建筑可以采用相对较为单纯的不同色彩，既显示不同工业的标识性，也改变以往工业建筑灰暗的外观，提升视觉环境质量。

此外，为了避免冬季寒地城市外部空间环境色彩的相对单调，应该在广场、绿地等开放空间以及街道、居住区内有意识地增添些丰富、热烈、明快的色彩，以提供视觉亮点，活跃外部空间环境。沈阳万科城市花园紫金苑在设计中将一些建筑小品或配套设施如商亭、电话亭等选用艳丽的色彩，使得人们在冬季也具有良好的视觉感受，形成生动的户外环境氛围。

7.4.3 夜景观

近年来，随着城市经济建设的发展和居民生活质量的提高，城市夜景观的塑造得到了包括城市规划设计和管理部门在内的越来越多的行业部门的重视，夜景观为改善城市形象、提高寒地居民的生活质量和增强城市活力起到了一定的推动作用。

7.4.3.1 夜景观对于寒地城市的意义

丰富的夜景观有助于提升人们在夜晚对城市的认知程度，有助于活跃寒地城市气氛，塑造寒地城市全新的形象。同时，适宜的灯光效果可以在漫漫冬夜中为人们带来温暖、舒适和安全的心理感受。街道、广场等公共空间的灯光令人兴奋，使人感到亲切，增加市民夜晚在户外活动的时间，丰富市民晚间休闲活动，改变以往寒地城市冬季夜生活枯燥单调的局面，明亮的环境还可以提高夜晚城市公共环境的安全性，减少由于冰雪路滑导致的伤害事故，并且有效地防止和减少犯罪发生。

7.4.3.2 寒地城市夜景观规划的误区

寒地城市夜景观规划要避免陷入几个方面的误区：

误区一：过于强调城市中心区的“亮化”，一些城市的个别主要街道各种装饰灯具相互叠加，远远超出所需照度要求，造成建设资金和能源的浪费，而对普通居住区内部以及城市边缘地区夜间照明重视不足，有些地区甚至不能满足基本的照度要求，影响市民夜晚出行。在寒地城市，冬季日照时间短，天黑较早而且夜晚时间长，照度不足甚至黑暗的户外环境使人缺乏安全感，影响到市民的正常生活。

误区二：在实施夜景观“亮化”工程时，仅仅重视让城市亮起来而忽视夜景观的实际效果。缺乏适应寒地地域特点的、系统的夜景照明整体规划和设计，照明单位各自为政，一些建筑只顾追求亮度、彩度的攀比，重视突出自身形象，或者盲目照搬其他地方的做法，使夜景照明缺乏整体感，灯光颜色混乱，甚至造成光污染等不利的影响。在彩色光运用方面，一些地段的夜景照明不顾地域环境特点以及身处寒冷气候条件下居民的心理感受，在寒冷的冬季夜晚给人以阴森、冷寂的感觉，影响了寒地城市的形象。

误区三：重视夜景照明的同时，忽视了白天的景观效果。灯具形式和体量的选择如果与建筑风格及周边环境等不协调，或者灯具的位置设置不当，灯具隐蔽性差，光源暴露，往往都会使寒地城市白天的城市景观受到影响。

7.4.3.3 规划设计对策

城市夜景观中最重要的组成部分是夜景照明，除了单体灯光照明设计外，夜景照明的整体设计也是非常重要的，需要借助行之有效的规划设计手段来加以实施。因此，应将夜景照明规划放在寒地城市规划的宏观层面统一考虑，将其纳入到总体城市设计的框架中。

寒地城市夜景照明规划与设计应当充分考虑城市的地域特点和文化特征；考虑寒

地城市经济发展水平与节约能源的要求；在满足安全要求的前提下，考虑照明的美化和装饰作用；重视白天与夜间景观协调；近期与远期夜景照明结合；考虑整体完美协调与局部重点突出的夜景照明效果。针对寒地城市不同功能区，采取不同的夜景照明设计对策。

单体建筑和设施。从寒地城市实际情况出发，结合建筑和设施的使用性质、风格、结构特点、装饰材料和周围地段的特点，考虑寒地城市气候的特点，可使用暖色的照明色作为主色，必要时可局部使用彩度低的色光照射。商业及娱乐性建筑可加大使用彩色光的数量，彩度可提高一点，以突出繁华、活跃的城市商业气氛，增强户外环境在冬季对居民的吸引力。在照明方式的选择上，采用多元空间立体照明方式。

街道。为给行人提供在夜间城市中运动的坐标系统，城市主要街道中不同街道可在街灯造型上有所区别，同一街道街灯造型一致。十字路口应增加两倍以上的照度，行人过街处、公交停车站等地增加灯的密度，提高行人活动频率。重视道路交叉口夜景照明设计，无环岛的道路交叉口要集中统一设置街灯和交通信号标志，保持交通信号标志照明的高亮度和高色调，并防止灯箱广告发光强度超过街灯。有环岛的交叉口等可采用高杆照明，并将环岛绿化与小品作为重点照明。

广场。城市纪念广场应突出表现广场的主题，创造庄重的气氛，广场中布置雕塑及喷泉等设施的核心部分可采用照度充分的照明，周围部分照度降低。大型休闲广场在采用高杆照明的基础上，划分出不同层次的照明，突出广场中心部分。小型休闲广场等照明尺度应较为亲切，并根据所处位置、文化特点和周边建筑群的环境特色确定夜景照明的主题及设计构思。对于交通广场，为方便夜间人流集散，应确保人流活动较多的地方有足够的照度。

公共绿地。街边绿地可采用泛光灯照明，光源的光色与绿化环境配合，夜晚通过照明保证花草树木的鲜艳、翠绿，突出绿化效果。对于居住区游园，为了配合夜晚居民的休闲活动，中老年及儿童活动场地应提供足够的照明设施并满足一定的照度，周围较安静的空间可使用显色性好的光源，灯具造型应新颖、别致。城市公园的活动区域也要有足够的照明设施和符合要求的照度，公园内其他区域夜晚活动较少，应尽量突出幽静、安详的氛围，采用泛光灯照明，突出绿化效果，同时由沿街面部分向内照度逐渐降低，创造丰富的层次感。

住宅区。住宅区内部各级道路都要配备充足的照明设施，满足步行环境照度要求。针对寒地气候特点，多用暖色照明，体现居住环境温暖、安宁的感觉，实践证明，选用钠灯冬季里比汞灯对居民更具亲和力和吸引力。

7.4.4 水体景观

水体景观是城市景观的重要组成部分，水体不仅能够调节微气候，而且使得城市空间环境因为有其存在而变得丰富、活跃。寒地城市水体景观与气候温暖、炎热等地区的不同之处就在于，寒地城市由于冬季漫长、气候寒冷，水体很长一段时间是以冰的形式出现。因此，在进行水体景观的规划设计时，应该充分考虑到这一特点。

7.4.4.1　制约因素和存在问题

冬季寒冷的气候对于寒地城市水体景观的设计有很大的制约，低温会导致有水的水池结冰并产生冰冻胀现象，破坏池壁，因此，许多寒地城市冬季会将水池内的水抽干以养护池壁。由于在水景观规划和建设时，一些设计师对于气候因素考虑不足，因而产生一些问题。以哈尔滨为例，新苑小区、宣庆小区、闽江小区等都在中心花园规划建设了喷水池，但是利用率却不高，除了夏季以外的大部分时间里，喷水池并不喷水，冬季更是设施闲置，水抽干后水管裸露，有时内部藏污纳垢（图 7–11）。其中，闽江小区冬季为了养护大型喷水池及内部设施，物业管理人员在上面铺上木板和草垫，十分影响观瞻。

图 7–11　冬季居住小区内闲置的喷泉

还有一些寒地城市不顾冬季气候寒冷、水资源匮乏的实际情况，盲目模仿南方气候温暖地区的设计模式，不分地点和场合，滥用水景，或者设计大面积人工水体，在很长的冬季里不能使用，造成资源、场地的浪费和视觉的污染。

7.4.4.2　规划设计对策

寒地城市水体景观设计应根据地域自然环境的实际情况，遵循季节性、经济性、多样性的设计原则，并采取相应的设计对策。

季节性原则。充分考虑地域气候特点，设计水体景观时既应考虑春、夏、秋气候温暖季节时的形态和功能，也应兼顾冬季的使用，做到冷暖季节各有特色，设计中尤其重视水体景观设施无水时的视觉效果。

经济性原则。考虑冬季气候的影响、北方地区水资源紧缺以及建设、养护费用较高的实际情况，尽量减少大面积人工开挖的水体，采用面积较小的水体景观。

多样性原则。注重水体景观形态的多样性，采用不同设计手法，将水元素与不同景观设计要素结合，丰富寒地城市空间环境，提升寒地城市空间的活力。

根据以上的设计原则，提出相应的设计对策如下：

（1）对于寒地城市原有的江河湖面，应注重冬季的冷暖季节的综合利用，夏季用于观赏和水上娱乐，冬季可用作冰雪活动场所。

（2）人工水景设计多采用点状的以及线状的水体，如小面积水池、各种造型的喷泉、小型瀑布、水渠、人工溪流等，减少大面积的人工水体。

（3）水景设施如外露喷泉、小型瀑布等应注意造型设计和设施的隐蔽处理，在冬季不使用时可以作为观赏性较强的城市雕塑，丰富寒地城市景观。

（4）大型喷水池最好采用没有外露设施的旱喷泉，并重视地面铺地图案设计，在温暖季节开放，冬季只作为硬质铺装，可以在上面开展活动。

（5）水池、水渠、人工溪流等宜浅不宜深，注意池壁和池底设计，夏季可以用于观赏或儿童戏水，冬季将水抽干，形成多层次的公共空间。

7.5　寒地城市建筑群体规划设计

合理进行建筑群体布局是寒地城市规划设计的一个重要环节，能够最大限度地创造舒适的城市微气候环境，不仅可以降低由于冬季气候条件如寒冷、降雪和刮风对人体生理和心理造成的不舒适程度，改善冬季寒地城市住区空间环境质量，而且对于节约能源、保护生态环境方面也是十分重要的。

7.5.1　建筑群体对微气候环境的影响

建筑群体布局是对城市微气候环境起到正面或者负面影响的重要因素，包括朝向选择、群体布置方式、日照间距控制、建筑密度、容积率及高度控制等。20世纪伴随着西方发达国家城市的发展，建筑室内外气候环境质量的演变很好地说明了建筑群体与微气候环境的关系（表7–3）。尽管城市建筑高度和数量不断增长，建设水平在不断提高，然而许多城市高楼林立的结果却是建筑的室内外气候环境质量又回到了20世纪30年代以前。以瑞典的斯德哥尔摩为例，城市中心在经历了1950年代～1960年代的大规模改造之后，其街道变宽、建筑变高的同时，也带来了很大的负面影响，风更强、阴影更多、日照更少，比这一地区应有的气候要冷得多。①

当前，一些设计师和管理者并未注意到建筑和城市设计项目的实施对于城市和地区层面小规模气候变化的影响，许多项目没有针对现有微气候条件进行设计，也没有试图

建筑群体布局与微气候关系的演变　　表7-3

阶 段	建筑群体特点	室内气候环境	室外气候环境
20世纪30年代以前的老工业城市	密集的低层、多层	阴暗	阴暗
20世纪40～50年代	分散的三层住宅	光线充足、日照良好	光线充足、日照良好
20世纪60～70年代	多层、高层	光线充足、日照良好	多风
后现代20世纪80～90年代	密集的高层	阴暗	多风、阴暗

资料来源：冷红，郭恩章，袁青．气候城市设计对策研究．城市规划，2003, 9:52.

① 扬·盖尔，拉尔斯·吉姆松．公共空间·公共生活．汤羽扬等译．北京：中国建筑工业出版社，2003:48.

通过项目的实施对城市热环境作出有益的改变，相反却对城市微气候环境产生了不受欢迎的效果。

进入21世纪，中国的寒地城市也面临着同样的问题，尤其是在漫长的冬季，不合理的建筑朝向、群体布局方式、不满足标准的日照间距以及过高的建筑密度和容积率导致一些住区的住宅室内阳光摄取不足，室外步行及公共活动区域长时间位于阴影中，户外环境阴冷等问题。许多住宅区尤其是高层住宅区内部以及一些城市中心商业区等形成令居民不适的风环境（图7–12）。其中，在一些大城市由于高层建筑的建设引发的城市空间环境质量下降的问题最多，比如造成公共空间大面积阴影，缺少阳光照射，在高层建筑物周围一方面产生风速较高的强风，另一方面在部分地段由于形成风停滞现象又阻碍了良好的通风。

图7–12　高层建筑下面的公共空间形成令人不适的风环境

总之，这些不良的室内外微气候环境极大地影响了寒地居民的生活质量，也直接降低了寒地城市环境的宜居性。

7.5.2　建筑群体的微气候环境设计

对于地处寒冷气候条件下的城市而言，微气候环境规划设计应以提升户外空间热环境质量为目标，以获得良好的日照和改善风环境为主要手段。

7.5.2.1　提升户外空间热环境质量

城市热环境指在城市空间内客观存在的热场和人对热场主观感觉的总和。在寒地城市，建筑内部热环境一直是人们较为关注的研究领域，目前的研究已开展很多，并且取得了很大的成绩。而对于户外热环境，开展的研究则相对很少。人们的出行离不开户外环境，即使在寒冷的冬季，依然有许多必要性活动需要通过户外环境进行。通过改善寒地城市户外热气候环境质量，创造安全、舒适的户外空间环境，对于增加寒地城市居民的社会交往和增强寒地城市活力都具有十分重要的意义。

影响人对环境热反应的因素包括空气温度、湿度、气流速度及辐射量（热辐射），以及个人活动量、衣着条件等因素。一般而言，热环境质量评价标准可分为三类：

（1）安全标准——不影响人的身体健康；人的热调节系统不失调，人体生理机制不损失或死亡。

（2）工效标准——环境热状况影响人的敏感度，从而影响人从事体力劳动和脑力劳动的效率。

（3）舒适标准——冷热适度，热感觉舒适。在此区域内，人体调节机能的应变最小。[①]

在任何情况下，户外热环境质量均应在安全标准范围内，即人们的户外活动应该用安全标准来指导，而供人们自由休憩活动的户外公共空间，如市民广场、步行街、居住区游园等则应使用舒适标准来指导户外空间环境设计。在大的自然气候环境条件下，要想改变户外热气候环境是徒劳的。比如，对于地处寒冷气候条件下的城市而言，要想在零下一二十摄氏度的冬季户外空间环境达到环境卫生学角度的舒适标准几乎是不可能的，但是，人们可以通过一些技术手段对微气候环境加以调节。

因此，寒地城市生态规划设计主要应该适应寒地宏观自然气候环境，充分利用城市规划、景观以及环境设计、建筑设计等各种技术手段，从改善户外热环境质量入手，通过利用太阳能辐射、控制高度、减少风速和利用热岛效应增加热量等手段尽量提高户外环境的热舒适度，创造出相对舒适的寒地城市户外微气候环境。

7.5.2.2　获得良好的日照

阳光对于人类尤其是生活在寒冷地区人类的生存、生长和生活具有重要的作用，阳光中的紫外线具有杀菌、抑制细菌繁殖和净化空气的作用，人体骨骼的发育也离不开阳光，如人长期得不到阳光的照射会患佝偻病。阳光还具有强烈的热效能，在冬季能提高室温，是寒冷地区重要的热源补充，能够起到节约能源的作用。同时，阳光在寒冷的气候条件下可以给人以温暖的感觉，令人精神振奋。因此，在北方寒冷地区，冬季能最大限度地获取阳光是城市尤其是城市住区生态规划设计的重要目标之一。

寒冷地区冬季昼短夜长，日照时间短，良好的建筑朝向是能够获得较多阳光的先决条件。研究表明，在其他条件相同的情况下，南北朝向要比东西朝向的建筑热耗低5%左右。[②]朝向东南的建筑可以在清晨气温较低的时候接受到阳光的照射，迅速提高室内温度，而在气温较高的午后避免阳光的直射。但是对于寒冷地区来说，朝向西南的建筑也有其优势所在，午后的阳光由于入射角度降低因而可以照射到房间深处，有效地蓄积热量以利于提高夜间室内温度。由此不难理解，在北欧国家寒地城市一些居民也很乐于选择西向住宅的原因了。

为了获得良好的日照，寒地城市建筑群体布局要考虑建筑之间有合理的日照间距，中华人民共和国国家标准《居住区规划设计规范》中规定了全国主要城市不同日照标准的间距系数，按照《规范》的标准进行规划和建设基本可以满足住宅内部日照需求。虽

① 董靓，陈启高．户外热环境质量评价．环境科学研究，1995, 11:42–43.

② 白德懋．居住区规划与环境设计．北京：中国建筑工业出版社，1992:61.

然目前由于建设用地紧张等原因，一些寒地城市制定了低于国家标准的地方标准，但是从建设生态寒地宜居城市的目标出发，逐步提高较低的地方标准应该是各个寒地城市建设发展的必然。

一般来讲，人们比较关心建筑内部的日照需求是否能得到满足，却往往忽视建筑外部空间环境的日照需求。实际上，建筑群体之间作为绿化以及其他公共活动的空间环境也需要有良好的日照条件，以增加户外环境的热舒适性，提高寒地居民冬季对于户外场所的利用率。如果保证合理的朝向和日照间距，建筑内部的日照需求是很容易得到满足的，然而对于建筑外部空间环境来讲却绝非易事，因此，需要对日照条件和建筑群体布局进行认真、细致的分析。比如，通过调整住宅建筑的方位，缩小室外冬季终日阴影区的面积，可使户外庭院内主要休闲活动区获得更多的日照，将条形多层住宅布置成南偏东或南偏西 15° ~ 30°，则其阴影区的面积可相对小于正南向的布置方式。

目前，建筑群体布局可以借助于日照分析软件进行日照条件的模拟，进而得出合理的建筑组合方式以及建筑群体的最佳布局模式。常用的日照分析方法主要有 SHADOWPACK、TOWNSCOPE、GOSOL 等。TOWNSCOPE 能够展现规划平面的三维影像，并且计算表面在特定的日期、月份和整年里的日照情况。GOSOL 能够对规划的场地进行分析，计算较为特殊表面的能量平衡情况，并且可以得出阴影形式，通过 GOSOL 还能够计算出规划的平面上任何一点在一天和一年里太阳照耀的次数。

加拿大多伦多的研究人员曾经利用计算机软件建立实验室模型，模拟从 3 月到 9 月之间户外公共空间环境分别达到规定平均日照时数时，如何限制和控制周边新建建筑的高度和建筑体量。其中规定城市中心区商业街道中午左右达到舒适的最低限度所需的日照时间为 3h，在中心城区内的其他地区，如主要的人行道系统、购物街道、历史和旅游街区，需要的日照时间为 5h，对于中心城区边缘的居住区街道，则要有 7h 的日照。

7.5.2.3 改善风环境

中国的寒地城市冬季多盛行西北风和偏西风，凛冽的寒风对居民的生活环境和生活质量影响很大，因此冬季防风一直是寒地城市规划建设重点要解决的问题，适宜的建筑群体布局能够改善寒地城市局部气候环境，尤其是风环境。

一般而言，对于北方寒冷地区的城市居住区，围合的居住建筑群体布局能够较为有效地防止冬季寒风的侵袭，并且改善院落内部微气候环境（图 7-13）。许多寒冷地区的城市在进行居住建筑群体布局时都采取这种方式，事实证明，这种方式是很有效的。

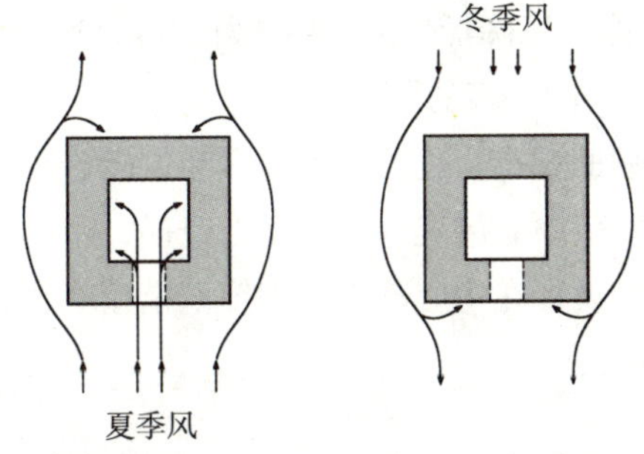

图 7-13　围合的建筑群体布局和适宜的朝向改善院落内小气候

但是，在寒地城市规划设计中，仅仅采用围合式建筑布局是远远不够的，还应针对寒冷地区气候特点，注重局部地区风环境的分析，利用计算机模型并且结合计算流体力学工具作为风环境分析有效的手段，针对分析结果采取相应的规划设计对策，如改变建筑布局或形态等。风环境分析的主要内容应包括：不同区域风速分布分析，各个风速区域适宜何种活动分析，自然通风效果分析，如果出现高风速区域采取补救措施的分析等。

在居住区规划设计时，设计者可以根据各个季节不同的风向和风速值用数值模拟的方法预测得到居住区内各个部分的风速值参数。利用不同季节的模拟计算结果对规划区域内各个地点的风速值进行比较，结合不同季节的气候条件，根据风环境的特点确定居住区内不同的功能区域划分，采取不同的设计对策。例如，根据建筑群体周围风速分布，确定建筑入口的适宜位置；分析容易产生过大风速的危险地区，尽量避免布置为可活动的区域，并根据风环境模拟结果分析高风速区产生的原因，采取相应的措施加以改善。

此外，对于已建成的居住区，根据居住区所在地的典型气象温度数据，结合区内居住及公共建筑布局、下垫面材料和植物配置等条件，可以模拟得出居住区风场分布数据，预测区内不同位置小范围内的逐时气温，进行比较并且进行评价，其结果可以用于指导和优化居住区户外公共空间环境的设计。

当然，风环境分析不仅仅适用于居住区，也适用于居住区以外的城市公共空间的规划设计，用于确定建筑群体布局方式。借助计算机环境模拟技术研究城市公共空间的风环境，避免由于建筑形态或者群体组合方式不当而导致的街道、广场或公共绿地等公共空间环境变得多风和寒冷等局地气候恶化的情况，并且通过设计手段对空间环境质量加以改善。举例来说，对于邻近高层建筑的公共开放空间，可以通过计算机模拟技术和实验方法，确定建筑周围行人高度风速与大气来流风速的对应关系，然后把实验结果和气象风速统计资料结合起来，以此判断建筑周围风环境的舒适性，避免在地面以及高层建筑立面产生危险的高速风，或者采取相应的措施，降低风速，使风偏离行人高频率使用的地区。

一般情况下，相邻建筑高度的较大差异和高层建筑的存在都意味着风效应的产生。研究表明，比周围环境高出许多的高层建筑会造成近地风速过高，密集的高层建筑布局还会产生风力相互干扰的群体效应，有可能对建筑和人为活动带来负面影响的恶性风流（图 7–14、图 7–15），在严寒地区降低户外人体热舒适度，这也是在北方的气候环境下高层居住区内常常形成低质量空间环境的原因。

建设中考虑风环境影响的城市，建筑高度应避免突然升高，城市内的建筑高度应由社区内占主导的建筑高度向市中心的建筑高度逐渐升高，中心区建筑高度应同山的轮廓线一样，并把最高的构筑物设置在中心。不同高度区衔接时，允许的高度改变应少于较高的高度区建筑高度的二分之一。①

---

① Peter Bosselmann, Edward Arens, etc.Urban Form and Climate. APA Journal, 1995, 2:227.

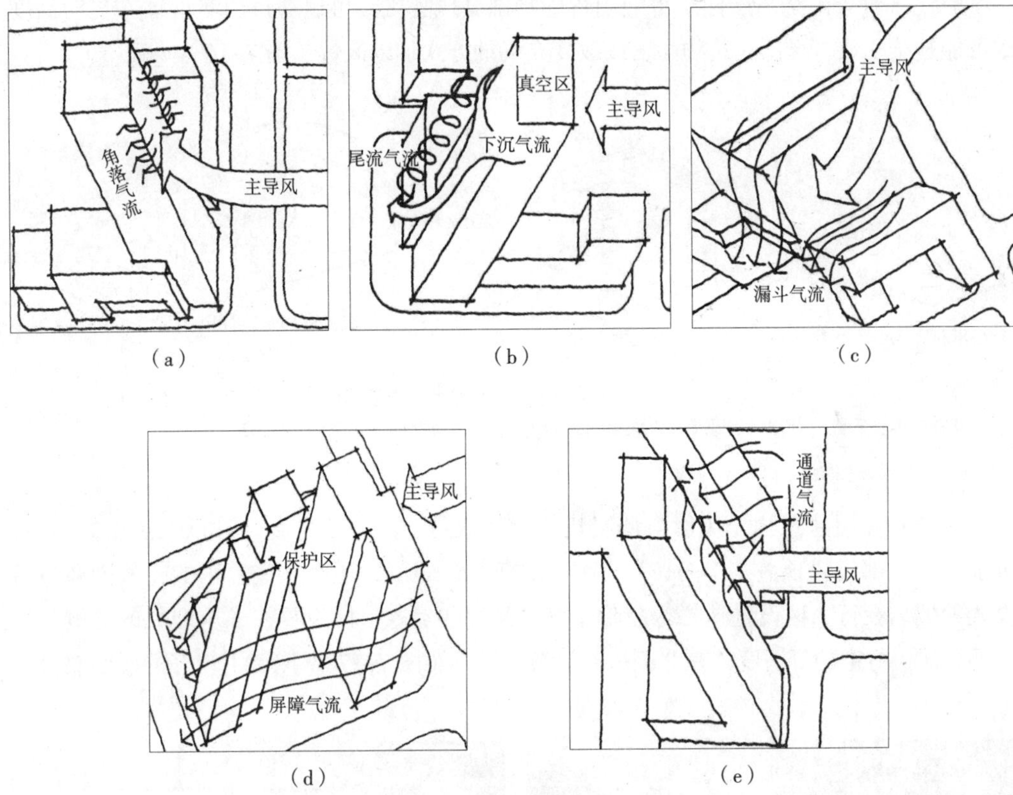

图 7–14　高层建筑布局不当形成恶性风流

（a）角落效应；（b）尾流效应；（c）漏斗效应；（d）屏障效应；（e）通道效应

资料来源：宋德萱 . 建筑环境控制学 . 南京：东南大学出版社 , 2003:114–117.

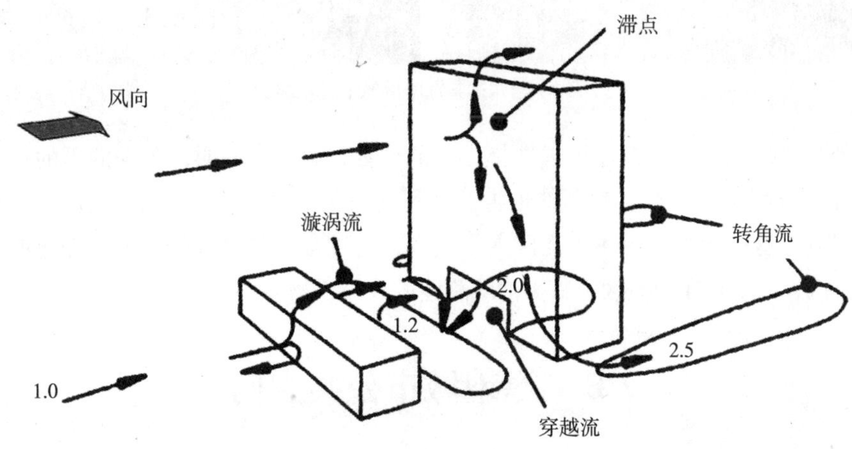

图 7–15　高层建筑附近的气流型

资料来源：宋德萱 . 建筑环境控制学 . 南京：东南大学出版社 , 2003:117.

总之，对于围绕高层建筑可能出现的局部高风速区，可以通过建筑群体布局时高度尽可能趋于一致、降低建筑物高度或改变布局的方式加以改进（图 7–16）。

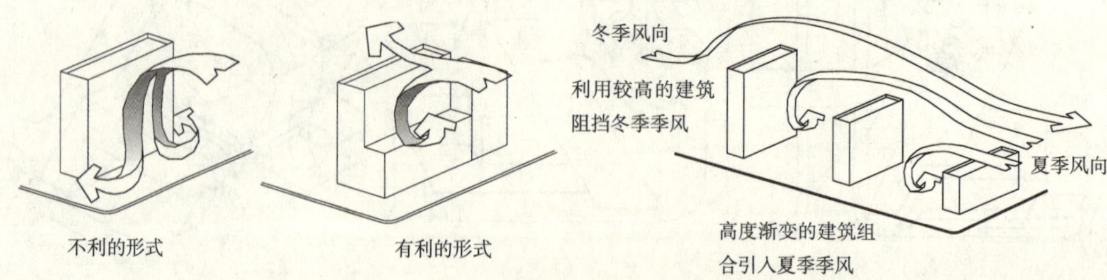

图 7–16　适当的建筑高度组合利于改善风环境

资料来源：冷红，郭恩章，袁青．气候城市设计对策研究．城市规划，2003，9：52.

为防止高层建筑物受风面与低层建筑物间通路、入口处逆流风对行人活动的影响，可以在其上部设置顶盖（Canopy）或防风屏蔽（Screen），还有一些常用的补救措施包括设置顶棚、在行人区设置扶栏等。哈尔滨某高层住宅入口区设置在冬季迎风的北侧，为了提高居民行走的舒适度，在北侧一层设置了暖廊（图 7–17），取得了较好的使用效果。

图 7–17　哈尔滨某高层住宅北侧玻璃暖廊

此外，通过风环境模拟还可以选择道路的位置。有研究证明，冬季的雪的清理对住区户外环境影响很大，在风吹雪的地方，是风速大的地方，而风速小的地方积雪最多。我们可以利用这一规律组织冬季住区人车交通，通过合理布置，可使主要交通道路位于连续吹雪区，而不是在积雪区，减少清除积雪的人力、物力。

7.6　寒地城市公共空间

寒地城市的春季、夏季和秋季是从不缺乏生机和活力的，尤其是夏季，市民们走出家门，尽情地享受阳光、新鲜空气、绿草、鲜花的包围，还有一些避暑的旅游者前来寻找凉爽舒适的感觉，各种丰富多彩的商业及文化活动也充斥着广场、街道。与此相比，由于受寒冷气候条件的影响，城市有半年甚至半年以上的时间处于冬季，低温、寒风、降雪以及雪后的种种不便阻碍了人们的户外活动，导致许多寒地城市中心区活力受到影响，比另外几个季节萧条、冷落得多。

因此，在寒冷地区适当的气候防护是必要的，同时应积极开展市民冬季文化活动，创造"冬季友好"的城市公共空间环境，从而吸引市民和游客，提升寒地城市活力。"冬季友好"的寒地城市公共空间环境设计主要是应用气候规划设计对策，针对严寒地域的特点创造舒适的冬季公共空间环境，以使市民和外来游客获得更多的人文关怀，这一对策无论对于改善城市投资环境、转变产业结构、促进寒地城市经济的复兴，还是活跃城市生活、振奋寒地居民精神都具有十分重要的意义。

7.6.1 开放空间

与地处温暖气候地带的居民相比，寒地居民更加渴望拥有舒适的户外环境而达到与自然亲近的目的。室内公共空间无法完全满足人们对天空、阳光、花草和树木等自然要素的向往。而作为多种城市户外活动的载体——城市开放空间既是城市居民从事休闲、娱乐、交往等活动的"起居室"和展现城市居民多彩生活的"舞台"，又是集中体现城市风貌特色、文化内涵的重要场所以及体现城市形象的重要节点，因此其对人们的吸引是毋庸置疑的，也就是说提高寒地城市开放空间环境的质量意义重大。

近年来，随着地方经济形势的不断好转，寒地城市建设也得到了蓬勃的发展，城市开放空间越来越受到各级政府的重视，尤其是随着"广场热"蔓延和持续升温，一些问题也开始暴露出来，其中最突出的问题是由于许多寒地城市的设计者和决策者们所关注的多是城市空间环境在较为温暖季节情况下的状态，往往会忽视冬季的季节因素，缺乏按照季节特点的需要进行设计的相关对策，因而城市开放空间的设计和建设缺乏对地理条件、气候特点以及地域文化的考虑，舒适性差，缺少地方特色。

众所周知，任何城市都是在一定的自然环境和地域文化背景中成长起来的，都拥有一定的个性。寒地城市有其独特的地域文化背景及气候特点，这些对其开放空间设计无论从整体还是细部都影响较大，因此，必须充分考虑到寒地气候特点，采取气候响应的设计对策，体现寒地城市的自然环境及地域文化特色，展现寒地城市风貌。

7.6.1.1 适宜的规模尺度

城市开放空间的规模取决于其性质、功能和景观等方面，并且受城市环境、交通和用地条件的限制。作为一个重要的设计元素，宜人的尺度可以使开放空间更加亲切、舒适。本书曾经阐述了寒地城市应加强分散的小规模城市绿地建设，对于寒地城市开放空间重要的组成部分——广场，也应该强调避免大的规模和尺度。

克里斯托弗 · 亚历山大认为，为使活动保持集中，广场尺度要小些，这是不无道理的。他认为一个大约 45 英尺 ×60 英尺的广场，可以使公众生活的正常节奏保持稳定。卡米洛 · 西特则认为，广场的最小尺度应等于它周边主要建筑的高度，而最大尺度不应超过周边主要建筑高度的两倍。

适宜的规模尺度对于寒地城市广场十分重要，然而近年来，广场建设中一股盲目攀比规模、追求宏伟气势的风气在许多寒地城市蔓延着，甚至许多中小寒地城市也加入到这一行列中来。许多寒地城市不顾自身实际情况大量修建超尺度广场，这些广场用地要经过大规模拆迁，并且建设中需要巨额资金投入，但是其在使用效果方面却往往不尽如人意。对于寒地城市的使用者而言，这些广场不但缺乏舒适感和亲切感，而且冬季大广场自身的物理环境也十分恶劣，缺乏生态方面的合理性。由于许多寒地城市一年中有5个月甚至半年左右的时间处于冬季，广场尺度过大，使得周边建筑和绿化无法形成对广场有效的界定，凛冽的寒风经常在空旷的大尺度广场上肆虐，因而常常造成没有多少路人愿在广场多作驻留的局面，即使是市民晨练，在冬季也不愿选择在大广场上进行。相比之下，倒是一些建设资金投入较少、面积不大的社区小广场受到寒地市民的青睐，即使在冬季也有颇高的使用率。

对照一些欧美国家的寒地城市来看，多数广场都是规模在0.5 ~ 1.5hm^2的小型广场，即使是莫斯科的红场那样作为国家尊严和权力象征的广场也不过仅有5hm^2左右。表7–4为部分欧美城市位于城市中心的广场规模。

欧美城市位于城市中心的广场规模 **表7-4**

城市	广场名称	面积（hm^2）
丹麦哥本哈根	Gammeltorv	0.73
挪威卑尔根	Ole Bulls Plass	0.74
瑞典马尔默	Gustav Adolfs Torg	1.44
法国斯特拉斯堡	Place kléber	1.2
加拿大蒙特利尔	Place Berri	1.08
美国费城	Welcome park	1.25

对于寒地城市而言，除了以上从人的视觉和心理感受以及景观效果角度出发的考虑外，在日益注重环境可持续发展的今天，小规模尺度的广场在创造良好的生态环境、节约用地和提高冬季使用效率方面对于地处严寒气候条件下的城市来说更具有优势，因而在寒地城市除了具有集会、仪式、展示及其他大型公共活动功能的市政广场以外，主要应大力倡导发展小型广场和小型广场群，以充分发挥城市广场在寒地市民生活中的作用。

7.6.1.2　合理的选址定位

在寒地城市，设在建筑阴影区之外、保持充足日照条件以及适宜风速的开放空间，能够鼓励人们更多地从事户外公共活动。因此，选址时需要通过事先对场地进行日照环境和风环境分析后再作决策。

日照对于开放空间意义重大，研究表明，同样在避风条件下坐着，人的舒适温度底限在充足的阳光照射下是11℃，而在阴影下则是20℃，①这意味着有充足的阳光照射的开放空间可以延长人在户外活动的季节。

① Ulla Westerberg. Climatic Planning–Physics or Symbolism. Arch.& Behav, 1994, 1:59.

旧金山规划局的伊娃 · 利伯曼在一项使用者对 8 个开放空间的反应的研究中发现，使用者在选择地点时，最关心的是能照到阳光（25%），其他学者对旧金山广场使用者的调查也发现了同样对于阳光的强调。①

位于旧金山市美国银行大厦外的吉安尼尼广场就是一个没有充分考虑日照环境的广场设计实例（图 7–18），美国银行大厦一天内有大部分时间将广场上的阳光遮挡了，因此作为广场主体空间的 A 区由于背阴、冰冷、无人问津而变得毫无生气，相反作为附属空间的 B、C、D 由于阳光明媚，使用率很高。

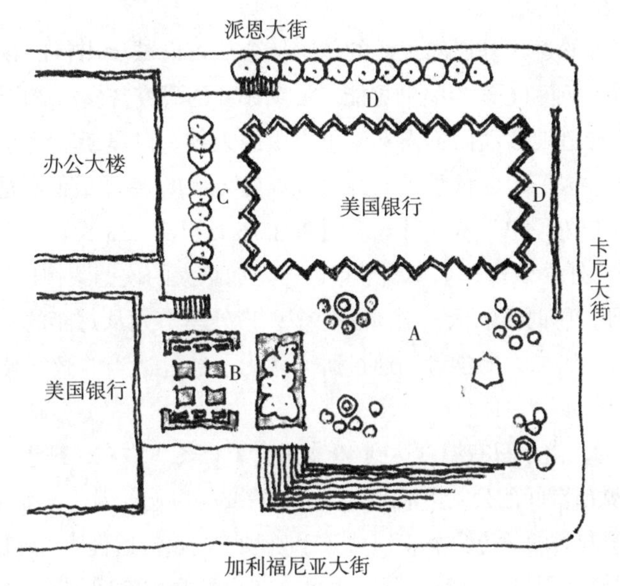

图 7–18　美国旧金山市吉安尼尼广场

资料来源：克莱尔 · 库珀 · 马库斯 . 人性场所——城市开放空间设计导则 . 俞孔坚等译 . 北京：中国建筑工业出版社 , 2001:56–57.

寒地城市开放空间的选址应该充分考虑行人的安全和舒适，避免在有可能频繁产生近地高风速的高层建筑下面，这一点十分重要。研究表明，12℃的空气温度在 4m/s、6m/s、8m/s 的气流中被感知的温度分别为 9.5℃、8.0℃和 6.5℃，也就是说，风速越大气温下降越快，因此，如果在寒地城市开放空间设计中能够有效地防风就是避寒。在高层建筑林立的城市中心区，建筑风环境十分复杂，由于建筑物对风速和涡流的增强作用，在建筑物的底层往往会形成危险的风环境，不但影响到热舒适度，甚至会对人的安全构成潜在威胁。比如一栋超高层建筑的底层附近，风速有可能增强 4 倍，风力则有可能增加到原来的 16 倍。20 世纪 70 年代中期，位于加拿大埃德蒙顿市的阿尔伯塔政府电话大楼下面的人行道曾经产生风速高达 144km/h 的冬季大风，而多伦多商业银行综合体的高层建筑周边也会阶段性地产生这类冬季风，以至于楼下的行人必须借助于绳子，才能安全通过其下面的开敞广场，这种广场只能成为无法驻留的过渡空间，不能提供休憩、观赏等其他方面的功能。

① 克莱尔 · 库珀 · 马库斯 . 人性场所——城市开放空间设计导则 . 俞孔坚等译 . 北京：中国建筑工业出版社 , 2001:30.

此外，开放空间不宜设置在风漩涡气流频发的地区，会使脏空气进入开放空间形成漩涡气流不易扩散。对于容易积雪和存雪的地区，也要避免设置使用频率较高的开放空间。

当然，依据同样的道理，从另一个角度看，如果开放空间已经存在，那么对其周边进行建设或改造时，其南侧的建筑应妥善定位并控制高度和体量，使其投影到地面的阴影尽量减少，同时应考虑到周边新建建筑对开放空间风环境的影响，进行相应的高度和体量控制。美国波士顿市在著名的文化广场科普利广场改建中，就对这一地区日照和阴影的变化以及风的影响等气候条件进行了深入的分析研究，以辅助决策。

7.6.1.3 户外季节的延长

在冬季，人们为躲避户外严酷气候的侵害，会尽可能减少出行次数，导致户外活动时间少，增加了产生生理和心理疾病的可能。一项挪威的研究曾提出“户外季节”的说法，即人们能够在户外舒适地活动而不需穿厚重衣服的天数。以奥斯陆地区为例，在正常湿度和风速的情况下，这一地区秋季最低舒适气温为11℃，春季最低舒适气温为9℃，根据这些，奥斯陆的“户外季节”从5月6日到9月16日仅有133天。其实，同奥斯陆一样，大部分寒地城市的户外季节都在半年或半年以下。加拿大的埃德蒙顿户外季节从每年的5月4日到9月15日，历时135天。对于多伦多，户外季节则从每年的4月21日到10月17日，共计180天。加拿大的学者们通过研究认为，经过适当的微气候调节，户外季节每年可以延长6个星期。①

另一项研究认为，由于只有温度达到40华氏度（4.5℃）左右，理想的气候条件才开始对使用者的行为和城市空间的公共生活产生积极和重要的影响，因此，微气候设计应致力于提高城市空间在冷暖交替的“边缘季节”（早春和晚秋）的热舒适程度，延长户外季节。②

寒地城市通过提供阳光、过渡空间等手段，在户外开放空间创造适宜的微气候条件，能够提高户外空间在全年的使用率。根据扬 · 盖尔关于公共空间户外活动的理论，人们在同一空间中徜徉、流连，就会自然引发各种社会性活动，因此，只要改善公共空间中必要性活动和自发性活动的条件，就会间接促成社会性活动（图7–19）。

图7–19 寒冷的冬季有阳光的开放空间

① Madis Pihlak.Ourdoor Comfort:Hot Desert and Cold Winter Cities.Arch.&Behav, 1994, 1:84.

② Shaogang Li. Users' Behaviour of Small Urban Spaces in Winter and Marginal Seasons. Arch.&Behav, 1994, 1: 95.

因此，寒地城市开放空间设计主要应从提高冬季及冷暖交替季节人在广场的热舒适度入手，尽量通过合理选址、满足日照和设计舒适的风环境等人工手段，营造出适宜的广场微气候环境，减少气候的负面影响，通过制造局部舒适的微气候，有效地延长户外活动期，支持寒冷季节里的社会活动，从而提高寒地城市广场利用率，尽管在冬季，人们并不需要达到与春夏季同样的活动强度和同样的活动方式。

此外，在寒冷季节和冷暖交替季节提供有气候防护作用的、介于室内外之间的缓冲空间,能够有效地延长户外活动时间。比如,在广场内设置冬季可遮风、加温的玻璃休息廊、暖亭等，既可供人取暖、休憩及交往，又可观赏户外美景。国外一些广场周边的咖啡馆、餐馆的做法可以给我们很好的启示。在冷暖交替季节,为满足人们喜爱在户外观景的需求,他们将造型古朴的煤气取暖灯设置在餐桌旁，人们可以在户外一边观赏广场的景致，一边品味咖啡或者精美的菜肴（图 7–20）。实际上，这种做法无形中延长了人们的“户外季节”，增加了与自然亲近的时间。

图 7–20　有煤气取暖灯的户外餐饮场所

7.6.1.4　广场的多层次化

城市广场空间的多层次化不但有助于改善局部小气候环境，而且有助于增加空间的趣味性，因此，寒地城市广场设计应力求创造出多层次复合且富于情趣的空间环境。在严寒地区,下沉的空间形态有助于提供有效的气候防护,防止强风的侵袭并提高局部温度,改善局地气候条件。早期生活在北方寒地的少数民族先民们，其居住方式就是采取穴居和半穴居的方式躲避严寒风霜。因此，在空间的处理方面，广场可考虑市民的活动需求以及立体开发的需要，设计多个层次的空间，即平面型广场和下沉广场结合，形成多层次复合的空间形态。

为了避免单纯的下沉空间吸引力弱的情况，寒地城市下沉广场的设置可与城市中心地下购物空间或地下交通集散空间相互贯通，共同实现气候防护。同时在下沉广场内可引入绿化要素，进行适当的植物配置，为下沉空间增加活力和趣味。在空间利用方面，为适应寒地气候，在下沉广场北侧设置表演或展示场地，利用下沉空间的南面向阳的台阶作看台，既可观赏表演又可使人在避风向阳的环境中休憩（图 7–21）。

图 7–21　城市中心下沉广场——斯德哥尔摩

7.6.1.5　四季皆宜的空间景观

寒地城市开放空间景观设计的重点在于四季兼顾。要充分考虑寒地城市特定的地域生态条件和气候特点，减少开放空间在冬季和夏季在利用率方面的差异，即不仅考虑在温暖季节的状态，更要考虑在寒冷季节或冷暖交替季节情况下的状态，运用多种设计手段，提高寒冷地区开放空间对于气候环境的适应性，增强城市冬季的活力。

首先，要充分考虑寒地城市特定的生态条件和气候特点。冬季由于缺少绿化，景观较为单调，广场和绿地等开放空间利用率不高。因此，应结合气候特点，选择适合于寒冷地区生长的植物类型，加大常绿树种的比例，并避免大面积的空旷草坪。在开放空间规划设计和环境塑造上符合季节变化，强化季节差异，使得一年四季中可分别展示不同的自然生态景观。通过这些极富地方特色的自然景观，改变以往寒地城市广场和绿地冬季萧条的景象。

另一方面，在塑造开放空间自然景观的同时，还应结合城市局部生态环境的改善。开放空间绿化设计以夏季遮阴通风，冬季向阳避风为主，因而，在开放空间迎向冬季主导风向一侧可设计常青树作为防风屏障，而在阳光区则可用落叶乔灌木达到冬季不阻挡阳光、夏季也可遮阴的效果，改善空间热环境质量。

“在户外能够防护不利气候条件的令人愉悦的、绿色的空间里，孩子们能够玩耍，大人们能够闲坐、交谈、阅读、游戏等，针对户外生活创造多种设施对于没有私人花园的多户住宅十分重要。”①

其次，寒地城市开放空间规划设计应着意于人文景观的塑造。虽然人们冬季也会乐于驻留在有阳光和无风的户外城市空间，但仅仅有理想的微气候条件并不能吸引人们在0℃以下的寒冷冬季里于户外空间长时间驻留。理想的微气候条件对城市户外空间环境所发挥的积极有效的作用更多地表现在冷暖交替季节。因此，微气候设计并非影响城市开放空间的冬季使用和冬季公共生活的唯一、甚至也并非重要的标准。区位、城市文脉、有计划的活动、视觉吸引、文化以及人们对于冬季气候的态度是更为重要的因素。纽约的警察广场（Police Plaza）和克莱克特 · 邦德公园（Collect Pond Park）冬季尽管有不错的

① Ministry of the Interior. Division for Planning and Building, Finland. Principles of Planning the Living Environment, 1978: 14.

微气候条件，但是其冬季的使用频率比起微气候条件较差而人文活动丰富的洛克菲勒中心广场（Rockefeller Center Plaza）和摩托将军广场（General Motor Plaza）却要低得多。

因此，寒地城市开放空间还需要充分体现地域特色的人文景观。以“场所”精神的观点来看，人文景观是场所空间的灵魂。那么，城市开放空间对人的吸引力与人文景观是有着必然联系的。寒地城市开放空间尤其是广场人文景观中除了能够表达城市历史文化内涵的标志、小品及构筑物等要素外，重要的是丰富的活动支持等，如演示、庆典、观赏、休憩、娱乐、交往、购物等，这些活动可以促进人与人的活动交往，满足“人看人”的行为心理需求，增加城市的活力。

在活动支持方面，不同季节应设计安排不同类型的休闲活动以及为这些活动支持服务的空间环境和小品元素，并做到四季兼顾。欧美一些国家的城市广场在设计中十分注重活动支持，如英国伦敦的百老汇广场、法国巴黎的市政厅广场等，夏季可为音乐会和其他形式的娱乐活动提供舞台，冬季则作为溜冰场，吸引大批的溜冰爱好者和观赏者，活跃了空间气氛（图 7–22、图 7–23）。还有一些城市开放空间冬季有大量的视觉兴奋点和特殊的冬季装饰以及其他各种层面有计划的冬季活动，如丰富多彩的商业和演出活动、街道节日和冬季嘉年华会等都能使冬季城市生活更加活跃（图 7–24）。

（a）

（b）

图 7–22　冬夏活动——伦敦百老汇广场

（a）溜冰；（b）观演

资料来源：Jah Gehl, Lars Gamzøe. New City Space. Copenhagen: The Danish Architecture Press, 2001:112–114.

（a）

（b）

图 7–23　冬夏活动——巴黎市政厅广场

（a）溜冰；（b）沙滩排球

图 7-24 冬季丰富的人文活动支持
（a）旅游纪念品零售——阿尔萨斯小城；（b）圣诞街道装饰——阿尔萨斯小城；（c）古典马车巡游——布拉格中心广场；（d）民间艺人表演——布拉格中心广场；（e）商业主题活动——哈尔滨中央大街；（f）特色食品售卖——哈尔滨中央大街；（g）观看冰灯制作——哈尔滨中央大街

与之相反，中国许多寒地城市的广场冬季都处于萧条冷寂的状态，最常见的就是冬季在各主要广场摆放一些冰雕，但除了有游客路过时观看，对于市民来讲，却无法带来任何新鲜的感受。对于像哈尔滨这样的旅游城市来讲，由于冬季有游客存在，广场还不至于过于冷寂，但对于其他寒地城市，广场冬季确实少有人问津。实际上，寒地城市的开放空间冬季除了可作冰雪作品展示场地以外，还应尽可能创造让市民及游客参与活动的机会，如提供自己动手做冰雕、雪塑的场地以及提供具有北方地域特色的活动支持，如溜冰等，增加冬季户外环境对市民及游客的吸引力，增加开放空间的活力，这一点对于改变寒地城市开放空间冬季利用率低下的局面尤为重要。

7.6.2 公共设施

传统的城市街道生活虽然充满活力和吸引力，但在零下十几度甚至二十几度的低温下，任何人都无法长时间在户外停驻，而且长期处于低温环境下会对人体健康造成不利的影响，因此，寒冷的冬季会使大多数寒地城市居民减少户外活动时间，转为在室内活动。在公众活动频率较高的寒地城市公共设施提供气候防护措施，能够避免人们遭受不必要的低温侵袭。但是，目前一些城市中室内公共空间如商场、影院、超市等虽然可以为人们提供常年的气候防护，在一定程度上也能够满足人们购物、休闲、娱乐等方面的需求，却无法满足人们对蓝天、阳光、水、花草和树木等自然要素的向往。冬季许多寒地城市的百货商场由于室内空气质量差、商品摆放拥挤、缺少绿化和休息设施，对市民缺乏吸引力，在一定程度上导致冬季城市中心缺乏活力。

因此，借鉴欧美国家寒地城市公共设施建设的成功经验，结合中国的实际情况，探讨适合寒地气候条件的公共设施的规划设计对策是十分重要的。

7.6.2.1 具有室外特征的半室内化空间

为了适应寒冷的气候特点和人们的心理和生理需求，寒地城市应注重通过城市设计手段创造半室内化空间，即具有室外环境特征的半室内化空间。

（1）多功能公共中心。多功能公共中心由于功能的多样性，人们只要进入其中，可以足不出户满足多种需求，即使在严寒的冬季，也会感到温暖如春，不会受到外界不利气候环境的负面影响，而且集中式的公共中心与分散式的建筑组群比起来更加节约用地和能源，比较适合于寒地城市。

多功能公共中心可以在不同层面上有不同的建设方式：

在城市层面上，大型集中式的多功能公共中心集商业、金融、餐饮、文化、休闲、娱乐、游憩等活动为一体，面向全体市民和外来游客。其规划设计要特别注意引入室外景观元素，营造“室外化”的空间环境氛围。比如通过玻璃天窗以及中庭的设计引入阳光，既节省人工采光，又给人以温暖的感受；大量种植绿色植物尤其是带有明显室外特征的树木，并且将室外的喷泉、跌水、瀑布等水景元素引入室内，可以使人们在室内活动的同时享受到自然景观带来的乐趣；设置室外环境小品如座椅、路灯、花池、棚架等，可以令人如同置身户外。新建大型集中式多功能公共中心所需用地面积较大，投资和维护费用较高，为了节约用地成本往往会远离中心商业区。

在住区层面上，小型多功能公共中心可以集中社区服务的各种功能统一布置，面向社区居民，既方便居民使用，也利于节约用地和能源，虽然面积较小，无法引入过多的室外景观元素，但也应尽力营造温馨的环境氛围，增加社区公共生活的吸引力。

（2）室内商业街。借鉴欧美国家一些城市的建设经验，产生于18世纪末期的室内商业街可以在中国寒地城市建设中焕发新的活力。同多功能公共中心一样，覆盖玻璃顶的、半室内化的室内商业街既可以有效地实现气候防护，增加购物环境的舒适程度，又可以通过室外景观元素的引入满足人与自然接近的心理和生理需求。室内商业街实施起来，相对于大型集中式多功能公共中心而言，用地面积较小，投资较少，而且可以利用旧城更新的机会通过覆盖玻璃顶的方法将室外商业街道改造而成。

（3）冬季花园。为了满足冬季人们对绿色自然景观的需求，可以建设冬季花园，即利用玻璃和金属结构创造室内化的花园，种植各类植物。由于冬季花园对室内空气的温度和湿度要求较高，因而相对造价和维护费用也比较高。冬季花园也可以利用城市现有的花卉苗木温室和花卉市场进行改造，通过内部的重新设计增加相应的休闲设施和小品，可以起到事半功倍的效果。居住区也可以建设小型冬季花园，布置绿化、活动场地、游憩设施和环境小品等，但是相应地会提高住宅造价。

（4）其他。其他较大型的半室内化公共设施包括水上乐园、主题餐厅等，这类设施相对来讲功能较为单一，消费也较高。

7.6.2.2　寒地城市半室内化公共设施规划设计

半室内化公共设施是针对寒地气候条件作出的选择，在寒地城市漫长的冬季优势比较明显，人工化的空间环境能够在提供气候防护的同时提供一定的景观效果和视觉享受，增加寒地城市公共空间环境在冬季的吸引力和活力。然而，关于半室内化公共设施的规划和建设，还应该有更深层次的思考。

一些半室内化公共设施需要有足够的能源，以控制室内的温度、湿度和气流等，使室内环境达到温暖如春的效果，能源消耗较大，建设和日常维护费用也较高，尤其是一些较大型的公共设施。国内外多年来关于室内化空间争论的焦点主要集中在两个方面：第一，是能源和环境保护问题，人们怀疑为室内化而去挥霍石油和破坏生态是否值得；第二，人们对花费昂贵代价换来的人工环境是否真正舒适表示怀疑。

另外，一些半室内化娱乐、休闲设施消费较高，无法为更多的公众利用。比如目前较为流行的生态餐厅，大多在内部种植大量的花卉和树木，营造四季如春的环境，因此受到市民的欢迎，但是毕竟是较为高档的餐厅，服务对象仅仅是少数人。沈阳的“夏宫”和哈尔滨的“梦幻乐园”水上世界都是利用玻璃和空调技术建设的大型四季皆宜的室内化游乐设施，但由于一方面维护费用昂贵，另一方面门票价格较高，大多数市民无法承受，因此，在投入使用几年之后，纷纷倒闭。还有一些规模较大的半室内化公共设施由于占地面积较大，远离中心商业区，使用不便。

针对以上一些问题，寒地城市在规划设计半室内化公共设施尤其是大型半室内化公共设施时应该采取以下对策：

（1）设计前应对设施位置、规模、功能、经济性、利用率、能源消耗等方面进行充分的论证。

（2）不同的寒地城市在规划和建设半室内化公共设施时应该充分考虑自身经济发展水平，量力而行。

（3）新建的半室内化公共设施应有较强的可达性，交通条件便利，最好与公共换乘设施相连。

（4）在新建设施的同时注重对现有公共空间甚至是废弃工业空间的利用，这些现有城市空间多位于城市中心区，可达性较强，公众使用较为便利。

（5）半室内化公共设施设计应注重微气候设计和调节，以及引入自然景观元素和休闲设施，减少与外界的隔绝感，补偿缺少绿化的遗憾，以较小的投入实现较好的效果，如图 7–25 所示。

（6）半室内化公共设施的设计还应充分考虑节约能源，开发和利用生态新技术，同时尽量利用自然的采光和通风。在温暖的季节减少对空调技术的依赖，节约设施维护费用。

（7）为了更好地适应冷暖不同季节，半室内化公共设施可采用屋顶或单侧可开启的方式，更好地适应气候环境。

图 7–25　增加绿化元素和休闲设施的室内化公共设施

（8）建设内部不设置采暖设施的半室内化公共空间，比如在商业街道上加盖玻璃顶盖、在社区内建设加玻璃顶盖的社区庭院、在办公楼群中建设加玻璃顶盖的休息庭院等，玻璃顶盖可以利用太阳能产生温室效应，虽然在建设时会增加一定的造价，但是后期维护费用较少，节约能源，而且街道、庭院可以作为全年使用的社会活动场所，免于恶劣冬季气候的影响，能够增加城市冬季的活力，产生极大的社会效益。

7.6.3 步行空间环境

寒地城市步行空间的规划建设是塑造寒地城市公共空间环境的一个重要环节。

7.6.3.1 寒地城市步行空间环境建设的意义

首先，寒地城市步行空间环境的规划建设能够提高城市交通系统的功能，增加步行空间环境的安全性和舒适性。尽管寒冷的气候条件会影响到一些寒地城市居民的出行，但是仍然有许多日常出行发生在冬季，如上下班、购物、外出就餐、就医、访友等，无论是短距离步行出行还是长距离乘车出行，在其中人们步行的发生频率都占有很大的比例。然而，寒地城市冬季降雪，路面时常结冰，而行人由于寒冷气候影响，穿着较多，视线不灵活，行动不方便，拥有一定气候防护措施的步行空间环境可以减少由于寒冷、路面结冰以及对周围观望不足等可能造成的伤害。

其次，随着步行空间系统的建设，周边的城市公共空间环境可以得到有效的改善，人们能够以较为轻松的心态投身于户外公共生活，从而增加冬季户外公共空间环境对居民的吸引力，提高寒地城市居民生活质量，也会进一步增加寒地城市冬季的活力。

第三，寒地城市步行空间环境的建设能够促进周边地区商业活动的繁荣，大量增加的步行交通可以拉动消费，使周边地区商业的收益增加，从而推动城市中心区经济的振兴。

第四，寒地城市步行空间环境的建设能够增进寒地居民与社会交流的机会，提供展现寒地城市文化尤其是冬季文化的舞台，有利于发扬地域文化，提升城市形象。

7.6.3.2 规划有气候防护的步行空间环境

寒地城市生态规划设计应充分关注冬季步行者的需求。冬季气候寒冷，多风雪，路面光滑，有气候防护、不受季节影响的城市步行空间环境是很受市民欢迎的。

（1）空中步道。美国和加拿大等国家寒地城市建设封闭的空中人行步道系统值得中国的寒地城市借鉴。在寒地城市中心区可以规划设计统一的空中人行步道系统，实现人车分离，冬季可以将步道全封闭，能够有效地提供气候防护，适合于全天候使用，增加了步行环境的舒适性和安全性。空中步道系统应具有良好的通达性，使人们可以方便地到达中心区主要的公共建筑和交通站点。空中人行步道系统能够促进寒地城市中心区的商业繁荣，提升中心区的活力。

但是，值得注意的是，空中步道系统也会带来一些问题。从经济角度讲，它们降低了平面空间的价值以及那些未与其相连的建筑物的价值；从视觉角度讲，空中步道系统的建设有可能对城市景观尤其是历史保护街区的景观产生不良影响，或者隔断城市中心景观的连续性；另外，空中步道系统可能大量降低街面步行交通量及步行活动量，会从地面层的商店吸引不少人流，影响地面街区的活力。因此，其规划设计应预先对其可能对步行交通、城市整体景观、中心区街面的经济活力、周边建筑使用等方面产生的影响进行细致的分析和评估。

（2）地下街道。寒地城市可以结合地下人防工程以及地铁的建设修建地下街系统。在寒冷的冬季，地下步行系统可以为人们提供有效的气候防护，为人们提供安全的、不受季节影响的步行环境，并且能够增强寒地城市中心区的功能和活力。

目前，国内许多寒地城市都有地下街，以哈尔滨的地下街规模较大，其结合人防设施建设，主要分布在道里区、南岗区、道外区、香坊区的中心繁华地带以及火车站地区，规模大小不一，其中位于南岗中心商业区的地下街规模较大，由于内部结合商业批发及零售功能，并且连接了中心商业区的主要商服网点，因而吸引了大量的人流，尤其在气候条件不利的时候更成为能够遮挡风霜雨雪的庇护场所（图 7–26）。

但是，地下街建设也存在许多问题，比如：一些地下街连贯性不强，无法实现系统的气候防护；地下与地面垂直联系不方便，影响使用；商品布局拥挤，没有供人休憩的设施和空间；内部环境通风不良，空气质量较差等。此外，地下街也会有减弱街面传统商业活动的可能，影响传统街道零售业的发展，从而影响城市地面街道生活的活力。从公共安全的角度出发也会产生一些不利因素，如不利于火灾的紧急疏散等。另外，就人的身心健康而言，长久处于没有自然采光和通风的地下街也会对人体产生不良影响。

图 7–26　冬季哈尔滨地下街

寒地城市地下街的规划应考虑以下对策：

①尽可能连接购物中心、银行、火车站、旅馆、写字楼、停车场等公共设施以及公共交通如地铁、轻轨、公共汽车等的换乘站点，出口的设置方便使用；

②通过设置自动扶梯、电梯等设施建立与地面垂直方向的便捷联系；

③除了交通功能以外，赋予地下街本身一定的功能，如商业、餐饮等，以吸引行人走入地下；

④设计保留足够的休闲空间，引入自然景观元素，增加休憩设施；

⑤合理布局，消除安全隐患；

⑥加强通风，改善内部环境质量等。

（3）平面步道。为了使地面的街道生活更具活力，可以对地面的街道加以改造形成平面步道，增加其舒适性和安全性。比如，在商业街区的人行道上建设附属于建筑的各种顶盖以及可根据温度和季节开启和封闭、内部设有加热器的步行连廊系统，既方便人们在严寒的冬季出行和购物，又不远离街道生活，增加地面人行道的魅力。

此外，也可以选择适当的位置建设中心区地面步行街区，无需全部加设气候防护设施，可以每隔一段步行距离在街面上设置冬季内部可加热的“暖亭”，再结合街道两侧的商业场所，足可以满足人们冬季避寒的需要。虽然有些人认为漫长和寒冷的冬季会造成步行街利用率降低以及沿街销售的下滑，反对建设步行街。然而，从国内外一些寒地城市建设的经验来看，步行街的建设增加了城市中心区的吸引力，而且与冰雪活动等城市冬季文化活动相结合，更加有助于增加沿街两侧店面的销售，提升传统商业的经济活力。另一方面，寒地城市地面步行街区的建设也使得寒地城市居民户外的生活无论是冬季还是夏季都变得更加活跃，增加了寒地城市的活力。哈尔滨的中央大街街区就是改造较为成功的寒地城市步行街区范例，其成功之处就在于它并没有因为哈尔滨近半年的漫长冬季而萧条、冷落，而是依靠其宜人的步行环境、丰富的历史人文特色和城市冬季文化的魅力成为国内外游客和本地市民冬季休闲的好去处（图 7-27）。

需要格外注意的是，平面步道无论是人行道还是步行街都应充分考虑行人的安全和

（a）

（b）

图 7-27　寒冷季节哈尔滨中央大街步行街休闲的人群
（a）隆冬；（b）冬末春初

舒适，尤其是在多风和多雪的冬季，可以通过一些气候设计对策来实现冬季步行环境的安全性和舒适性，包括：

①避免将以休闲、购物为主的步行街开辟在高层建筑下风环境较差或没有阳光照射的地段；

②东西向街道两侧人行道可以宽度不等，北侧向阳的人行道应宽于位于阴影区的南侧人行道；

③设计控制街道两侧建筑高度保证人行道或者步行街能得到阳光；

④选择树种以落叶树为主，在冬季更多地接受阳光；

⑤跨越车行道的人行横道部分适当增高，既可用于限速，也可使人行走的部分保持干燥，避免冬季冰雪条件下摔伤；

⑥步道进行防滑铺装以有效地保护行人等。

7.6.3.3　寒地城市步行空间系统规划设计

寒地城市步行空间系统的规划设计中究竟选择哪一种步行空间系统形式应该综合考虑区位、利用的便利程度、对周边环境和整体景观的影响、对街区经济的影响以及城市的经济承受能力等多方面的因素，不能盲目照搬其他城市的经验。总的来讲，寒地城市步行空间系统规划建设要考虑以下几点：

（1）形成一定的规模，实现网络化、连续性的特点，具有良好的通达性，使行人安全、便利地到达目的地。

（2）用地紧张的寒地大城市和特大城市可以将立体步道与平面步道系统结合，在中心商业区，鉴于土地多功能使用和高密度的商业活动，可以采取人车立体分离的建设方式，如结合人防工程和地铁工程建设地下街，结合中心商业区的开发和改造建设空中步道等，而在其他地区则可以根据具体情况选择平面步道形式。

（3）增加步行空间系统的安全性与舒适性，尤其是在天冷路滑、昼短夜长的冬季，尽可能提供连续的气候防护设施、照明设施以及其他休憩服务设施，力求在寒冷的气候条件下增加出行的舒适性，比如建设加盖玻璃顶的步行空间，内部可以不设供热系统，依靠其接受太阳辐射及防风雪的功能提高舒适度。

（4）无论立体步道还是平面步道都应强调景观设计，引入自然环境要素，提升视觉环境质量。

7.7　环境设施与小品

针对寒地城市的气候特点，在城市环境设计中要充分贯彻以人为本的设计理念，注重导入“人”的感受，引入“人”的心理活动，对“人”的环境心理和行为特征进行研究，将对人的尊重和关怀融入人性化的公共空间环境设施与小品设计中，充分考虑寒地城市居民在不同季节的感受，针对寒冷地区的实际情况设计和选择各种环境设施和小品，以满足其冬季户外活动的需求。寒地城市公共空间环境设施与小品主要包括设置于街道、绿地、广场、庭院等地的环境设施和小品。

7.7.1 街道家具

由于冬季气候寒冷，一些寒地城市广场用于市民小憩的座椅材料由于使用了冰冷坚硬的花岗石或大理石材料，导致舒适性极差，公园和游园内金属质地的游乐设施无人问津，利用率不高（图 7–28）。因此，街道家具的使用、选材和形式要考虑气候因素，木、塑料和特殊的导热系数小的复合材料能够比金属、混凝土和石材更能为人们在一年较长的时段中提供舒适的感觉，应大力加以提倡，如可以将室外座椅以及儿童游戏设施等设计成木制或仿木制，减轻寒冷带给人的不适（图 7–29 ～图 7–32）。

图 7–28　气候寒冷时公园内金属质地的游乐设施无人问津

图 7–29　滨水区木制座椅和堤岸

图 7–30　广场可供休憩的木制台阶

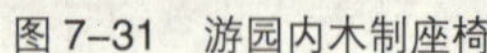

图 7–31　游园内木制座椅

资料来源：郭恩章先生提供。

图 7-32　木质堤岸铺地

资料来源：郭恩章先生提供。

街道家具的布局和外观设计方面，还要考虑积雪的清除，因为街道上任何不必要的目标都会成为清雪时的障碍，增加清雪服务的难度，因此街道家具的组织和定位除了对于寒地城市景观重要以外，对于提高清雪效率也是很重要的。

结合寒冷地域特点，寒地城市公共场所除了设置同其他城市相同功能的街道家具，如座椅、果皮箱、路灯、指示牌等以外，还应包括冬季避风并且加温的休息亭，尤其是在住区儿童和老年人活动场地内，温暖的临时休息空间对于延长冬季户外活动时间十分有效；内部设有加热设施的公共汽车候车亭能够减轻寒冷带给人体的不适；另外，有遮风设施的开放空间和适当的座椅可以极大地提升户外公共空间的使用率，延长户外季节。固定的座椅经常会暴露在北方的寒风和高楼的阴影之下，而可移动的座椅较好地解决了这一问题，能最大限度地接受太阳照射，方便人们交往、谈话等（图 7-33、图 7-34）。

图 7-33　座椅可以自由变换方向

图 7-34　座椅可以随意移动

7.7.2　室外地面铺装

在人行道、广场和街道铺装材料的选择方面，其材料纹理和材质在任何季节都耐用、舒适和安全，尤其要考虑到寒地城市冬季雪后防滑的问题，避免使用表面光滑的地砖，防止发生意外。沈阳惠工广场就是由于使用了光滑的花岗石作为地面铺装材料，人在上面活动极易摔倒，因而冬季利用率较低。

此外，还应研究各种铺装材料的热吸收和热反射率，提供可吸收热辐射的铺地，以提高冬季户外热舒适度。

在活动场地中，尽量减少台阶和坡道，避免冬季雪后路滑，影响居民的户外活动；无障碍通道和限速带冬季更要注意防滑。此外，户外公共空间的梯级和坡道应有足够的宽度以容纳积雪，并且有适合的坡度，有条件的寒地城市在人行道和梯级、坡道下可以安装融雪设施。

7.7.3 室外环境小品

寒地城市在室外环境小品的设计方面应突出观赏性、灵活性的原则。首先，应突出观赏性，重视利用环境小品改善寒地城市视觉环境质量，如采用色彩较为鲜艳的室外环境小品如雕塑、壁画、喷泉、钟塔、彩旗以及其他标志物，不仅可以反映寒地地域精神、城市肌理、气候特点、文化价值和市民的喜好，而且能够改变冬季室外场地单调灰暗的景观，丰富人的视觉感受，对寒地户外公共空间环境质量的提高均有较大的帮助（图7-35～图7-39）。

图 7-35　活跃冬季城市商业气氛的彩色旗帜

图 7-36　白雪映衬下明黄色的电话亭

图 7–37　点缀城市空间环境的彩色雕塑

图 7–38　装饰街道的红灯笼和红伞

图 7–39　冰建筑背景下的仿真鲜花

资料来源：郭恩章先生提供。

其次，要突出灵活性，考虑到季节特点，对于室外环境小品可以采取灵活式设计，比如广场和步行街区的移动式喷泉、花坛及树池以及活动式舞台等（图 7-40、图 7-41），避免冬季无法使用或利用率低而浪费用地、有碍观瞻。

（a）

（b）

图 7-40　索菲亚广场
（a）夏季移动喷泉；（b）冬季活动场地

（a）

（b）

图 7-41　中央大街
（a）夏季移动花坛及树池；（b）冬季移动冰雕展示

第8章

城市建设管理层面的理论与对策

城市建设管理是对城市建设规划和市政工程、公用事业、园林绿化、市容环境卫生的建设管理及对城市维护建设资金的管理。城市建设管理既是整个城市管理的一个组成部分，又是衡量一个城市总体管理水平和运行机能的主要标志。它直接体现了城市发展水平，影响到城市各种功能的正常发挥。只有切实加强城市建设管理，才能推动城市现代化建设，提升城市形象，为市民提供宜居的城市环境。

寒地城市环境的宜居性建设与有效的城市建设管理是密不可分的，由于寒地城市建设是一个由多项内容组成的系统工程，涉及城市建设领域内方方面面的问题，本书无法将其中的所有问题都列作研究的对象，众多的具体管理问题还应由各个专门学科去研究，而且有许多管理方面的问题对于包括寒地城市在内的所有城市来说都是共性的，其解决问题的原则和方法及所应用的理论与对策也是共性的，对所有城市都是适用的。

本书不求对寒地城市建设管理中所涉及的问题面面俱到地加以研究，而是仅仅针对寒冷地区特殊的地理位置和气候条件对寒地城市环境宜居性建设产生的影响，对寒地城市建设管理层面具有特殊意义的规划设计管理控制体系、建设管理的地方性规定、城市建设资金的多元化渠道以及维护社会公平等方面的对策加以研究，力求进一步完善寒地城市建设管理体系。

8.1　健全寒地规划设计管理控制体系

8.1.1　建立寒地城市设计控制体系

城市建设管理需要以城市规划及其相关的技术标准和技术规范作为其管理的依据，真正做到有法可依，因此应该适当加大设计控制（Design Control）的力度，健全设计管理控制体系，从而对寒地城市空间环境建设进行有效的控制和引导，提高寒地城市环境的宜居性。

健全设计管理控制体系主要应从加强寒地城市设计控制入手，一方面要完善各项城市设计控制指标，形成设计控制导则。另一方面，应该确立城市设计控制的法律地位。中国许多寒地城市也都开展了城市设计工作，但大多数案例都是形态型的技术文件，并不具有法律效力，导致所提出的规划设计要点缺乏控制效力。因此，对于寒地城市而言，城市设计应该逐渐从技术文件走向制度化的管理规程或法令。[①]城市设计编制的内容、层次、深度、成果要求等应有明确的规定。在地方立法范围内，城市设计的立法权、司法权和管理权以及城市设计对于城市环境的形态控制权应该得到明确，从而使城市设计成果的合法地位得到保证。

美国编制城市设计导则的经验值得我们借鉴。在美国，城市设计导则有规定性和指导性两种：规定性导则规定出环境要素和体系的基本特征和要求，是下一阶段设计工作应体现的模式和依据，必须要严格遵守；指导性导则描述的则是形体环境的要素和特征，

① 李军，叶卫庭．北美国家与中国在城市规划管理中的城市设计控制对比研究．武汉大学学报（工学版），2004，4:177-178.

解释说明对设计的要求和意向、建议，不作严格的限制和约束，从而为设计者提供更加宽松的、启发创作思维的环境。比如在表达对开发强度的控制时，规定性导则会提出容积率的具体限制，而指导性导则会提出对某一公共空间在某一时段内的日照要求。在城市设计成果中，一般两种设计导则同时存在，共同发挥作用。旧金山市中心区城市设计导则对中心区城市公共空间制定了一系列的设计要求，其中，规定性导则对公共空间的面积提出具体要求，指导性导则对日照和可达性提出要求，以保证公共空间的可用性和对人的吸引力，并针对当地特点，提出了扇形日照面的控制概念。[①]城市设计导则在操作形式上既是区划法的一部分，又是城市设计成果的一部分，在实施管理上具有法律效力，设计导则作为城市设计成果的一部分内容，既是对未来城市形体环境元素和元素组合方式的文字描述，也是为城市设计实施建立的一种技术性控制框架。旧金山城市设计导则是对整体环境形态建立最低的标准，而不是对设计提出最高的要求，目的是给各项具体设计留出较大的创作余地。波特兰市中心区城市设计导则的作用是提出概念要求，重点考虑建筑、空间和人的关系用来加强和协调城市中心区活动的多样性。

寒地城市设计导则的制定应当建立在对于寒冷地域自然环境条件、城市建成环境现状情况和已编制完成的各层面相关的城市规划充分研究和分析的基础上，采取规定性和指导性导则相结合的原则。除了同其他城市一样具有普遍意义的考虑以外，气候条件对于城市设计控制体系的影响应该着重予以考虑。

在总体城市设计层面，寒地城市设计应该控制以下内容：城市的结构形态，城市空间轮廓包括天际轮廓线、城市制高点、建筑高度分区等，城市景观体系可以包括城市开放空间景观、色彩景观、夜景观、建筑景观以及人文活动景观等，并且对各类空间环境，包括居住区、工业区、中心商务区等不同功能区域环境性格特色提出整体控制对策。其中针对寒地城市宜居性建设意义尤为重要的是建筑高度分区控制应采取规定性导则加以控制，对于城市色彩、夜景观、开放空间、人文及旅游活动等则采取指导性导则加以引导。

在局部地段城市设计层面，应该注重通过城市设计导则控制各种公共开放空间的日照和遮风条件。比如针对不同开放空间的规模、类型和区位按照不同时段要求制定满足相应日照和遮风条件的城市设计导则，从而保证城市公共开放空间的环境质量，并以此延长寒地城市“户外季节”的长度，提升城市活力。

总之，寒地城市设计除了规定用地性质、容积率、建筑密度、绿地率、建筑高度、后退红线等几项基本规定性导则以外，还应该针对冬季季节特点，制定关于城市公共空间的微气候条件如日照环境和风环境，植被情况，照明条件，环境设施的颜色、材料甚至位置等指导性的导则，从而达到全面提升寒地城市空间环境质量的目的。

8.1.2 制定设计管理激励性政策

为了鼓励土地所有者和开发商在自己的用地上为城市修建公共空间，寒地城市应该制定相应的设计管理激励性政策，以促进公共绿地、广场、公共停车场和其他公益设施

---

① 金广君 . 美国城市设计导则介述 . 国外城市规划，2001, 2:6–8.

的开发建设，更为重要的是能够大力推动寒冷地区高质量、高舒适性的城市公共空间环境的开发建设，增加城市在寒冷季节的活力和吸引力，改善寒地居民生活质量，从而进一步提高寒地城市环境的宜居性。

国内外一些城市为了鼓励开发者提供公共设施和公共空间制定了一些激励性政策。早在1916年，美国纽约市就有了分区确定土地功能和建筑高度的“区划法”。多年来，“区划法”一直对城市公共空间形态的建设与发展起着重要的影响甚至是决定作用，比如著名的奖励性区划（Incentive Zoning）政策通过提高容积率来鼓励开发商在地段内提供广场、步行走廊、拱廊等公共空间，对公共事业作出贡献的给予一定的容积率奖励。比如在纽约中心区，如果开发商能够为公众提供公共空间和设施，那么其所开发的用地可以允许增加一定的容积率。该市曾制定能使广场和街景优化的设计准则和强调“步行街体验和街道感受”的重要准则，用面积补偿法鼓励建筑设计留出外部公共空间。规定每留出 $1m^2$ 的外部空间，就允许建筑物在规定区域内多建 $10m^2$ 的建筑面积。美国现行的建筑法规一反过去约束“高空权”的“退后”（建筑顶部退缩规定）和约束“地权”的“覆盖率”，而进一步规定只要底部公有化（奉献给城市公用）便可优惠“高空权”和“覆盖率”，甚至允许跨街建楼。实行容积率补偿法以后，从1961 ~ 1972年的十几年间，纽约已经拥有数量相当可观的“世界上最昂贵”的城市公共空间。①

土地发展权转移（Transfer Development Right）制度也是一项相关的激励性政策。土地发展权转移制度是通过将一些有历史价值的地段由于严格的高度控制而无法达到的容积率转移到其他地段上去，从而平衡业主利益和建筑保护之间的矛盾，这项制度也可以使城市内开放空间和一些极具景观与生态价值的土地发展权通过相关的配套措施，转移至其他的土地，以此鼓励开发商在开发范围内通过降低开发强度以提供各种公共空间。②作为交换，可在区划法令的限制之外增加开发强度，保证城市公共空间的建设。

此外，一些城市相关的激励性政策还包括减免税赋的方法，即政府通过税负减免的优惠政策来鼓励对公共设施的投资。

在香港，汇丰银行把地下整层用作公共行人通道，长江中心则在大楼旁边辟设了公众休憩用地，让市民可以观赏毗邻的历史建筑。

上海市在《上海市城市规划管理技术规定》中制定了相应的奖励规定，中心城内的建筑基地为社会公众提供开放空间的，在符合消防、卫生、交通等有关规定和本章有关规定的前提下，可按规定增加建筑面积 1 ~ $2.5m^2$，但增加的建筑面积总计不得超过核定建筑面积（建筑基地面积乘以核定建筑容积率）的百分之二十。③

奖励性区划和土地发展权转移对于寒地城市建设管理有较为重要的借鉴意义。多年来，虽然曾经不断有专家学者倡导在冬季提供气候防护的城市公共空间项目的开发和实施，但由于资金、用地等方面的原因，一直没有在寒地城市得以广泛实施。通过制定相

① 王鹏．城市公共空间的系统化建设．南京：东南大学出版社，2002:231.

② 李翅，马赤宇．城市设计的控制引导及实践探讨．城市规划，2003, 3:73-78.

③ 上海市城市规划管理技术规定（土地使用建筑管理）（2003年1月18日上海市人民政府令第12号发布）。

关的奖励规定如提高容积率或增加建筑面积、优先选择区位等，可以鼓励开发商建设公共绿地以及有气候防护设施的公共空间，如室内街、空中步道、附属于建筑物的步行玻璃连廊以及用于避寒的暖亭等，尤其是要鼓励不同开发商共同合作建设气候控制的公共空间，以保持设施的连续性，因为不连续的气候防护设施对行人的防护作用很小。另外，利用土地发展权转移政策，可以将寒地城市中由于保护重要的开放空间的日照环境及风环境而使周边地段无法达到的容积率转移到其他地段上。

这两项政策的实施，对于开发商而言，既得到了相应的面积补偿，利益得到了平衡，而且其开发的带有公共对外空间的商业、娱乐、办公、住宅设施往往又具有较好的经济效益。另一方面，对于公众而言，不仅增加了城市公共空间的面积，而且还可以提高城市公共空间环境的质量，满足寒地居民在冷暖不同季节体验公共生活和社会交往的需求。

对于寒地城市还可以采取其他切实可行的激励性政策：

①通过减免或降低税收的方法来鼓励开发商进行寒地城市公共设施、开放空间和步道系统的建设；

②对适于寒地城市冬季气候特点的室内化设施的开发建设项目提供低息贷款，给予一定的资金奖励或补贴，或者减收一定比例的土地使用费和管理费；

③允许对部分公共设施进行收费等激励性政策，用以推动寒地城市公共空间环境的建设。

除此之外，鼓励开发商对于寒地城市中心区用地进行混合使用开发，把日常的使用功能空间放在最近并且使冬季出行距离缩短，允许一些相互促进的行业以不明显的方式共同存在于城市中心区等各种激励机制对于寒地城市也具有一定的现实意义。

8.2　完善寒地城市建设管理的地方性规定

8.2.1　城市规划管理方面的地方规定

建设宜居的城市环境，实施相关的城市建设政策以及城市规划设计对策需要城市规划管理作为政府的职能来发挥效力，从而对城市的各项建设用地和建设活动进行控制、引导和监督。由于城市规划工作的地方性很强，不同城市在建设方面存在着特殊性，因而要因地制宜地搞好城市规划管理，必须结合自己的特点和条件，在国家法律和行政法规的指导下，有针对性地健全地方规划法制建设。随着城市规划的法制建设日益走向健全和完善，一些技术标准和技术规范也相继出台，为城市规划的编制和审批提供了必要的科学依据，为城市规划管理工作提供了相应的技术支持。

寒地城市规划的编制需要以严密的城市规划法规体系作为重要前提。在实际的工作中，国家层面的法律和法规如《中华人民共和国城市规划法》、《城市规划编制办法》及其实施细则等，以及与城市规划有关的国家和部级标准和规范如《城市用地分类与规划建设用地标准》、《城市居住区规划设计规范》、《城市道路交通规划设计规范》等虽然对寒地城市规划编制起着重要的指导作用，但却相对宏观、宽泛，而一些寒地城市在地方规划法规的某些方面不完善，对城市规划编制造成了一定影响。

因此，除了遵循普遍意义的国家法律、法规和规范以外，位于寒冷地区的省、市还应根据自身情况的特殊性，本着增加寒地城市环境的宜居性，提升居民生活质量的原则，有针对性地对相应的地方性法规和规章加以补充和完善，为寒地城市规划编制提供更加科学的依据，推动寒地城市规划管理的法制化进程。

8.2.1.1　增设寒地城市规划编制内容

完善的寒地城市规划编制内容有助于更有效地对城市规划建设进行控制和管理，并且为城市未来的可持续发展提供指导依据。

由于不同地区建设和发展的背景不同，因而需要根据实际情况对相关内容加以补充。对于寒地城市而言，根据自身地域特点增加城市规划编制内容，有利于有针对性地对寒地城市建设进行管理和控制。漫长的冬季、寒冷的气候条件以及降雪等对寒地城市规划和宜居性建设影响很大，而以往一些寒地城市的规划编制对这些影响的认识存在一定的不足，规划中没有体现对许多与季节相关的问题的解决，在对寒地城市建设的指导性方面有一定的欠缺。因此，有必要在寒地城市地方性规划编制办法中纳入针对冬季的规划。

在地方性规划编制办法中可以规定在寒地城市总体规划层面，须编制单独的“冬季规划”作为一个专项规划，并且规定“冬季规划”中需要特别阐明寒地城市针对冬季气候特点在总体布局、居住用地布局规划、公共设施用地规划、道路系统规划、市政设施系统规划、绿地景观规划等方面采取的规划应对策略。

当然，也可以采取另一种方式，即不要求编制单独的“冬季规划”，而是规定在各分项规划中加入相应的“冬季规划”的策略。尤其是对于一些只有寒地城市特有的问题，应该在规划编制中予以重点体现，包括：

①寒地城市气候防护设施系统规划；

②冬季冰雪展示和运动场所的规划；

③积雪消纳场所以及积雪清运路线的规划；

④冬季河湖水系的利用规划；

⑤冬季城市景观规划等。

“冬季规划”的内容应该反映在规划成果的图纸、说明书中，并将相应的条款纳入规划文本中。

在详细规划的层面上，也可以根据地方城市规划管理和审批的需要规定在规划编制时将针对冬季气候的特殊规划对策反映在规划成果中，如在中心区地段城市设计和居住区规划设计中纳入气候防护对策以及关于绿地、水体等景观在冷暖不同季节的规划设计对策等。

8.2.1.2　提高相应的地方标准

针对相对严酷的寒地自然环境，在规划设计时，应提高相应的地方性规划设计标准。比如在日照间距的规定上，根据中华人民共和国国家标准《住宅设计规范 GB 50096—1999（2003 版）》规定，“每套住宅至少应有一个居住空间能获得日照，当一套住宅中居住空间总数超过四个时，其中宜有两个获得日照”。获得日照要求的居住空间，其日照标准应符合现行国家标准《城市居住区规划设计规范 GB 50180—93（2002 版）》中关于住宅建筑日照标准的规定。该规范中关于按照建筑气候区划规定的Ⅰ区和Ⅱ区应满足大寒日在有效日照时间带内日照时数大于等于2小时。

以哈尔滨为例，该地区要满足大寒日2小时连续日照时南北向布局的日照间距系数应为2.32，按国家标准《城市居住区规划设计规范》新建住宅日照间距标准只要达到2.15即可，国标本身已经降低了要求，而哈尔滨市规定新区开发住宅日照间距达到1.8，旧区改造住宅日照间距达到1.5即符合地方规定，明显低于国家规定的设计标准，使得1～3层住户冬季基本不能得到日照。因此，虽然寒地城市存在着住宅所需日照间距较大与建设用地不足的矛盾，我们还是应该积极通过对于日照、建筑层数和组合方式以及用地经济性等方面的研究分析，对地方日照标准加以改进以保障居民享有日照权利。

8.2.1.3　制定和完善相关技术规定

城市规划管理技术规定是各地通过对城市不同区域、地段的城市规划主要控制要素作出的具体化和强制性规定，进一步规范建筑、规划设计和管理行为。地方的城市规划管理技术规定，是顺利实施城市总体规划，体现城市规划管理科学性和强制性的重要地方政府规章，同时也是创造宜居城市，实现城市可持续发展的重要技术法规文件。

制定较为完善的规划编制技术规定，对于寒地城市意义重大。比如一些相关的规划控制要素如地块建筑容量控制、建筑间距与建筑退让红线控制、建筑物的高度控制、城市建筑景观控制、绿地控制等可以纳入到较为综合的技术规定控制中，有利于从整体上提升寒地城市物理环境质量，而良好的城市物理环境是寒地城市宜居性建设的关键。另外，也可以主要就寒地城市建设和管理某一方面的具体问题作出专门规定，以起到补充作用。通过城市规划管理技术规定的制定和完善，能够有效地为寒地城市规划管理提供科学依据，增强规划的实用性和操作性，维护公众利益，建设宜居的寒地城市环境。

当前，针对中国的寒地城市，主要是一些规模较大的寒地城市的规划管理工作中存在的实际问题，应该重点补充的是较大体量建筑物对城市公共空间物理环境，主要是风环境和日照环境影响的评价方面的规定。

世界上有许多城市要求在进行城市设计时考虑日照和风环境，如美国的纽约、波士顿、芝加哥、费城、匹兹堡和旧金山，加拿大的卡尔加里、埃德蒙顿、温尼伯、哈利法克斯、蒙特利尔、渥太华、多伦多等。温尼伯市在对中心区各项开发的审核中，重点审查反映人行舒适程度的局部地区微气候环境，要求遵循设计准则中对绿化、色彩和气候影响等方面的要求。还有一些城市要求较大的建筑项目，如高层建筑等要有风环境研究和阴影评价。

澳大利亚的许多大城市从20世纪70年代就开始要求一些体形比较大的建筑物、建造在休闲区以及商业区附近的高层建筑在建造前进行风环境的评估。悉尼市政府制定的有关环境管理的法规中，也明确规定建筑物的形状、位置等应该满足地面附近的公共安全和舒适性，并且建筑物的可上人平台也应该满足舒适性标准。①

① 咸真珍．寒地城市住宅小区室外物理环境规划设计对策研究．哈尔滨工业大学硕士学位论文，2004:3.

加拿大对绿色建筑的评估除了需要考虑该建筑的环境负荷以及在建造过程中对所在地生态系统的影响以外，还要考虑对建筑周边风环境的影响，对邻近住户采光的影响以及对邻近住户冬季日照的影响等。①

在纽约，大的发展项目的主办者要进行风环境研究，要求项目实施后在新建和原有开放空间中形成的风速必须低于项目建成前原有的开放空间中的平均风速。旧金山则规定如果规划设计的建筑物体量和形式造成周边步行空间区域的风速超过每小时 11 英里，用于闲坐的区域的风速超过每小时 7 英里，那么这样的建筑是不能被规划审批通过的。②

美国旧金山市非常注重室外公共场所的热环境质量，相应出台了保证公园阳光和限制公共场所不利风速的法规，并以此作为建筑单体构造及群体布局的依据。③

在中国，目前，无论是设计者、开发者还是管理者对于大体量建筑造成城市公共空间微气候环境质量下降的问题的重视程度都还不够，没有相应的法规进行制约和规范，从而导致一些寒地城市室外公共空间环境的舒适性较差。即使是一些规划管理部门意识到这一问题，也苦于没有相关规定来为审批提供依据。因此，应该制定相关规定，要求新规划的较大体量建筑在审批前应该提供其建设对周边公共空间的物理环境造成的影响的评估报告，评估结果要符合规定的要求，以利于科学合理地进行规划审批。此外，还应制定寒地城市公共空间包括开放空间和步行空间风环境对于行人活动的安全和舒适标准，在规划管理中要求对一些行人活动频繁的区域进行风环境和日照环境评估等。

8.2.2　市政及公用事业管理方面的地方规定

一般而言，城市市政及公用事业管理方面的规定主要包括市容和环境卫生管理，道路、桥涵、供热、供电、供水、排水、公用照明等基础设施管理，园林绿化管理，广告标志及户外灯饰管理，城市广场、公用停车场以及其他公用设施管理等多方面的内容，寒地城市应该在此基础上，根据自身的实际情况进一步补充和完善能够反映寒冷地区地域性特点、解决地域性问题的相关规定。

8.2.2.1　针对冬季清除冰雪的地方性规定

冬季冰雪对于寒地城市的生产和生活影响很大，冰雪清除也一直是困扰世界寒地城市的共性问题，能够及时、有效地清除冰雪对于提升寒地城市环境的宜居性意义重大，因此，多年来，全世界北方城市都在对冰雪清除模式进行探索，许多寒地城市都根据自身实际情况制定了冬季清除冰雪的相关规定。

欧美国家的寒地城市采用完全市场化方式，政府划拨财政预算，通过市场进行招投标确立清冰雪主体。由于市场化、机械化程度都非常高，这些城市多采取边下边清、雪停路畅的作业方式。因此，在相应的管理条例中针对机械清雪规定了根据不同道路等级

① 加拿大 GBC 2000（Green Building Challenge 2000）评估手册第四卷集合住宅 .

② Isaac G. Capeluto., A. Yezioro, E. Shaviv. Climatic Aspects in Urban Design—A Case Study. Building and Environment，2003, 38:828-829.

③ 林波荣，李莹，赵彬，朱颖心 . 居住区室外热环境的预测、评价与城市环境建设 . 城市环境与城市生态，2002, 2:41.

及其重要程度的优先方式，机械清雪实施的条件、时间以及积雪存储的地点。

中国北方一些寒地城市中，机械清雪并不普及，管理规定是在人力清雪的背景下制定的，一般包括清运冰雪的责任段划分、清运冰雪的时限以及相应的奖惩措施等。其中哈尔滨、沈阳等城市在清运冰雪的规定中指明，城市清运冰雪实行责任制，各清雪责任单位按照管理区域划分，相关的单位负责不同的责任区，以雪为令，雪停即扫。规定中明确广场、立交桥、人行过街天桥、市场、车站、各级道路以及重点区域雪停后积雪清除和运出的时限，还提出了城市道路清雪应达到的要求以及积雪在某些地点禁止堆放的相关条文，对清运雪贡献突出的单位和个人进行表彰、奖励以及对不履行清冰雪义务或者违反规定的单位进行处罚的措施等。

然而，随着中国市场经济的发展和城市社会结构的变革，寒地城市原有的清冰雪管理开始暴露出许多问题，除了资金不足、雪情预报不准等因素以外，主要是原有的管理体制陈旧，管理规定不符合当前发展的需要，具体表现在：

（1）认识不清。许多寒地城市对清雪性质缺乏合理的定位，没有把清冰雪当成同供热、排水、供电性质相同的城市市政基础项目来经营运作，而认为清雪对城市来说不过是经常性的公益活动或政府部门的经常性工作。

（2）责任主体混乱。一般而言，中国寒地城市的清冰雪地方性规定中均强调清运冰雪实行责任制，沿用计划经济时代按照单位人数计算管理区域划分责任区的方法。而在实际执行中，有时清冰雪责任区的面积很难计算准确，还有一些清冰雪责任主体常常在缴纳“以资代劳费”后，将责任区委托给街道办，形成以区、街为主，以部分道路管理企业、清冰雪公司、门前三包对象为辅的多头清冰雪格局。因为清冰雪责任主体错综复杂，各自为政，由此造成责任主体职责不清、相互推诿，出了问题有关管理部门很难分清是谁的责任，进一步导致行业管理弱化，影响了市场化全面推广。

（3）不遵守融雪剂使用的相关规定。虽然目前许多城市在现行的地方清冰雪规定中都对融雪剂的使用进行了严格的规定，但仍然有许多清冰雪单位为了提高效率和节约成本布撒大量非环保型融雪剂，甚至是大粒盐，其结果是不仅使白雪变色，产生大量黑泥，影响景观（图 8–1），而且污染土壤，破坏城市生态环境，造成许多负面影响。

图 8–1　撒过融雪剂的街路

（4）清雪专业化程度不高。虽然中国的许多寒地城市如哈尔滨、沈阳等城市清冰雪作业已经用人机结合替代了过去的“人海战术”，但清冰雪队伍的专业化程度还不高，主力依然是担负着保洁任务的环卫工人。以哈尔滨为例，150台（套）清冰雪设备都分散到各区，难以形成规模作业，机械化程度进展缓慢，影响了清冰雪的效率。[①]

以上问题的产生实际上源于许多寒地城市缺乏适应当前城市发展的新的管理机制。清除冰雪是寒地城市一项常规的突发性工作，目前美国、加拿大、德国等国家的清冰雪作业都已实现了由清冰雪公司负责的市场化运作，政府负责制定规章、招标和进行管理服务。虽然突降大雪也难免交通瘫痪，但已成功解决了机械化、清冰雪时效等一系列问题。中国的寒地城市在经历了全民动手清冰雪的传统方式之后，也在积极进行清冰雪工作市场化方面的探索，而全面推进清冰雪市场化必须有健全的管理机制和完善的市场规则作为保证，因此，需要根据实际情况重新制定和补充相关的地方性规定，主要应包括以下几方面内容：

①明确清冰雪工作的管理部门和管理权限。

②制定清冰雪工作招投标制度的相关规定，以强化对清冰雪工作招投标活动的监管，同时严格制定清雪公司的市场准入和退出制度。

③完善清冰雪工作中融雪剂的使用规范，包括环保标准、使用的条件和强度以及使用融雪剂融化的冰雪在清运时间以及倾卸场所等方面的规定，在保护生态环境的前提下降低劳动成本，提高清运冰雪的效率。

④明确在不同降雪等级条件下，城市相关的反应处理机制，以提高城市在遇到高强度降雪时的应变能力，减少对城市交通的影响。

⑤划分等级，明确清冰雪的优先地段以及重点区域，以确保城市重要公共和交通空间的顺畅。

⑥制定清冰雪工作验收的质量标准。

⑦明确对各方违约的相应处罚条款，以监督清冰雪工作的顺利实施。

⑧明确清冰雪资金的来源以及筹集方式的地方性规定。

8.2.2.2 针对冬季冰雪景观设施的地方性规定

当前，越来越多的寒地城市将冰雪资源作为冬季赋予城市的财富而积极加以利用，冰雪景观成为许多寒地城市形象建设的重要组成部分。冬季冰雪景观主要包括不同规模的冰雕、雪塑、大型冰建筑等，中国北方尤其是东北地区的寒地城市冬季漫长，每年冰雪景观从开始建设、展示到最后拆除大约要经过2～3个月时间，而在此期间，一些寒地城市冬季冰雪景观设施中存在着许多问题，主要表现在：

①许多中小型冰景设计和制作粗制滥造，缺乏有关部门的严格把关，布局缺乏统一规划，影响寒地城市景观。

②一些地点的冰雪景观设施使用期间缺乏有效的管理和维护，冰景上的污尘没有及时被清扫，外观不整洁，有些冰景损坏得不到及时修复。

---

① 哈尔滨，如何破解清冰雪难题？ http://www.heilongjiang.northeast.cn/system/2005/02/02/018590042.shtml.

③气温升高时，冰景融化，有时得不到及时清理，危及行人、游客及车辆的安全。

由此可见，冬季冰雪景观设施的管理对于塑造良好的城市形象以及提高城市环境的安全性都是十分重要的，应该作为一项重要的市政公用事业加以管理。针对以上存在的问题，在一些冬季建设有较多冰雪景观设施的寒地城市，应该制定相应的冰雪景观设施管理的地方性规定，该规定也可以作为一些条款纳入到城市市容环境管理规定中，包括：

①关于冰雪景观的规划布局以及设计的审批及管理的相关规定。

②冰雪景观设施工程施工管理的规定。

③冰雪景观设施日常管理及维护的相关规定。

④冰雪景观设施拆除时间以及拆除方式的相关规定等。

8.2.2.3　其他针对冬季户外环境设施的地方性规定

寒地城市每年有 3 ~ 6 个月的时间都处于漫长寒冷的冬季，气候对于户外环境产生很大的影响，因此，针对气候特点制定关于户外环境设施的地方性规定是十分重要的。比如，禁止使用光滑的地面铺装材料用于人行道、广场等的铺装，以防止雪后行人走在上面摔倒等。

8.3　拓宽寒地城市建设资金渠道

城市建设管理的一个重要组成部分是城市维护建设资金的管理，建设宜居寒地城市环境的关键之一在于城市建设资金投入。以往由于受经济发展水平和城市原有建设投资体制的制约，寒地城市政府无力承担过重的基础设施等公用事业投资，而其他投、融资渠道又很有限，城市建设资金缺口很大，不仅使得许多寒地城市道路以及市政基础设施等的建设受到影响，而且更加影响到气候防护设施的建设，降低了城市环境的宜居性。因此，在现有政府投资的基础上，大力拓宽寒地城市建设资金来源的多种渠道，增加寒地城市建设投入，应成为寒地城市建设管理层面的一项重要举措。

8.3.1　通过城市经营开辟多元投资渠道

寒地城市拓宽城市建设资金渠道需要从根本上打破原来城市建设和管理由政府包揽的局面，利用市场机制建立城市建设和管理的多元投资体系，因此，应充分借鉴城市经营的理念。根据城市功能对城市环境的要求，运用市场经济手段，对以公共资源为主体的各种可资经营资源进行资本化的市场运作，以实现这些资源资本的最大化与最优化，从而实现城市建设投入和产出的良性循环、城市功能的提升及城市的可持续发展。[①]

虽然城市经营的最终目的并非仅仅为获取大量的城市建设资金，一味资金导向的城市经营也会引发一系列的问题，但是，不可否认的是，筹措城市建设资金确实是城市经营的目标之一。

通过城市经营筹措城市建设资金的具体对策主要有政府财政投入、政策性收费、政

① 张京祥，朱喜钢，刘荣增．城市竞争力、城市经营与城市规划．城市规划, 2002, 8:21.

策性集资、银行贷款、土地批租和出让收入、盘活存量资产、城市建设项目经营特许权的经营、BOT（Build-Operate-Transfer）融资方式、ABS（Asset-Backed Securitization）融资方式、服务业价格、债券、彩券、利用外资和租赁融资、股票融资等。除了国家和地方财政投入用于城市重点建设工程和公益性建设项目外，城市经营主要包括四个大方面的运作：一是城市土地资产的经营，将有限土地进行置换、批租、使用权出让所取得的收益，集中用于土地开发复垦和城市基础设施建设；二是城市基础设施的资产经营，按照“谁投资、谁经营、谁受益、谁承担风险”的原则，采用独资、合资、合作等多种形式，吸引国内外投资者参与城市基础设施建设经营，或采用BOT方式建设经营城市基础设施，盘活城市现有基础设施存量资产，实现存量资产的保值、增值、变现，同时，通过发行股票、债券、彩券等方式拓宽城市基础设施融资渠道；三是市政公用事业经营市场的培育，打破行业和地区垄断，引入竞争机制，变独家经营为多家经营，增强行业发展活力，同时，建立科学合理的市政公用事业价格机制，促进市政公用事业的健康发展；四是城市有形资产的变现和城市品牌的升值，如通过公交线路经营特许权、出租车经营权，以及对立交桥、道路的冠名权、广告权的招标拍卖等方式筹集资金。①

哈尔滨市在财政支付困难的情况下，为了尽快发展污水处理、生活垃圾无害化处理事业，有关部门采用BOT方式，将一个污水处理厂和两个生活垃圾无害化处理场“租”给了三个不同的企业集团，使这两个行业取得了突破。2003年前，哈尔滨市城市生活污水无害化处理率是零；2004年前，城市生活垃圾无害化处理率仅为5.7%；而2005年，哈尔滨市城市生活污水和生活垃圾的无害化处理率都大幅飙升，分别达到了16.5%和45%，一年后分别突破60%和80%。

因此，寒地城市应该充分依托城市经营的理念，通过市场化的经营来合理利用和优化配置城市的冰雪、植被、水体等自然资源以及用地、基础设施、公用服务设施等社会资源。利用寒地城市自身的功能吸纳建设资金，在市场化机制的作用下，逐步形成寒地城市建设投资主体多元化格局，尤其是鼓励民营资本参与到道路以及市政等城市公用事业建设领域的建设中，使资本从市场经营中获得利润，力求增加寒地城市建设基础投入，取得城市建设和管理中经济效益、社会效益最大化，从而实现完善城市道路及市政工程等基础设施的目标。并且，在此前提下，进一步强调寒冷气候条件下城市公共气候防护设施建设资金的筹措，提高寒地城市环境的宜居程度，促进寒地城市可持续发展。同时，积极推进市场化，还可以通过市场化来打破垄断，引用市场的竞争机制提高寒地城市建设和管理的效率，降低成本。

8.3.2 建立寒地城市冬季专项建设基金

在力争多渠道、社会参与的城市建设投资的基础上，作为寒地城市，为了增加冬季城市环境的安全性和舒适性，提升城市环境的宜居程度，还应该设立专项用于针对寒冷气候的城市建设资金，逐步建立规范的城市冬季专项建设资金保障体系。

① 任致远．关于城市经营的几个观点．现代城市研究，2002, 1:3-5.

冬季专项建设资金可以有以下一些用途：

①直接用于政府建设和维护城市公共空间环境气候防护设施以及改造冬季寒地城市景观；

②用于对私人投资建设和维护城市公共空间环境气候防护设施以及改造冬季寒地城市景观的补贴；

③用于对私人建设项目中采纳气候防护设计的奖励；

④用于对私人投资建设城市公共空间环境气候防护设施提供贷款；

⑤用于冬季清除公共场所冰雪的补贴；

⑥用于对适应寒冷的冬季气候条件而进行的城市建设方面的特殊科学研究、竞赛等活动的资助等。

冬季专项建设资金有多个来源，可以在以下一些收入中抽取一定的比例，包括：

①地方财政收入，包括税收、建设债券、城市公用事业收费等；

②土地开发中的收益；

③城市建设中的违章罚款；

④利用税收，征收发展收益税；

⑤争取国家针对寒冷地区给予的特殊投资以及社会各界捐献等。

此外，还应该保证冬季专项建设资金实行专款专用，在城市财政预算中列出收支，年终结余部分滚动使用并接受相关部门的监督。

8.4　积极维护寒地城市社会公平

当前，城市的功能和利益主体日趋多元化，城市经济社会管理和建设管理的关系变得更加复杂，城市空间作为日益紧缺的资源逐渐成为多种利益主体角逐和博弈的对象，公众利益尤其是一些低收入弱势群体的利益往往受到侵害，因此，寒地城市建设管理也面临积极维护社会公平的现实选择。

8.4.1　加强针对寒地城市违法建设的管理

维护社会公平首先应加强针对寒地城市违法建设的管理。近年来，违法建设在许多寒地城市成为屡禁不止的一个大问题，类似于小区公共绿地被侵占、住户获得日照的权力被剥夺等的上访事件也不断发生，违法建设直接侵害了寒地居民尤其是一些低收入弱势群体的利益。

许多寒地城市发生违法建设主要有三方面的原因：一是一些不法开发商突破经过审批的容积率，擅自提高开发强度造成的；二是某些政府部门出于政绩的需要，为了所谓的招商引资，发展地方经济，不惜修改既定的具有法律效力的规划来迁就投资商造成的；三是规划管理部门在审批过程中由于相应的技术规范不完善、把关不严而造成的。其中，前两种情况属于典型的违法建设行为。

违法建设对于寒地城市环境的宜居性建设会产生很大的负面效应。寒地城市本身由于地理位置和气候的原因，冬季寒冷漫长，日照时间短，居民的生活受到影响，而且城市还面临着由于人口密度大、建设用地紧张、城市化进程加快带来的城市环境质量下降的问题。对于寒地居民而言，充足的日照不仅意味着冬季温暖和舒适的感受，也意味着精神上的愉悦，任何人无论是中、高收入群体还是低收入群体的居民都有享受日照的权力。违法建设势必会加剧寒地城市环境质量的恶化，降低城市环境的宜居性，带来的直接后果就是广大公众利益受到侵害。当前在一些寒地城市中，住宅的日照被新建建筑遮挡的案例层出不穷，有些遮挡甚至是永久性的完全遮挡，而开发商在交纳罚款之后，仅仅付给居民少量的补偿，留给居民的却是从此之后享受日照的权利被剥夺。

对于寒地城市而言，法制化是寒地城市建设管理的根本保证，完善的立法对于提高寒地城市环境宜居性的意义重大，除了国家层面的立法之外，还应制定较为严格的地方法规，保障寒地居民享受日照的基本权力，并且通过良好的法制环境，约束房地产开发商的行为，杜绝各种违法行为，为寒地城市环境的宜居性建设提供法制的监督和保障。

此外，还应在地方法规中增加对于参与违法建设的设计、施工方处罚的条款。在每一宗违法建设案中，设计方、施工方与建设单位或个人都是违法的主体，都应承担相应的法律责任。《上海市城市规划条例》中就规定对违反条例造成违法建设的设计单位、施工单位处以相应的罚款，并由主管部门根据情节轻重给予通报批评、停业整顿直至吊销资格证书的处分。同时，应加大对不法开发商的处罚力度，可以征收巨额罚款，用于城市公益事业和城市建设。

总之，寒地城市应该根据自身特点在国家法规的基础上加强地方层面的法制建设，以减少由于法制不健全导致对于社会公众利益侵害事件的发生。

8.4.2 强化寒地城市建设管理的公众参与

寒地城市建设管理的决策涉及社会公众利益，因此公众参与城市建设管理对于寒地城市环境的宜居性规划建设意义重大。

公众参与寒地城市建设管理过程，可以使寒地城市建设管理部门更加客观、准确地理解和概括公众的多方需求，尤其是低收入群体的实际需求，保证社会各利益主体平等参与公共事务的决策，从而使得寒地城市环境建设更加具有人性化特点，有利于弥补寒冷气候环境对于市民生活尤其是低收入市民的负面影响。

此外，在市场经济体制下，城市建设出现投资多元的趋势。不同投资主体往往都强调自身追求利益的最大化，比如，开发商往往想尽可能提高开发强度，因此有时会牺牲业主的采光、日照或者公共绿地；政府在建设资金短缺时，有时也会迁就开发商而修改规划，因此会引发社会公众和投资主体之间利益的冲突和矛盾。通过加强公众参与，能够降低行政权力和其他利益集团对寒地城市规划和建设管理产生的负面影响，真正实现寒地城市建设管理符合社会公众的利益，维护社会公平，最大限度地消除建设中的腐败现象，积极促进寒地城市环境建设的良性发展。此外，公众参与还能够使广大市民及时发现与自身权益相关的侵害事实，如遮挡阳光、侵占绿地等，及时维护权益。

公众参与尤其是市民参与需要设计者和管理者有效地加以引导，主要是为公众参与过程提供技术上的支持，这是公众参与法制化的重要保障。对于许多寒地城市规划和市政建设的专业知识，广大市民并不掌握，比如城市规划中日照阴影等方面的问题，所以，应该对其给予充分的知识准备和正确引导。通过发放背景资料、专家讲解、公布重要信息等手段，使公众获得理性认识，才能更好地展开公众参与。日本东京都地区实行“建筑基准法”条例，为了使市民更加理解关于遮光方面的条款，向每户家庭散发了各区的遮光规定、区域图及文字说明，以保证市民对于规划和建设的监督，维护自身合法权益。

同时，应进一步发展和健全公示、听证、政务公开等制度，积极开辟公众参与的其他渠道包括市民问卷调查、各利益代表座谈、社会征集建议、书信、电话热线、上网、上访、社会舆论及新闻监督等制度和方式，对寒地城市公共事务的执法状况予以监督。

附　录

附录1 中国建筑气候区划标准

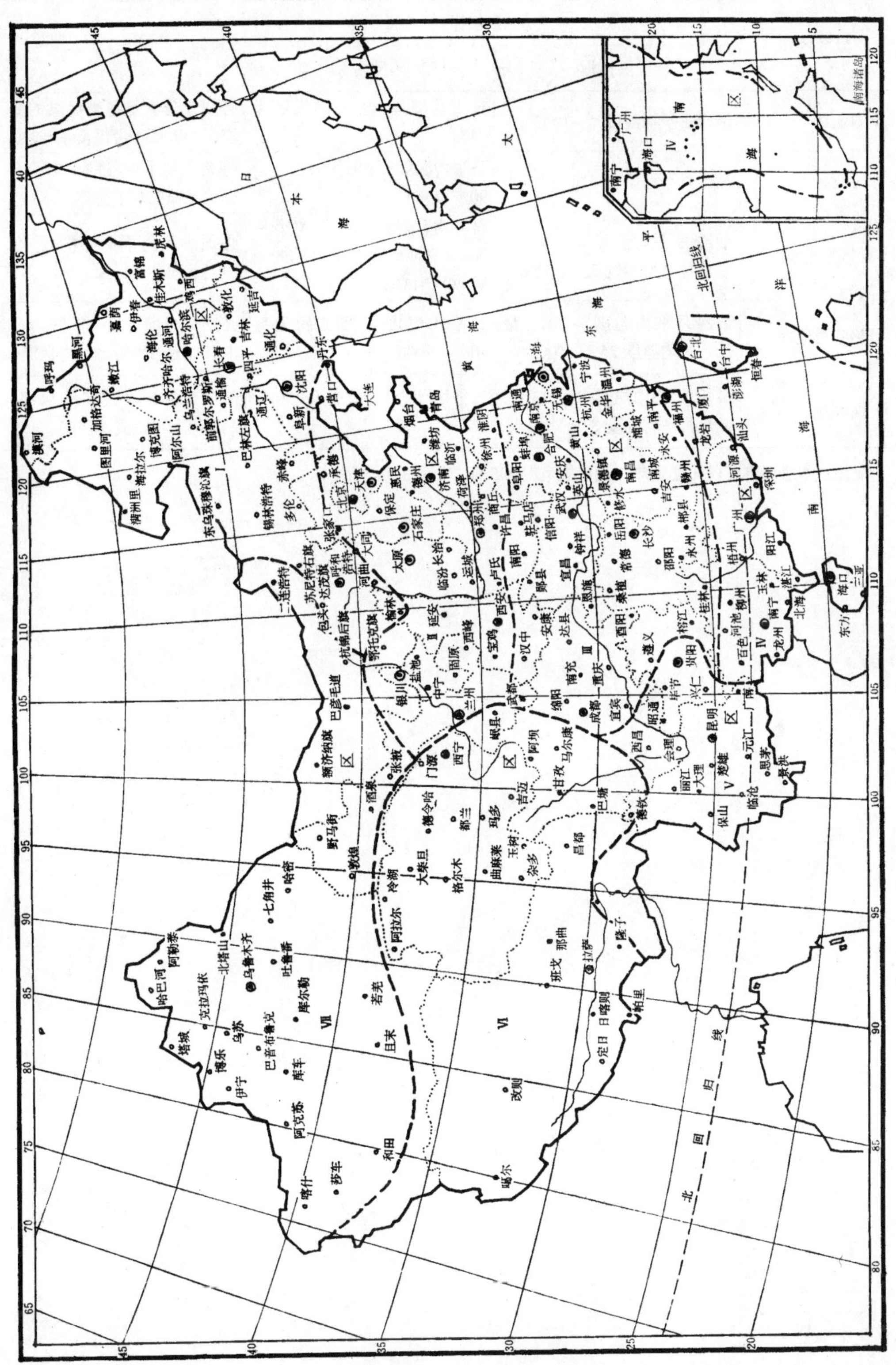

附录 2　建筑热工设计分区及设计要求

分区名称	分区指标		设计要求
	主要指标	辅助指标	
严寒地区	最冷月平均温度≤ -10℃	日平均温度≤ 5℃的天数≥ 145d	必须充分满足冬季保温的要求，一般可不考虑夏季防热
寒冷地区	最冷月平均温度 -10 ~ 0℃	日平均温度≤ 5℃的天数 90 ~ 145d	应满足冬季保温的要求，部分地区兼顾夏季防热
夏热冬冷地区	最冷月平均温度 0 ~ 10℃，最热月平均温度 25 ~ 30℃	日平均温度≤ 5℃的天数 0 ~ 90d，日平均温度≥ 25℃的天数 40 ~ 110d	必须满足夏季防热的要求，适当兼顾冬季保温
夏热冬暖地区	最冷月平均温度 >10℃，最热月平均温度 25 ~ 29℃	日平均温度≥ 25℃的天数 100 ~ 200d	必须充分满足夏季防热的要求，一般可不考虑冬季保温
温和地区	最冷月平均温度 0 ~ 13℃，最热月平均温度 8 ~ 25℃	日平均温度≤ 5℃的天数 0 ~ 90d	部分地区应考虑冬季保温，一般可不考虑夏季防热

注：本表源自《民用建筑热工设计规范》（GB 50176—93）。

附录 3　世界范围内部分寒地城市气候条件（气温）一览表

表 1

城市名称	地理位置	海拔高度	十二月气温（℃）			一月气温（℃）			二月气温（℃）			六月气温（℃）			七月气温（℃）			八月气温（℃）		
			最高	最低	平均	最高	最低	平均	最高	最低	平均	最高	最低	平均	最高	最低	平均	最高	最低	平均
青森（日）	40.49N/140.46E	3m	4	−1	1	1	−4	−1	2	−4	−1	22	13	17	25	17	21	28	19	23
旭川（日）	43.46N/142.22E	112m	0	−7	−3	−3	−12	−7	−2	−12	−7	22	11	16	26	16	20	26	17	21
札幌（日）	43.03N/141.20E	17m	2	−4	0	0	−7	−4	0	−7	−3	21	12	16	25	17	20	26	18	22
芝加哥（美）	41.59N/087.54W	205m	1	−6	−2	−1	−10	−5	1	−7	−3	26	14	20	29	17	23	28	16	22
底特律（美）	42.14N/083.20W	197m	2	−5	−1	0	−8	−4	1	−7	−3	26	14	20	29	16	22	27	15	21
密尔沃基（美）	42.57N/087.54W	205m	0	−7	−3	2	−10	−6	0	−8	−4	24	13	18	27	17	22	25	16	21
沈阳（中）	41.46N/123.26E	42 m	−1	−12	−7	−4	−16	−11	−1	−12	−7	27	17	22	29	20	25	29	18	24
多伦多（加）	43.40N/079.38W	173m	0	−6	−3	−2	−10	−6	−1	−10	−5	24	11	17	27	14	21	26	13	20
渥太华（加）	45.23N/075.43W	79m	−3	−10	−6	−5	−14	−10	−4	−13	−8	24	13	18	26	15	21	25	14	19
蒙特利尔（加）	45.28N/073.45W	31m	−2	−10	−6	−5	−14	−9	−3	−13	−8	23	13	18	26	15	21	25	14	19
哈尔滨（中）	45.21N/126.51E	151m	−6.2	−36.7	−15.7	−4.2	−38.1	−19.4	−11	−33	−15.3	36.3	4.9	19.8	36.4	11.1	22.8	35.8	7.3	21.1
魁北克城（加）	46.48N/071.23W	70m	−4	−12	−8	−7	−16	−11	−5	−15	−10	22	10	16	25	13	19	23	12	18
齐齐哈尔（中）	47.23N/123.55E	146m	−9	−20	−15	−12	−24	−18	−7	−20	−14	26	14	20	28	18	23	26	16	21
乌兰巴托（蒙）	47.55N/106.52E	1306m	−13	−23	−21	−15	−26	−24	−10	−23	−20	22	8	15	23	11	17	22	9	15
温尼伯（加）	49.54N/097.14W	239m	−9	−18	−14	−12	−23	−17	−9	−20	−14	23	10	17	26	13	20	25	12	18
基辅（乌克兰）	50.24N/030.34E	167m			−1			−5			−3			18			19			19
卡尔加里（加）	51.07N/114.01W	1077m	−1	−13	−7	−3	−15	−9	0	−11	−5	21	7	14	23	10	16	23	9	16
埃德蒙顿（加）	53.34N/113.31W	668m	−6	−17	−11	−8	−19	−13	−4	−16	−10	21	7	14	23	9	16	22	8	15

续表

城市名称	地理位置	海拔高度	十二月气温(℃)			一月气温(℃)			二月气温(℃)			六月气温(℃)			七月气温(℃)			八月气温(℃)		
			最高	最低	平均	最高	最低	平均	最高	最低	平均	最高	最低	平均	最高	最低	平均	最高	最低	平均
乔治王子城（加）	53.53N/122.41W	676m	–4	–12	–7	–5	–13	–9	0	–9	–4	20	6	13	22	8	15	21	8	15
明斯克（白俄罗斯）	53.56N/027.38E	231m	–1	–5	–3	–3	–9	–6	–2	–8	–5	21	11	16	22	13	17	22	12	17
圣彼得堡（俄）	59.58N/030.18E	6m			–4			–6			–7			18			16			18
莫斯科（俄）	55.50N/037.37W	156m			–5			–8			–7			17			18			16
斯德哥尔摩（瑞典）	59.20N/018.03W	52m	1	–2	0	0	–4	–2	0	–4	–2	21	11	16	22	13	17	20	13	16
安格雷奇（美）	61.10N/150.01W	35m	–4	–11	–8	–5	–12	–9	–2	–10	–6	16	8	12	18	11	15	17	10	14
耶鲁奈夫（加）	62.28N/114.27W	205m	–19	–27	–23	–23	–31	–27	–19	–28	–24	18	8	13	21	12	17	18	10	14
奥斯陆（挪威）	59.57N/010.43E	94m			–2			–3			–3			15			16			15
赫尔辛基（芬）	60.19N/024.58E	56m	–1	–6	–3	–3	–9	–6	–3	–9	–6	20	9	15	21	12	17	20	11	15
图尔库（芬）	60.31N/022.16E	59m	0	–6	–3	–2	–8	–5	–2	–9	–5	20	9	15	21	12	17	20	11	15
奥卢（芬）	64.56N/025.22E	15m	–4	–11	–7	–6	–14	–10	–6	–9	–4	18	9	14	20	11	16	18	10	14
瓦萨（芬）			–1	–8	–5	–4	–11	–7	–3	–11	–7	19	8	14	20	11	16	18	9	14
雷克雅未克（冰岛）	64.08N/021.54W	61m			0			0			0			9			11			10

世界范围内部分寒地城市气候条件（降水、降雪、日照及风）一览表

表 2

城市名称	降水量 (mm)			降水量 (mm)			降雪量（mm）			日照时数 (h)		主导风向	
	六月	七月	八月	十二月	一月	二月	十二月	一月	二月	最多日照月份	最少日照月份	冬季	夏季
青森（日）	85	101	140	193	292	209	193	292	209	5 月；216h	12 月；53h	SW	NE
旭川（日）	71	96	159	95	73	57	168	147	106	5 月；196h	12 月；56h	S	W
札幌（日）	66	69	142	100	108	94	100	157	121	5 月；202h	12 月；86h	NW	SE
芝加哥（美）	96	93	107	63	39	35	22	27	21	7 月；318h	12 月；106h	W	SW
底特律（美）	92	81	87	72	45	44	28	25	23	7 月；317h	12 月；88h	SW	SW
密尔沃基（美）	82	88	90	59	41	37	29	33	28	7 月；321h	12 月；105h	W	SW
沈阳（中）	87	167	157	9	7	8				5 月；267h	12 月；151h		
多伦多（加）	69	77	84	31	32	26	6	8	6			W	NW
明尼阿波利斯 圣保罗（美）	103	90	92	29	32	23				7 月；351h	12 月；114h	NW	S
渥太华（加）	84	87	88	54	46	41	17	23	29	7 月；279h	12 月；80h	W	SW
蒙特利尔（加）	83	86	100	55	48	41	19	21	21	7 月；276h	12 月；80h	W	SW
哈尔滨（中）	75.8	169.2	100.4	5.1	3.9	4.7						NW	SE
魁北克城（加）	110	119	120	82	78	65	48	70	79	7 月；253h	12 月；82 h	W	SW
齐齐哈尔（中）	64	138	94	3	1	2				7 月；292h	12 月；170h	NW	SE
乌兰巴托（蒙）	42	58	52	3	1	2				5 月；299h	12 月；156h		
温尼伯（加）	84	72	75	20	23	17	15	24	23	7 月；322h	11 月；95h	S	S
基辅（乌克兰）	73	88	69	52	47	46							
卡尔加里（加）	77	70	49	19	18	15	6	7	5	7 月；320h	12 月；103h	W	NW
埃德蒙顿（加）	80	94	67	26	26	20	17	21	20	7 月；308h	12 月；79h	S	NW

续表

城市名称	降水量(mm)			降水量(mm)			降雪量（mm）			日照时数(h)		主导风向	
	六月	七月	八月	十二月	一月	二月	十二月	一月	二月	最多日照月份	最少日照月份	冬季	夏季
乔治王子城（加）	65	60	61	54	60	32	21	31	22	7月；292h	12月；48h	S	S
明斯克（白俄罗斯）	83	88	72	53	40	34				6月；262h	12月；27h	S	S
圣彼得堡（俄）	57	78	81	51	38	30				6月；276h	12月；13h		
莫斯科（俄）	75	94	77	56	42	36				6月；276h	12月；19h		
斯德哥尔摩（瑞典）	45	72	66	46	39	27				6月；292h	12月；33h		
安格雷奇（美）	29	43	62	35	22	28				6月；289h	12月；52 h	N	SE
耶鲁奈夫（加）	23	35	42	21	19	17	26	31	36	6月；381h		E	S
奥斯陆（挪威）	65	81	89	55	49	36				6月；250h	12月；35h		
赫尔辛基（芬）	44	73	80	58	41	31				6月；298h	12月；38h	SW	SW
图尔库（芬）	43	73	84	59	45	33				6月；287h	12月；29h	SW	SW
奥卢（芬）	43	57	65	28	26	21				6月；287h	12月；9h	SE	NW
瓦萨（芬）	38	58	66	39	30	22				6月；303h	12月；21h	SE	N
雷克雅未克（冰岛）	50	52	62	79	76	72				5月；192h	12月；12 h		

资料来源：根据 http://www.theweathernetwork.com/statistics 统计数据整理。

附录 4　历届北方城市会议回顾

序号	主办地点	时间	参加代表	会议议题与事件	会议成果
第1届	札幌 日本	1982 年2月7～10日	6个国家的9个城市： 埃德蒙顿(加),哈尔滨、沈阳(中),赫尔辛基(芬),慕尼黑(德),札幌(日),安格雷奇、明尼阿波利斯、波特兰(美)。日本的18个城市和3个市镇列席会议	主要议题： 1. 北方地区城市规划的未来发展； 2. 交通问题； 3. 提升居住环境； 4. 促进艺术、运动、文化和娱乐活动	1. 会议提出新的理念，即“冬季是一种资源和财富”，将以冰雪和寒冷著称的冬季严酷的自然条件作为寒地城市的优势； 2. 研究冬季问题的组织——寒地城市协会（WCA）成立，力图对北方城市会议起到补充作用； 3. 札幌市从大会提出的65个建议中选出9个能在当地实施的建议，市政当局建立项目组，通过新项目的实施提高城市规划水平
第2届	沈阳 中国	1985年9月19～22日	6个国家的10个城市： 埃德蒙顿(加)，长春、哈尔滨、沈阳(中)，慕尼黑(德)，都灵(意),泷川、札幌(日),芝加哥、波特兰(美)。中国的6个城市列席会议	主要议题： 1. 北方城市的规划与发展； 2. 北方城市能源的利用与开采和经济发展； 3. 北方城市的绿化和文化活动； 4. 北方城市水资源的开采和利用；文物的保护和发掘。 会议期间在友好城市间举办第一届“希望杯”青少年足球赛	1. 札幌市市长作重点发言“第一届北方城市会议的成果与应用”； 2. 参加此次大会的规划师阿尔尼 · 弗莱登倡导的“国际寒地城市论坛”次年（1986年）2月在加拿大的埃德蒙顿召开，论坛旨在为学者、研究人员和商业人士提供全球性研究和讨论的机会； 3. 第一次会议提出的路灯节能建议被本次会议主办城市沈阳采纳并加以实施
第3届	埃德蒙顿 加拿大	1988年2月13～15日	12个国家的17个城市：因斯布鲁克(奥),埃德蒙顿、赫尔(加),长春、哈尔滨、沈阳(中)，赫尔辛基(芬)，阿尔贝维尔(法)，慕尼黑(德)，泷川、札幌(日)，奥斯陆、特罗姆瑟(挪)，斯德哥尔摩(瑞典)，圣彼得堡(俄)，明尼阿波利斯(美)，萨拉热窝(前南斯拉夫)。3个国家的3个城市：汉密尔顿(加)，名寄市(日)，利兹(英)列席会议	主要议题： 1. 寒地城市的经济发展—寒地城市的潜力； 2. 寒地城市的城市环境 大会期间举办 '88 寒地城市展： '88 寒地城市论坛 (16个国家40个城市的800人参加)； '88冬季展销会(5个国家的107个股份公司参加)； 寒地城市大奖赛； 冬季时装展； 日本周（日本外务省举办）； 北方城市会议和寒地城市展示成为卡尔加里冬季奥运会的重要事件	1. 在北方城市会议期间第一次举办寒地城市展，使之成为北部地区最大的冬季会议，吸引来自不同领域如企业、科研机构、政府等相关人士； 2. 北方城市会议与寒地城市展同时举办提高了市民和来自企业与政府部门的人士对于寒地城市发展的兴趣； 3. 北方城市会议委员会成立，并决定在日本的札幌建立总部，主席由札幌市市长担任； 4. 大会决定由国际寒地城市委员会作为秘书处负责寒地城市展； 5. 札幌市考虑加拿大赫尔市关于关注环境污染的提议，对北方城市的环境开展调查及分析； 6. 一项调查报告“冬季商务”由英国出版，并在其中第一次对“冬季区”进行定义；

续表

序号	主办地点	时间	参加代表	会议议题与事件	会议成果
第3届	埃德蒙顿 加拿大	1988年2月13～15日			7. 5个曾举办奥林匹克运动会的城市和圣彼得堡的参加使得此次大会超越了东西方的国界，真正形成国际寒地城市联盟； 8. 北方城市间加强了交流，此后在日本札幌举办"斯德哥尔摩高技术经济研讨"、"特罗姆瑟极地住宅研讨"，在瑞典举办"札幌日"等； 9. 哈尔滨和埃德蒙顿建立友好城市关系
第4届	特罗姆瑟 挪威	1990年3月2～4日	10个国家的20个城市：因斯布鲁克（奥），卡尔加里、埃德蒙顿、赫尔、蒙特利尔（加），哈尔滨、沈阳（中），努克（丹），奥卢、坦佩雷（芬），阿尔贝维尔（法），泷川、札幌（日），利勒哈默、奥斯陆、特罗姆瑟（挪威），吕勒奥、斯德哥尔摩（瑞典），安格雷奇、明尼阿波利斯（美）。加拿大的耶鲁奈夫和英国的利兹列席会议	主要议题：温暖的寒地城市—生活的质量和经济发展 1. 冬季城市交通； 2. 综合的城市规划； 3. 冬季科学技术的发展； 4. 寒地城市的艺术和文化 大会期间举办'90寒地城市展： '90寒地城市论坛(20个国家1000人参加)； '90冬季展销会(7个国家的310个股份公司和机构参加)； 寒地城市大奖赛； 第4届极地住宅展； 其他活动，如北方古典音乐灯展	1. 札幌市提出关于北方城市除雪情况的调查报告，代表就在研究除雪技术领域加强合作达成共识；会议决定成立寒地城市环境研究小组委员会，包括来自7个国家的技术人员；第一次会议定于1991年2月在札幌召开； 2. 埃德蒙顿市提出加强北方城市间定期的信息交流，建立包括寒地城市存在问题和解决方法的数据库； 3. 为更好地组织下届北方城市会议，会议决定在日本札幌召开预备会议
第5届	蒙特利尔 加拿大	1992年1月17～21日	11个国家的34个城市：因斯布鲁克（奥），卡尔加里、埃德蒙顿、蒙特利尔、渥太华、魁北克、温尼伯、耶鲁奈夫等12个城市（加），长春、哈尔滨、佳木斯、吉林、齐齐哈尔、沈阳（中），布拉格（捷），努克（丹），赫尔辛基、奥卢（芬），格勒诺布（法），青森、泷川、札幌（日），利勒	主要议题：与冬季协调共处 1. 环境； 2. 城市规划； 3. 健康与物质环境； 大会期间举办'92寒地城市展： '92寒地城市论坛(675人参加)； '92冬季展销会(6个国家的211个股份公司参加)； 寒地城市大奖赛（提交42个项目）；	1. 北方城市会议赢得联合国教科文组织的支持表明其受到世界范围的广泛认同； 2. 由埃德蒙顿市市长在特罗姆瑟会议上提出的北方城市信息交流计划的在线系统此次会前经过埃德蒙顿和札幌市之间的检验，本次大会到会市长一致同意全面建立该系统； 3. 寒地城市环境研究小组委员会编写的"协调冬季道路管理与环境"报告，概述了冬季雪的管理导则，并通过评价成为北方城市的指南；

续表

序号	主办地点	时间	参加代表	会议议题与事件	会议成果
第5届	蒙特利尔 加拿大	1992年1月17～21日	哈默、奥斯陆、特罗姆瑟（挪威），吕勒奥、斯德哥尔摩（瑞典）。加拿大的11个城市及瑞典的基律纳、俄罗斯的布拉特斯克列席会议	世界商务； 社区计划； 第10届雪节； 44个其他文化和体育活动； '92极地科技展； '92极地住宅展	4. 32位市长为联合国环境发展大会共同签署了“城市和地方当局利益的共同宣言”，标志着北方城市市长对城市在保护世界环境中所扮演的角色的认可和承诺
第6届	安格雷奇 美国	1994年3月5～10日	10个国家的30个城市：因斯布鲁克（奥），卡尔加里、埃德蒙顿、赫尔、蒙特利尔、魁北克、温尼伯、耶鲁奈夫（加），哈尔滨、佳木斯、吉林、齐齐哈尔、沈阳（中），努克（丹），赫尔辛基（芬），青森、千岁、泷川、札幌（日），特罗姆瑟（挪威），布拉特斯克（俄），吕勒奥、基律纳、斯德哥尔摩（瑞典），安格雷奇及其他5个美国小城市	主要议题：未来的北方 1. 会议作通信、交通、健康、商务等方面的报告； 2. 国际北方城市市长联合会正式成立，并召开第一次会议，选举协会主席、副主席、常任和非常任理事等 大会期间举办'94寒地城市展： 第5届寒地城市论坛(600人参加)； 第4届冬季展销会(6个国家的135个股份公司和机构参加)； 第5届国际冰雕比赛及其他活动，如狗拉雪橇比赛、滑雪赛、国际音乐节等	1. 会议决定在埃德蒙顿市成立寒地城市信息网附属委员会秘书处，在吕勒奥市成立城市废物循环技术附属委员会秘书处； 2. 蒙特利尔市将对寒地城市基础设施的再利用开展研究，大会秘书处将对税收对于促进旅游业发展的作用开展研究，并在下届大会上提交研究报告； 3. 分小组委员会提出关于寒地城市信息网、寒地城市环境研究的报告，并成立废物循环小组委员会； 4. 协会成员城市鼓励政府商讨达成多国间协定以支持寒地城市的商业发展； 5. 大会分别对为寒地城市运动作出贡献的札幌市和沈阳市前市长进行表彰，并表彰安格雷奇市市长及市民对此次会议的贡献； 6. 大会敦促迅速和平地解决发生在前南斯拉夫萨拉热窝的危机； 7. 大会选出中国的哈尔滨市作为1998年北方市长会议的主办城市
第7届	安格雷奇 美国	1996年2月9～12日	9个国家的33个城市：温尼伯、埃德蒙顿、乔治王子城、蒙特利尔、魁北克城、耶鲁奈夫、白马城等14个城市（加），长春、哈尔滨、佳木斯、沈阳（中），努克（丹），雷克雅未克（冰岛），青森、泷川、札幌（日），特罗姆瑟、考克诺（挪威），布拉特斯克、乌斯特林斯克（俄），吕勒奥、基律纳、	主要议题：全球居住——寒地城市的居住、工作和娱乐 1. 经济发展； 2. 可达性； 3. 闲暇娱乐； 4. 选举新一届北方城市市长协会理事会 大会期间举办'96寒地城市展： 第6届寒地城市论坛(600人参加)； 第5届冬季展销会(10个国家的300个参展公司	1. 会议决定成立两个附属委员会研究促进北方城市旅游发展及经济扩展，在安格雷奇市和特罗姆瑟分设秘书处； 2. 鼓励各城市使用寒地城市信息网并建设扩展自身的数据库； 3. 提出北方城市市长协会秘书处与寒地城市协会应就如何更紧密地开展合作开展讨论； 4. 埃德蒙顿市提交寒地城市信息网报告，吕勒奥市提交城市废物循环技术报告，大会秘书处提交税收对于促进旅游业发展的报告； 5. 大会对为寒地城市运动作出贡献的6位北方城市市长授予荣誉会员，并表彰温尼伯市市长及市民对此次会议的贡献；

续表

序号	主办地点	时间	参加代表	会议议题与事件	会议成果
第7届	安格雷奇美国	1996年2月9～12日	斯德哥尔摩（瑞典），安格雷奇等3个城市（美）	和机构参加）； 旅游节； 北方之光艺术表演展； 冰上曲棍球比赛等	6. 大会选出瑞典的吕勒奥和基律纳联合举办2000年北方市长会议
第8届	哈尔滨中国	1998年1月15～18日	10个国家的49个城市：埃德蒙顿、温尼伯、乔治王子城等5个城市（加），北京、长春、哈尔滨、沈阳等19个城市（中），努克、奥尔胡斯（丹），科密、奥卢（芬），青森、旭川、新潟、札幌、泷川（日），乌兰巴托（蒙），诺尔卡、特罗姆瑟（挪威），赤塔、哈巴罗夫斯克、摩尔曼斯克、符拉迪沃斯托克等9个城市（俄），吕勒奥、基律纳（瑞典），安格雷奇、明尼阿波利斯（美）	主要议题：让我们共同建立一个缤纷多彩的冬天的世界 1. 冬季对于老年人和儿童的影响； 2. 开发和挖掘冬季旅游资源； 3. 促进冰雪文化的发展； 4. 选举新一届北方城市市长协会理事会 大会期间举办： 第7届寒地城市论坛； 第6届冬季展销会(8个国家91个展位)； 冰上活动、冬泳表演及雪雕展示等活动；冰灯节和国际冰雕比赛；其他如中国邮票展览、音乐会等	1. 合并北方城市市长协会与国际寒地城市委员会； 2. 北方城市市长协会将促进与联合国和其他国际机构的交流与接触； 3. 埃德蒙顿市提交寒地城市信息网总结报告，吕勒奥市、安格雷奇和特罗姆瑟分别就城市废物循环技术、促进北方城市旅游发展及经济扩展提交报告； 4. 鼓励各成员城市应用寒地城市信息网发布的研究结果； 5. 大会对哈尔滨市市长、市政府及市民对此次会议的贡献深表感谢； 6. 大会选出日本的青森举办2002年北方市长会议
第9届	吕勒奥、基律纳瑞典	2000年2月12～16日	10个国家的26个城市：杰尼卡（波斯尼亚），乔治王子城（加），哈尔滨、长春、佳木斯、鸡西、沈阳（中），努克（丹），科密、奥卢（芬），青森、札幌（日），太白（韩），特罗姆瑟、巴尔图、马尔赛福（挪威），吕勒奥、基律纳、斯德哥尔摩等8个城市（瑞典），安格雷奇、明尼阿波利斯（美）	主要议题：寒地城市的可持续发展 1. 抵御自然灾害的对策； 2. 清理积雪和市政合作； 3. 选举新一届北方城市市长协会理事会 大会期间举办： '2000寒地城市论坛（吕勒奥1800人参加；基律纳800人参加）； '2000冬季展销会（吕勒奥，7个国家的185展位；基律纳，13个国家的20个团体）	1. 扩大会员数量同时对协会遵守原则重新确认； 2. 札幌市及安格雷奇市分别成立抵御自然灾害以及清理积雪和市政合作附属委员会，开展为期4年的研究； 3. 各会员城市建立与寒地城市有关的信息主页，并通过新建的寒地城市信息网交流信息； 4. 吕勒奥市提交城市废物循环技术的总结报告，安格雷奇和特罗姆瑟分别就促进北方城市旅游发展及经济扩展提交总结报告； 5. 大会对为寒地城市运动作出贡献的吕勒奥前市长进行表彰，并对吕勒奥市和基律纳现市长及市民对此次会议的贡献深表感谢； 6. 大会选出美国的安格雷奇举办2004年北方市长会议

续表

序号	主办地点	时间	参加代表	会议议题与事件	会议成果
第10届	青森 日本	2002年2月7～10日	13个国家的28个城市：乔治王子城、苏圣玛丽（加），安格雷奇（美），特罗姆瑟（挪威），吕勒奥、基律纳（瑞典），凯米耶尔维（芬），马尔都（爱沙尼亚），德黑兰（伊朗），哈巴洛夫斯克、萨哈林斯克（俄），青森、札幌、泷川、千岁、函馆、横手（日），太白、平泽（韩），长春、哈尔滨、沈阳、佳木斯、吉林、鸡西、齐齐哈尔（中），努克（丹），乌兰巴托（蒙古）等	主要议题：21世纪可持续的寒地城市 1. 北方生活方式； 2. 寒地城市未来可持续发展； 3. 寒地城市中心区复兴； 4 . 减少对城市负面影响的城市系统 大会期间举办： 第9届寒地城市论坛，主题是寻找可持续发展，11个国家59个城市182位代表，3500人参加，论坛包括："人与土地共存：检验21世纪的生活方式"开放论坛；城市规划与生活方式和市民论坛；健康提升论坛 第8届冬季展销会，主题是寒地城市生活方式、产业以及生活7个国家的72个企业和团体，涉及环境、住房、冰雪、福利、信息等	1. 会议发表了联合声明号召国际北方城市市长联合会（IAMNC）的成员城市共同实现寒地城市的可持续发展； 2. 回顾IAMNC复兴的基本政策，政府官员在工作会议上进一步讨论复兴问题； 3. 由成员城市合作旅游在"FY 2002"——IAMNC复兴计划的一个先导项目中被实现； 4. 研究建立如何建设寒地城市、保证可持续发展的有效政策的附属委员会，将秘书处设在青森； 5. 研究北部城市反恐怖主义有效措施的附属委员会将建立，秘书处将设在安格雷奇； 6. 大会对青森市市长及市民对此次会议的贡献深表感谢； 7. 大会选出中国的长春举办2006年北方市长会议
第11届	安格雷奇 美国	2004年2月18～22日	11个国家的27个城市：乔治王子城、卡尔加里、耶鲁奈夫等7个城市（加），长春、哈尔滨、沈阳、佳木斯、齐齐哈尔（中），努克（丹麦），马尔都（爱沙尼亚），太白（韩），马加丹（俄），青森、札幌、千岁（日），特罗姆瑟（挪威），基律纳（瑞典），乌兰巴托（蒙），安格雷奇、巴罗等5个城市（美）	主要议题：挑战冬季前沿 1. 寒地城市设计：卫星城中心； 2. 市政服务与地域开发中的体育社区的作用 大会期间举办： 第10届寒地城市论坛：7个国家20个城市的53位代表，内容包括："社会与文化"、"能源与环境"、"建设技术"、"经济与规划"、"健康与药"、"安全与安全性"、"雪移动"、"寒冷天气工程"、"乡村的过度发展与城市的生长"以及"寒冷天气对轮胎的作用"； 第9届冬季展销会： 建设、矿产、住房（5个国家的127个企业和组织参加）；文化、工艺、艺术（5个国家的69个企业和组织参加）	1. 提出复兴国际北方城市市长联合会（IAMNC）的三个要点，并更名为世界寒地城市市长联合会（WWCAM）；"北方城市市长会议"更名为"世界寒地城市市长会议"，决定会员城市不限于位于北方的城市； 2. 根据大会提出的复兴国际北方城市市长联合会（IAMNC）规划，各成员应该共同合作加强网络建设并努力扩大成员范围； 3. 附属委员会秘书组提交报告，包括札幌消防局的与自然灾害对抗和乔治王子城的雪管理的最后报告；青森市的可持续寒地城市规划和安格雷奇的北方城市反恐怖主义的中期报告； 4. 大会选出格陵兰的努克举办2008年世界寒地城市市长会议； 5. 大会对为国际北方城市市长会议作出贡献的札幌市市长进行表彰，并表彰安格雷奇市市长及市民对此次会议的贡献

续表

序号	主办地点	时间	参加代表	会议议题与事件	会议成果
第12届	长春中国	2006年1月15～18	14个国家的29个城市： 勒杜克、乔治王子城（加），白银、长春、哈尔滨、佳木斯、吉林、鸡西、昆明、绵阳、齐齐哈尔、沈阳、四平、天津、通化、乌鲁木齐（中），努克（丹麦），马尔都（爱沙尼亚），太白（韩），马加丹（俄），考纳斯（立陶宛），青森、札幌、仙台（日），日利纳（斯洛伐克），诺萨维德（塞尔维亚），特罗姆瑟（挪威），科尔马（瑞典），乌兰巴托（蒙），安格雷奇（美）	主要议题：在冬季成长 1. 冬季环境问题； 2. 市民冬季生活方式的问题解决 大会期间举办： 第10届寒地城市论坛：6个国家18个城市的28位代表，内容包括："社会与文化"、"能源与环境"、"建设技术"、"经济与规划"、"健康与药"、"安全与安全性"、"雪移动"、"寒冷天气工程"、"乡村的过度发展与城市的生长"以及"寒冷天气对轮胎的作用" 第10届冬季展销会： 7个国家的200个企业和组织参加	1. 发布"长春宣言"，参加会议的城市应保证为全球环境问题尽力，共享信息和经验； 2. 建立研究冬季城市典型环境问题的分委员会； 3. 乌兰巴托的前任市长被授予荣誉会员； 4. 太白市长将会在2006年6月起被授予荣誉会员； 5. 加拿大乔治王子城市被确定为2010年第14次世界冬季城市会议主办城市； 6. 会议举办地长春市的市长和市民被大会表彰

资料来源：根据世界寒地城市市长协会资料整理。

附录 5　寒地城市环境宜居性建设的对策体系框架

层面	主要对策	实现目标	详细对策
城市发展政策	控制城市生态容量	发挥城市的聚集效益； 有效利用各种资源和发展基础设施，避免用地规模不经济	1．适当发展 50~200 万规模的寒地大城市和特大城市 2．人口大于 200 万的超大寒地城市进行“有机疏散”，利用小城镇或新城控制和疏导人口，同时控制人口向郊区蔓延 3．人口规模在 50 万以下的中小城市，以控制建设用地发展规模为主
	发展城市公共交通	提高城市的运营效率； 吸引市民利用公共交通走出户外； 促进城区均衡发展； 减少交通拥堵和交通能耗； 减少冬季不利气候条件对出行的影响	4．确立公交优先政策 5．合理选择公共交通方式，建设多元化的道路公共交通系统： ——改造和完善常规交通； ——特大城市推进轨道交通 6．提供优质的公共交通服务： ——便捷、舒适、全天候的换乘； ——改进公共交通设施； ——采用交通智能卡； ——建立公共交通辅助系统
	弘扬寒地城市文化	保持北方寒地城市地域文化特色； 增强居民对寒地文化的认同感与自豪感； 增加寒地城市的吸引力； 以寒地文化促进新的经济增长点形成	7．保护和发掘寒地城市文化： ——冬季文化，如冰雪文化； ——夏季文化，避暑休闲文化； ——传统文化，如老工业文化 8．发掘和创新冰雪景观资源： ——发掘冰雪活动项目； ——冰雪景观结合现代科技手段 9．重视市民冬季文化活动，提高冬季“出户率”： ——开展冰雪活动和冬季演出活动； ——重视节庆活动的同时为经常性活动提供便利 10．加强寒地城市的合作与交流
	提升城市经济活力	以寒地旅游业发展拉动城市经济； 促进寒地城市复兴； 提高城市地位和声誉；	11．发展寒地特色的第三产业： ——以冰雪文化促进第三产业； ——以传统文化如工业文化旅游促进第三产业

续表

层面	主要对策	实现目标	详细对策
城市发展政策	提升城市经济活力	解决冬季就业岗位	12．利用特殊项目激发城市活力： ——大型购物中心； ——公共活动空间环境整治； ——滨水区改造
	研发寒地生态适宜技术	节约能源； 保护寒地生态环境； 提高寒地城市交通的运营效率； 减少政府清冰雪和维护道路财政支出； 改善城市空间环境质量	13．寒地城市节能技术： ——能源再利用技术，包括工业余热，地下管道的热量，锅炉回收废热； ——生态能源的研发与应用技术，包括太阳能、风能、地热能、生物质能 14．冰雪处理和道路建设及维护技术： ——步行空间环境融雪技术； ——道路路面除冰雪技术； ——道路路面防冻胀、冻结技术； ——积雪存储利用技术 15．计算机及信息技术： ——与寒地城市室外物理环境相关的计算机模型模拟技术； ——与冬季气候条件相关的道路智能管理信息技术； ——与城市规划相关的计算机和信息技术 16．其他技术： ——冬期施工技术； ——冰雪建筑、冰雪景观的建设技术等
城市规划设计	寒地城市形态和布局	节约建设资金； 节约土地； 节约能源； 提供良好的城市空间环境； 提升中心区的活力； 减少寒冷和冰雪带来的交通问题； 利于气候舒适； 增进社会联系	17．适度紧缩城市形态： ——严格控制向郊区蔓延，杜绝盲目“摊大饼”； ——强调在建成区内填补发展而非在郊区新开发用地； ——建筑密度的提高以满足日照条件为基础； ——对特大城市进行有机疏散 18．有机整合用地功能： ——协调土地使用和交通运输规划，对城市不同功能区有机整合； ——提倡社区内多功能土地利用，混合居住、办公、零售商业、无污染或低污染工业及休闲功能； ——促进中心区用地功能的多样化

续表

层面	主要对策	实现目标	详细对策
城市规划设计	寒地城市生态绿化	改善城市生态环境； 保持氧平衡； 增加热舒适度； 提升寒地城市景观质量； 便于使用	19．充分利用城市生态廊道： ——在城市边缘建设防护林带，阻隔冬季寒风； ——利用道路、河流和绿带建设生态廊道 20．提高城市全年绿量： ——加大城市绿化面积； ——增加乔、灌木比例 21．合理选择植物品种： ——以本土植物品种为主； ——常绿树为主，并与落叶树结合； ——利用近地生长的松柏树在冬季控制风； ——利用密植落叶树降低冬季风速； ——利用落叶树夏季遮荫，冬季透射阳光 22．建设分散的小规模城市绿地： ——利用寒地城市改造中各种小块零星建设用地，形成整体的系统； ——供人休闲活动的区域避免设置在有可能频繁产生近地高风速的地段以及建筑阴影区之外； ——在微气候条件恶劣的地段设置完全以绿化种植为主的绿地，将行人阻隔在较差的微气候环境之外； ——避免建设面积较小的小块街边花坛影响冬季清雪
	寒地城市景观	丰富冬季市民户外生活； 促进冬季旅游； 增加寒地城市冬季的活力； 提升寒地城市形象； 提升视觉环境质量；	23．冰雪景观： ——从城市宏观的层面上对冰雪景观发展进行统一规划； ——突出大、中型冰雪景观展示场所，减少小型冰雪景观展示场所； ——重视不同规模、不同类型冰雪活动场所的有机结合； ——关注社区冰雪活动场所的设置； ——选择重要的“城市节点”设置溜冰场、滑雪练习场等； ——利用公园、广场、街道、山体、河流湖泊等开展冰雪活动； ——安排和组织冰雪旅游和活动线路； ——提高冰雪活动场所详细设计质量； ——提供充分的活动支持，创造让市民及游客参与活动的机会； ——单体冰雪建筑与雕塑设计创作中树立精品意识，严格把关

续表

层面	主要对策	实现目标	详细对策
城市规划设计	寒地城市景观	提高夜晚城市公共环境的安全性； 丰富市民晚间休闲活动； 创造四季皆宜的水体景观	24. 城市色彩： ——制定寒地城市色彩景观的总体规划设计策略； ——选用中高明度的中性色或暖色调为主的基本色，通过色相、明度、饱和度的调整，形成整体协调基础上的多色彩体系； ——居住建筑可选择明度高的浅中性色或浅暖色； ——建筑局部或者小品设施可使用高饱和度、高纯度的明艳色彩作为点缀； ——中心区色彩强调丰富多彩，历史建筑和街区注重历史文化的延续性，其余建筑和环境的色彩应新颖、别致、活泼、醒目； ——新建和改造的工业园区中建筑可以采用相对较为单纯的不同色彩； ——有意识地增添丰富、热烈、明快的色彩，提供视觉亮点 25. 夜景照明： ——规划纳入到总体城市设计的框架中； ——布局与设计考虑经济发展水平与节约能源，首先满足安全要求，其次才是美化和装饰要求； ——白天与夜间、近期与远期、整体与局部协调； ——针对寒地城市不同功能区，采取不同的夜景照明设计对策 26. 水体景观： ——既考虑气候温暖季节时形态和功能，也兼顾冬季的使用，做到冷暖季节各有特色； ——尽量减少大面积人工开挖的水体，采用面积较小的水体景观； ——注重水体景观形态的多样性，提升寒地城市空间的活力； ——注重水景设施造型设计和设施的隐蔽处理，丰富寒地城市景观
	寒地城市建筑群体布局	创造舒适的户外微气候环境； 改善冬季寒地城市住区空间环境质量； 节约能源； 提高冬季户外场所的利用率	27. 日照环境设计： ——良好的建筑朝向，南、东南、西南各有优势； ——合理的日照间距； ——满足户外空间环境的日照需求； ——借助分析软件对日照条件进行分析 28. 风环境设计： ——建筑群体布局时高度尽可能趋于一致； ——对冬季寒风进行有效的屏蔽，如在居住区或场地北部建造屏蔽建筑；

续表

层面	主要对策	实现目标	详细对策
城市规划设计	寒地城市建筑群体布局		——借助分析软件对风环境条件进行分析； ——根据分析模拟，采取补救措施
	寒地城市公共空间	改善城市投资环境； 活跃城市生活； 振奋寒地居民精神； 增加冬季户外公共空间环境的吸引力； 提升寒地居民生活质量； 促进城市经济的复兴； 增进市民社会交往； 提升城市形象	29. 开放空间： ——大力倡导发展小型广场和小型广场群； ——位置尽量设在建筑阴影区之外，保持充足的日照条件以及适宜的风速； ——通过微气候设计以及提供有气候防护作用的、介于室内外之间的缓冲空间，延长户外季节； ——平面型广场和下沉广场结合，形成多层次复合的空间形态； ——下沉广场的设置与城市中心地下购物空间或地下交通集散空间相互贯通，共同实现气候防护； ——针对不同季节设计安排自然景观和活动支持，四季兼顾； ——制造视觉兴奋点和特殊的冬季装饰，各种层面有计划的冬季活动 30. 公共设施： ——创造具有“室外”环境特征的“室内化”公共设施； ——充分论证设施位置、规模、功能、经济性、利用率、能源消耗等； ——充分考虑城市自身经济发展水平，量力而行； ——有较强的可达性，交通条件便利，最好与公共换乘设施相连； ——在新建设施的同时注重对现有公共空间甚至是废弃工业空间的利用； ——开发和利用生态新技术，尽量利用自然的采光和通风 31. 步行空间环境： ——实现网络化、连续性，有良好的通达性； ——大城市和特大城市可以将立体步道与平面步道系统结合； ——提供连续的气候防护设施、照明设施以及其他休憩服务设施； ——强调景观设计，引入自然环境要素，提升视觉环境质量； ——避免步行街开辟在高层建筑下风环境较差或没有阳光照射的地段； ——东西向街道北侧向阳的人行道应宽于位于阴影区的南侧； ——设计控制建筑高度保证人行道或者步行街能得到阳光； ——选择树种以落叶树为主，在冬季更多地接受阳光； ——跨越车行道的人行横道部分适当增高，用于限速并使人行走的部分保持干燥； ——步道进行防滑铺装

续表

层面	主要对策	实现目标	详细对策
城市规划设计	寒地城市环境设施与小品	提升寒地居民生活质量； 增加冬季户外公共空间环境的吸引力； 提升城市形象	32．街道家具： ——材质选择木、塑料和特殊的导热系数小的复合材料； ——布局和外观设计考虑积雪的清除； ——设置冬季避风并且加温的休息亭，内部设有加热设施的候车亭、可移动的座椅 33．室外地面铺装： ——人行道、广场和街道铺装材料考虑冬季雪后防滑； ——提供可吸收热辐射的铺地，以提高冬季户外热舒适度； ——活动场地中尽量减少台阶和坡道； ——无障碍通道和限速带冬季更要注意防滑 34．室外环境小品： ——采用色彩鲜艳的室外环境小品如雕塑、壁画、喷泉、钟塔、彩旗及其他标志物； ——水景设施设计四季兼顾，尽可能减少只能使用一个季节的水设施； ——户外公共空间的梯级和坡道有足够的宽度以容纳积雪，并且有适合的坡度，有条件安装融雪设施
城市建设管理	健全规划设计管理控制体系	控制和引导城市空间环境； 提升城市空间环境质量； 为城市规划管理提供科学依据； 推动高质量、高舒适性的城市公共空间环境的开发建设； 增加城市在寒冷季节的活力和吸引力	35．建立寒地城市设计控制体系： ——完善设计控制导则，规定性和指导性导则相结合； ——总体城市设计层面，建筑高度分区控制采取规定性导则加以控制，城市色彩、夜景观、开放空间、人文及旅游活动等则采取指导性导则加以引导； ——局部地段城市设计层面，除基本规定性导则外，微气候条件如日照环境和风环境，植被情况，照明条件，环境设施的颜色、材料甚至位置等作为指导性的导则 36．制定设计管理激励性政策： ——奖励性区划和土地发展权转移； ——减免或降低税收、提供低息贷款、给予一定的资金奖励或补贴； ——减收一定比例的土地使用费和管理费； ——允许对部分公共设施进行收费
	补充和完善城市建设管理的地方性规定	提高针对寒冷气候条件下的城市建设管理水平；	37．城市规划管理方面的地方规定： ——在总体规划层面，编制单独的“冬季规划”作为专项规划；或者在各分项规划中加入相应的“冬季规划”策略； ——在详细规划的层面规定规划编制时将针对冬季气候的特殊规划对策反映在规划成果中；

续表

层面	主要对策	实现目标	详细对策
城市建设管理	补充和完善城市建设管理的地方性规定	为城市规划及市政公用事业管理提供科学依据； 提升城市物质环境质量； 维护公众利益； 保障居民合法权益	——提高相应的地方标准，如提高地方日照间距标准； ——完善相关的规划控制要素如地块建筑容量控制、建筑间距与建筑退让红线控制、建筑物的高度控制、城市建筑景观控制、绿地控制等； ——制定相关规定，较大体量建筑在审批前应该提供其建设对周边公共空间的物理环境造成的影响的评估报告 38．市政及公用事业管理方面的地方规定： ——制定清冰雪工作的地方性规定； ——制定冰雪景观建设管理的地方性规定； ——制定针对冬季户外环境设施的地方性规定
	拓宽城市建设资金渠道	增加寒地城市建设投资； 改善寒地城市环境质量； 推动适宜于冬季气候特点的城市环境设施建设	39．通过城市经营开辟多元投资渠道： ——利用市场机制建立城市建设和管理的多元投资体系； ——经营城市土地资产； ——经营城市基础设施的资产； ——培育市政公用事业经营市场； ——变现城市有形资产和使城市品牌升值 40．建立寒地城市冬季专项建设基金： ——用于政府建设和维护城市公共空间环境气候防护设施以及改造冬季城市景观； ——用于对私人投资建设和维护城市公共空间环境气候防护设施以及改造冬季寒地城市景观的补贴以及对私人建设项目中采纳气候防护设计的奖励； ——用于对私人投资建设城市公共空间环境气候防护设施提供贷款； ——用于冬季清除公共场所冰雪的补贴； ——用于对适应寒冷的冬季气候条件而进行的城市建设方面的特殊科学研究、竞赛等活动的资助等； ——冬季专项建设资金来源，包括：地方财政收入，包括税收、建设债券、城市公用事业收费等的一定比例抽取； ——土地开发中的收益、建设中的违章罚款、发展收益税； ——争取国家针对寒冷地区给予的特殊投资以及社会各界捐献等

续表

层面	主要对策	实现目标	详细对策
城市建设管理	维护社会公平	维护城市公共利益； 为城市规划建设提供法制的监督和保障； 保障城市低收入群体利益； 科学合理地进行规划决策	41．加强针对违法建设的执法： ——在地方法规中进一步加强对违法建设的界定和处罚； ——约束房地产开发商的行为； ——增加对于参与违法建设的设计、施工方处罚的条款 42．强化城市建设管理的公众参与： ——明确公众参与法律地位； ——为公众参与提供技术上的支持； ——开辟公众参与渠道

参考文献

[1] 林亚真，董黎明，周一星．城市环境与规划．北京：中国建筑工业出版社，1981.

[2] 沈清基．城市生态与城市环境．上海：同济大学出版社，1988.

[3] 刘耀林，刘艳芳，梁勤欧．城市环境分析．武汉：武汉测绘科技大学出版社，1999.

[4] 金京振．哲学方法概论．北京：民族出版社，1998.

[5] 吴良镛．吴良镛城市研究论文集——迎接新世纪的来临．北京：中国建筑工业出版社，1996.

[6] 周纪纶，杨建新．城市的迷惑与醒悟：城市生态学．上海：上海科学技术出版社，2002.

[7]（日）福井英一郎，吉野正敏．气候环境学概论．柳又春译．北京：气象出版社，1988.

[8] 陈慧琳．人文地理学．北京：科学出版社，2001.

[9] 赵世瑜，周尚意．中国文化地理概说．太原：山西教育出版社，1991.

[10] 王金宝．健康 · 环境 · 天气．北京：气 象出版社, 1992.

[11] 王振国．季节与健康．北京：人民卫生出版社，2003.

[12] 胡兆量，陈宗兴，张乐育．地理环境概述．北京：科学出版社，1994.

[13] 张华夏．物质系统论．杭州：浙江人民出版社，1987.

[14] 吴良镛．人居环境科学导论．北京：中国建筑工业出版社，2001.

[15] 朱葵菊．中国传统哲学．北京：中国和平出版社，1991.

[16] 张岱年．文化与哲学．北京：人民大学 出版社, 2006.

[17] 王黎明．区域可持续发展——基于人地关系地域系统的视角．北京：中国经济出版社，1998.

[18]（挪）诺伯格 · 舒尔茨．场所精神——迈向建筑现象学．施植明译．台湾：田园城市文化事业有限公司，1980.

[19] 王祥荣．生态与环境——城市可持续发展与生态环境调控新论．南京：东南大学出版社，2000.

[20] 王祥荣．生态建设论：中外城市生态建设比较分析——中外城市比较研究丛书．南京：东南大学出版社，2004.

[21] 中国 21 世纪议程——中国 21 世纪人口、环境与发展白皮书．北京：中国环境科学出版社，1994.

[22] 黄光宇，陈勇．生态城市理论与规划设计方法．北京：科学出版社，2002.

[23]（日）山本良一．战略环境经营：生态设计——范例 100. 王天民译．北京：化学工业出版社，2003.

[24] 曹伟．城市生态安全导论．北京：中国建筑工业出版社，2004.

[25] 陆丽娇．人文地理学概论．上海：华东师范大学出版社，1990.

[26] 张云飞．天人合一：儒学与生态环境．成都：四川人民出版社，1995.

[27] 姜振寰．技术学辞典．沈阳：辽宁科学技术出版社，1990.

[28]（美）唐纳德 · 沃特森，艾伦 · 布拉特斯，罗伯特 · 谢卜利．城市设计手册．刘海龙，郭凌云，

俞孔坚等译 . 北京：中国建筑工业出版社，2006.

[29]（挪）阿克塞尔 · 索姆 . 北欧地理 . 上海外国语学院柯英群小组译 . 上海：上海译文出版社，1986.

[30] 周淑贞 , 束炯 . 城市气候学 . 北京：气象出版社 , 1994.

[31] 俞滨洋 . 哈尔滨城市空间发展战略 . 哈尔滨：哈尔滨出版社 , 2003.

[32] 仇保兴 . 和谐与创新——快速城镇化进程中的问题、危机与对策 . 北京：中国建筑工业出版社，2006.

[33] 陈秉钊 . 可持续发展中国人居环境 . 北京：科学出版社 , 2003.

[34] 王鹏 . 城市公共空间的系统化建设 . 南京：东南大学出版社 , 2002.

[35] 马强 . 走向"精明增长"：从"小汽车城市"到"公共交通城市". 北京：中国建筑工业出版社，2007.

[36]（丹麦）扬 · 盖尔 , 拉尔斯 · 吉姆松 . 公共空间 · 公共生活 . 汤羽扬等译 . 北京：中国建筑工业出版社，2003.

[37] 中国地理学会 . 城市气候与城市规划 . 北京：科学出版社 , 1985.

[38] 张碧波 , 董国尧 . 中国古代北方民族文化史 . 哈尔滨：黑龙江人民出版社 , 1993.

[39] 刘念雄 , 秦佑国 . 建筑热环境 . 北京：清华大学出版社 , 2005.

[40]（英）詹克斯等 . 紧缩城市——一种可持续发展的城市形态 . 周玉鹏等译 . 北京：中国建筑工业出版社，2004.

[41] 尹思谨 . 城市色彩景观规划与设计 . 南京：东南大学出版社 , 2004.

[42] 杨嗣信 . 建筑节能设计手册：气候与建筑 . 北京：中国建筑工业出版社 , 2005.

[43] 宋德萱 . 建筑环境控制学 . 南京：东南大学出版社 , 2003.

[44] 朱颖心 . 建筑环境学 . 第 2 版 . 北京：中国建筑工业出版社 , 2005.

[45] 徐祥德等 . 城市化环境气象学引论 . 北京：气象出版社 , 2002.

[46]（日）都市环境学教材编辑委员会 . 城市环境学 . 林荫超等译 . 北京：机械工业出版社 , 2005.

[47] 邹经宇等 . 第五届中国城市住宅研讨会论文集（上下卷）——城市化进程中的人居环境和住宅建设 . 北京：中国建筑工业出版社 , 2005.

[48]（日）村上周三 . CFD 与建筑环境设计 . 朱清宇等译 . 北京：中国建筑工业出版社 , 2007.

[49] 王建国 . 现代城市设计理论和方法（第三辑）. 南京：东南大学出版社 , 2004.

[50]（美）克莱尔 · 库珀 · 马库斯 . 人性场所——城市开放空间设计导则 . 俞孔坚等译 . 北京：中国建筑工业出版社 , 2001.

[51] 江景波 , 叶伯初 , 奚正修 . 城市建设管理 . 上海：科学技术出版社 , 1993.

[52]（美）彭特 . 美国城市设计指南 : 西海岸五城市的设计政策与指导 . 庞玥译 . 北京：中国建筑工业出版社 , 2006.

[53]（日）伊藤真次 . 适应的机理 : 寒冷生理学 . 方爽译 . 北京 : 中国环境科学出版社 , 1990.

[54] William C. Rogers, Jeanne K.Hanson. The Winter City Book. Edina, Minnesota: Dorn Books, 1980.

[55] Norman Pressman, Xenia Zepic. Planning in Cold Climate——A Critical Overview of Canadian Settlement Patterns and Politics.Winnipeg: University of Winnipeg Press, 1986.

[56] Gary Gappert.The Future of Winter Cities.Newbury Park:Sage Publications, 1987.

[57] Norman Pressman.Reshaping Winter Cities——Concepts, Strategies and Trends. Ontario: University of Waterloo Press, 1985.

[58] Norman Pressman. Northern Cityscape: Linking Design to Climate.Ontario: Winter Cities Association, 1995.

[59] Jorma Mänty, Norman Pressman. Cities Designed for Winter.Helsinki: Building Book Li.Co., 1988.

[60] Szokolay, S.V. Environmental Science Handbook: For Architects and Builders. Lancaster: Construction Pr., 1980.

[61] Jan Gehl. Life Between Buildings: Using Public Space. 5th Edition. Copenhagen: The Danish Architectural Press, 2001.

[62] C.A.Doxiadis.Ekistics. London:Hutchinson &Co.Ltd., 1968.

[63] Fathy H.Natural Energy and Vernacular Architecture: Principles and Examples with Reference to Hot Arid Climates. Chicago: The University of Chicago Press, 1986.

[64] Collymore P. The Architecture of Ralph Erskine. Revised. London: Academy Editions, 1994.

[65] Schumacher, E. F. Small is Beautiful: A Study of Economics as if People Mattered. London: Blond and Briggs, 1973.

[66] Timothy Sullivaan, Sam Halterman, etc.Northern Comfort: Advanced Cold Climate Home Building Techniques. Anchorage: Alaska Craftsman Home Program, Inc., 1999.

[67] Sarah A.Lanier.Foreign to Familiar: A Guide to Understanding Hot and Cold–Climate Cultures. Hagerstown: McDougal Publishing, 2001.

[68] M. Rohinton Emmauel. An Urban Approach to Climate Sensitive Design: Strategies for Tropics. Abingdon: Spon Press, 2005.

[69] Thomas Herzog, Norbert Kaiser, Michael Volz. Solar Energy in Architecture and Urban Planning. New York: Prestel Verlag, 1996.

[70] Crowther, R.L.Sun/Earth:How to Apply Free Energy Sources to Our Homes and Buildings.Denver: Crowther Solar Group, 1977.

[71] M. Santamouris. Energy and Climate in the Urban Built–Environment.London: James & James Ltd., 2002.

[72] Szokolay, S.V. Introduction to Architectural Science: The Basis of Sustainable Design. Amsterdam: Elsevier Science, 2004.

[73] H.B.Frey. Designing the City–towards a More Sustainable Urban Form. London: E. & F.N. Spon Ltd., 1999.

[74] H.Rrchard. Climate Responsive Design. London:E. & F.N. Spon Ltd., 2000.

[75] Vladimir Matus, Wiley. Design for Northern Climates: Cold–Climate Plannig and Environmental Design. New York: Van Nostrand Reinhold, 1988.

[76] Jah Gehl, Lars Gamzøe. New City Space. Copenhagen: The Danish Architecture Press, 2001

[77] Joint Conference of Sustainable Building 2000 and Green Building Challenge 2000 Natural Resources Canada, 2001.

[78] 曾菊新 . 论新世纪适宜居住的城市观 . 经济地理 . 2001, 5:306-310.

[79] 李雪铭 , 刘敬华 . 我国主要城市人居环境适宜居住的气候因子综合评价 . 经济地理 , 2003, 9 : 656-659.

[80] 冷红 , 袁青 . 国际寒地城市运动回顾及展望 . 城市规划汇刊 .2003，6:81-85.

[81] 宋瑞芝 , 宋佳红 . 论地理环境对俄罗斯民族性格的影响 . 湖北大学学报（哲学社会科学版）, 2001, 1:82-85.

[82] 高胜恩，翟胜明 .70 年代以来美国国内人口迁移态势与成因分析 . 人口学刊 , 2000, 1: 22-26.

[83] 亓玫 . 瑞典如何缩小地区差距 . 理论前沿 , 2004, 16:48-49.

[84] 陶小兰 . 瑞典的城市规划 . 规划师, 2003, 10:123-124.

[85] 韩笋生 , 迟顺芝 . 加拿大城市化发展概况 . 国外城市规划，1995, 3: 12-14.

[86] 李玲 . 加拿大人口发展与人口迁移 . 人口与经济，1995, 5：57-60.

[87] 冯春萍 . 当前俄罗斯人口地理变动的新特点 . 人文地理，2002, 5：60-64.

[88] 杜立克 . 浅析俄罗斯远东地区的人口危机问题 . 内蒙古大学学报（人文社会科学版）,2003,7：97-101.

[89] 吴传清 . 概览世界城市群 . 中国城市化，2003, 2. http://www. curb.com.cn/dzzz/2003.02/0302zt01. htm.

[90] 王仲智 , 林炳耀 . 美国"阳光带"的崛起对中国西部城市化战略的启示 . 世界地理研究，2004, 6：40-45.

[91] 韩宇 . 美国中西部城市的衰落及其对策——兼议中国"东北现象". 东北师大学报（哲学社会科学版），1997, 5：41-48.

[92] 楼宇烈 . 一种协调个人与社会关系的理论——玄学的名教自然论 . 北京社会科学，1993, 2: 65-68.

[93] 俞孔坚 . 城市可持续发展的生态设计理论与方法 . 中国园林，1998, 5：21-22.

[94] 谢吾同，马丹 . 西方批判性地域主义建筑师述评 . 重庆建筑大学学报（社科版），2000, 3: 99-105.

[95] 沈克宁 . 批判的地域主义 . 建筑师，2004, 10：46-50.

[96] 冷红 . 寒地城市规划建设的生态理念探析 . 哈尔滨工业大学学报，2003, 5SUP: 10-13.

[97] 杨经文 , 单军 . 绿色摩天楼的设计与规划 . 世界建筑，1999, 2:21-29.

[98] 盛泉 . 芬兰能源保护计划 . 全球科技经济瞭望，1994, 3:33-34.

[99] 郭恩章 . 国外冬季城市的环境建设问题 . 国外城市规划，1992, 1:2-6.

[100] 徐永健 , 阎小培 . 城市地下空间利用的成功实例——加拿大蒙特利尔市地下城的规划与建设 . 城市问题，2000, 6:56-58.

[101] 张俊芳 . 北美大城市中心区步行街区的发展与规划 . 国外城市规划，1995, 2:43-47.

[102] 陈光明 , 中岗义介 , 苗冠峰 . 日本城市的地下街 . 北京工业大学学报，1995, 6:107- 114.

[103] 刘小平 . 生态与可持续的栖居——瑞典生态住区的实践 . 建筑，2002, 7:49-52.

[104] 刘念雄 . 论步行商业空间室内化 . 建筑学报，1998, 8:43-50.

[105] 冷红 , 袁青 . 巴黎的室内街 . 国外城市规划，2004, 11:88-91.

[106] 冷红 , 袁青 . 发达国家寒地城市规划建设经验探讨 . 国外城市规划，2003, 4: 60-66.

[107] 刘信昌，徐子良，吴怡青．日本国寒冷地域的道路路面及其技术动向．黑龙江交通科技，1999, 2:63-66.

[108] 厉永举，高一平，田保侠．日本札幌城市道路抗冻结路面铺设方法．内蒙古公路与运输，2001, 4: 16-17.

[109] 冷红，袁青．国外寒地城镇环境建设关键技术研究．哈尔滨工业大学学报，2007, 4：632-635.

[110] 张雯．美国的"精明增长"发展计划．现代城市研究，2001, 5:19-22.

[111] 田野．日本成功开发北海道的经验．全球科技经济瞭望，2000, 7:29.

[112] 高鉴国．加拿大城市化的历史进程与特点．文史哲，2000, 6:95-101.

[113] 刘虹，赵淑芝．东北地区区域经济发展问题研究．地理科学，1997, 2:120-126.

[114] 马树才，宋丽敏．我国城市规模发展水平分析与比较研究．统计研究，2003, 7:30-34.

[115] 周一星，孟延春．沈阳的郊区化——兼论中西方郊区化的比较．地理学报，1997, 4:289-299.

[116] 费移山，王建国．高密度城市形态与城市交通——以香港城市发展为例．新建筑，2004, 5:4-6.

[117] 战伟，孙玉庆，李晓冬．浅析哈尔滨市轨道交通建设与城市道路交通管理 // 中国建筑学会主编．新世纪的城市与交通发展——中国建筑学会城市交通规划学术委员会 2001 年年会暨第十九次学术讨论会论文集．北京：中国建筑学会，2002:229-233.

[118] 刘迁．国内城市快速轨道交通项目前期研究的发展．地铁与轻轨，2003, 2:1-5.

[119] 吕智敏．美国城市的文化建设．前沿，1998, 2: 60-63.

[120] 李长君，柴秋鹤，杨春凯．发挥城市触媒的作用 建设富于个性的城市．四川建筑，2001, 2: 9-14.

[121] 袁镔．注重技术、讲究实效、崇尚自然——德国生态村建设的启示．世界建筑，2002, 12: 18-21.

[122] 朱逊，杨维．哈尔滨城市冰雪景观研究 // 中国城市规划学会 2001 年会论文集，2001:184-187. http://ln.wanfangdata.com.cn/hylw/hylw.Articles/H050673/pdf/H050673034.pdf.

[123] 冷红，袁青．寒地城市夜景照明规划与设计．哈尔滨工业大学学报，2004, 11:1543-1546.

[124] 陈宏．改善城市热环境方法初探．武汉工业大学学报，2000, 11：58-60.

[125] 彭小云．城市区域微热环境及改善途径．城市问题，2007, 9：43-47.

[126] 孙成仁．寒地城市可持续规划策略．城乡建设，1998, 2:11-13.

[127] 陈海燕，贾倍思，S・加内桑（S. Ganesan）．紧凑住区：中国未来城郊住宅可持续发展的方向？建筑师，2004, 2:4-11.

[128] 王成超．加拿大城市可持续性发展战略及对我国的启示．中国人口・资源与环境，2004, 5:130-136.

[129] 冷红，郭恩章．气候城市设计对策研究．城市规划，2003, 9:49-54.

[130] 董靓，陈启高．户外热环境质量评价．环境科学研究，1995, 11:42-44.

[131] 唐鸣放，钱炜．太阳辐射影响下的城市户外热环境评价指标．太阳能学报，2003, 1:106-110.

[132] 林波荣，李莹等．居住区室外热环境的预测、评价与城市环境建设．城市环境与城市生态，2002, 2:41-43.

[133] 郭恩章．北方城市住区的外环境质量 // 张振藩．哈尔滨国际北方城市论坛，1998:180-182.

[134] 李晓锋，张志勤，林波荣，朱颖心．围合式住宅小区微气候的实验研究．清华大学学报，2003,

12：1638-1641.

[135] 佘庄，张辉 . 城市规划 CFD 模拟设计的数字化研究 . 城市规划，2007, 6:52-55.

[136] 冼京晖 , 倪振华 . 城市广场环境风场分析及控制 . 建筑科学与工程学报，2005, 6:79-82.

[137] 阎瑾，赵红红 . 亚热带地区气候环境特征及城市外部空间环境设计 . 华中建筑，2005, 6:127-130.

[138] 肯特 A. 罗伯特逊 . 美国城市市中心的步行活动 . 李芳译 . 国外城市规划，1996, 2:17-22.

[139] 徐苏宁 . 创作符合寒地特征的城市公共空间 . 时代建筑，2007, 6:27-29.

[140] 李军 , 叶卫庭 . 北美国家与中国在城市规划管理中的城市设计控制对比研究 . 武汉大学学报(工学版)，2004, 4:176-179.

[141] 金广君 . 美国城市设计导则介述 . 国外城市规划，2001, 2:6-10.

[142] 李翅 , 马赤宇 . 城市设计的控制引导及实践探讨 . 城市规划，2003, 3:73-78.

[143] 肖建莉 . 简论我国城市规划法制建设的演进 . 城市规划汇刊，1998, 5:23-27.

[144] 邓迪敏 . 对违法建设的法律思考 . 城市规划，2000, 10:14-17.

[145] 张萍 , 陈秉钊 . 城市规划法修订中的几个问题 . 城市规划汇刊，2000, 5:8-12.

[146] 刘奇志 , 凌利 . 城市规划管理技术规定编制工作探析 . 规划师，2004, 7:53-55.

[147] 秦佑国 . 国外生态住宅及其评估体系 . 中国环保产业，2004, 4:39-41.

[148] 张京祥 , 朱喜钢 , 刘荣增 . 城市竞争力、城市经营与城市规划 . 城市规划，2002, 8:19-22.

[149] 任致远 . 关于城市经营的几个观点 . 现代城市研究，2002, 1:2-6.

[150] 陈有川 , 朱京海 . 我国城市规划中公众参与的特点与对策 . 规划师，2000, 4:8-10.

[151] 周建军 . 公众参与——民主化进程中实施城市规划的重要策略 . 规划师，2000, 4: 4-8.

[152] 冷红 , 袁青 , 郭恩章 . 基于“冬季友好”的宜居寒地城市设计策略研究 . 建筑学报，2007, 9:18-22.

[153] 刘德明 . 寒地城市公共环境设计 . 哈尔滨建筑大学博士论文，1998.

[154] 贺勇 . 适宜性人居环境研究——“基本人居生态单元”的概念与方法 . 浙江大学博士学位论文，2004.

[155] 陈易 . 生态与人居 . 同济大学博士学位论文，1996.

[156] 咸真珍 . 寒地城市住宅小区室外物理环境规划设计对策研究 . 哈尔滨工业大学硕士论文，2004.

[157] K.Steinecke.Urban Climatological Studies in the Reykjavik Subarctic Environment, Iceland. Atmospheric Environment, 1999, 33: 4157-4162.

[158] Ingegärd Eliasson, Igor Knez, Ulla Westerberg Sofia Thorsson, Fredrik Lindberg. Climate and Behaviour in a Nordic City.Landscape and Urban Planning, 2007, 82:72-84.

[159] Jan Gehl. A Good City All Seasons.Winter Cities, 1992, 4:15-16.

[160] Shaogang Li. Users' Behaviour of Small Urban Spaces in Winter and Marginal Seasons, Arch.&Behav, 1994, 1：96-106.

[161] Peter Bosselmann, Edward Arens, etc. Urban Form and Climate. APA Journal, 1995, 2:226-239.

[162] Norman Pressman. Urban Design for the North. Winter Cities, 1992, 4:19-21.

[163] Mr. Leland Smithson. Winter Maintenance Technology and Practices——Learning from Abroad. Road

Management & Engineering Journal, 1997, 3. http://www.usroads. com/ journals/rmj/9703/rm970302.htm.

[164] Kent A.Robertson.Pedestrian Skywalks in Calgary, Canada. Cities, 1987, 3: 207–213.

[165] Barry Maitland. Hidden Cities: The Irresistible Rise of the North American Interior City. Cities, 1992, 3:162–169.

[166] Gordon B, Bonan. The Microclimates of a Suburban Colorado（USA）Landscape and Implications for Planning and Design. Landscape and Urban Planning, 2000, 49:97–114.

[167] Koen Steemers. Energy and the City: Density, Buildings and Transport. Energy and Buildings, 2003, 35:3–14.

[168] Hannah Badland, Grant Schofield. Transport, Urban Design, and Physical Activity: an Evidence–based Update. Transportation Research, 2005, 10:177–196.

[169] Ingegärd Eliasson.The Use of Climate Knowledge in Urban Planning. Landscape and Urban Planning, 2000, 48: 31–44.

[170] Vrishali Deosthali. Assessment of Impact of Urbanization on Climate: An Application of Bio–Climatic Index. Atmospheric Environment, 1999, 33: 4125–4133.

[171] F. Gómez, N. Tamarit, J. Jabaloyes. Green Zones, Bioclimatics Studies and Human Comfort in the Future Development of Urban Planning. Landscape and Urban Planning, 2001, 55: 151–161.

[172] D. Scherer, U. Fehrenbach, H.D. Beha, E. Parlow.Improved Concepts and Methods in Analysis and Evaluation of the Urban Climate for Optimizing Urban Planning Processes. Atmospheric Environment, 1999, 33: 4185–4193.

[173] Eleonora Sad de Assis, Anésia Barros Frota.Urban Bioclimatic Design Strategies for a Tropical City. Atmospheric Environment, 1999, 33： 4135–4142.

[174] S. Plemenka. Vernacular Architecture: a Lesson of the Past for the Future. Energy and Buildings, 1982, 1: 43–54.

[175] Sam C.M. Hui.Low Energy Building Design in High Density Urban Cities. Renewable Energy, 2001, 24:627–640.

[176] Madis Pihlak. Outdoor Comfort: Hot Desert and Cold Winter Cities. Arch.& Behav, 1994, 1:84–93.

[177] Ulla Westerberg. Climatic Planning–Physics or Symbolism. Arch. & Behav, 1994, 1:57–65.

[178] Norman Pressman. Sustainable Winter Cities:Future Directions for Plannng, Policies and Design. Atmosphere Environment, 1995, 3: 521–529.

[179] John Martin Evans, Silvia De Schiller.Application of Microclimate Studies in Town Planning: a New Capital City, an Existing Urban District and Urban River Front Development. Atmospheric Environment, 1996, 3:361–364.

[180] Theodore Stathopoulos, Hanqing Wu, John Zacharias. Outdoor Human Comfort in an Urban Climate. Building and Environment, 2004, 39:297–305.

[181] Arens, Edward, Peter Bosselmann. Wind Sun and Temperature–Predicting the Thermal Comfort of People in Outdoor Spaces. Building and Environment, 1989, 4:315–320.

[182] Paul Littlefair. Passive Solar Urban Design: Ensuring the Penetration of Solar Energy into the City.

Renewable and Sustainable Energy Reviews, 1998, 2:303–326.

[183] Paul Littlefair. Daylight, Sunlight and Solar Gain in the Urban Environment. Solar Energy, 2001, 3:177–185.

[184] F. Bourbia, H. B. Awbi. Building Cluster and Shading in Urban Canyon for Hot Dry Climate Part 2: Shading Simulations. Renewable Energy, 2004, 29:291–301.

[185] Ágnes Gulyás, János Unger, Andreas Matzarakis. Assessment of the Microclimatic and Human Comfort Conditions in a Complex Urban Environment: Modelling and Measurements.Building and Environment, 2006, 41:1713–1722.

[186] J. Teller, S. Azar. Townscope II–A Computer System to Support Solar Access Decision–Making. Solar Energy, 2001, 3:187–200.

[187] Fernando Oscar Ruttkay Pereira, Carlos Alejandro Nome Silva, Benamy Turkienikz. A Methodology for Sunlight Urban Planning: A Computer–Based Solar and Sky Vault Obstruction Analysis. Solar Energy, 2001, 3:217–226.

[188] Baruch Givoni, etc.Outdoor Comfort Research Issues. Energy and Buildings, 2003, 35:77–86.

[189] Elke Mertens. Bioclimate and City Planning: Open Space Planning. Atmospheric Environment, 1999, 33:4115–4123.

[190] Marialena Nikolopouloua, Spyros Lykoudis. Thermal Comfort in Outdoor Urban Spaces: Analysis Across Different European Countries. Building and Environment, 2006, 41: 1445–1470.

[191] Khandaker Shabbir Ahmed. Comfort in Urban Spaces: Defining the Boundaries of Outdoor Thermal Comfort for the Tropical Urban Environments. Energy and Buildings, 2003, 35:103–110.

[192] Sofia Thorsson, Maria Lindqvist, Sven Lindqvist. Thermal Bioclimatic Conditions and Patterns of Behaviour in an Urban Park in Göteborg, Sweden. Int J Biometeorol, 2004, 48:149–156.

[193] Lesley Arsenault, Jonna Weiss Reid. Changing the Climate of Planning. Welcoming Winter Conference, 2005. http://architectureandplanning.dal.ca/planning/download/WCReport.pdf.

[194] Sanja Durmisevic. The Future of the Underground Space. Cities, 1999, 4:233–245.

[195] Isaac G. Capeluto., A. Yezioro, E. Shaviv.Climatic Aspects in Urban Design——A Case Study, Building and Environment, 2003, 38:827–835.

[196] Marcel Bottema. Towards Rules of Thumb for Wind Comfort and Air Quality. Atmospheric Environment, 1999, 33:4009–4017.

[197] A. Labelle et al. Sector Design for Snow Removal and Disposal in Urban Areas. Socio–Economic Planning Sciences, 2002, 36:183–202.

[198] Laura E. Jackson. The Relationship of Urban Design to Human Health and Condition. Landscape and Urban Planning, 2003, 64:191–200.

[199] Khaled Abdelmonem Mancy.Sustainable Regionalism, Climate Responsiveness as a Regional Character Stimulus. Doctor of Philosophy in Architecture in the Graduate College of the Illinois Institute of Technology. Chicago, 2001.

后 记

本书是以我在哈尔滨工业大学建筑学院所作的博士论文为基础完成的。

中国国土面积广阔，不同的地理位置、自然环境、历史文化背景以及经济发展水平使得不同地域的城市在环境宜居性建设方面也面临着不同的问题。选择位于北方寒冷地区的城市作为自己的研究对象缘于我对于一直生活、学习和工作的这座城市——哈尔滨的热爱，它拥有多元的文化特色、雄厚的工业基础和美丽的城市风光，但是由于城市冬季漫长、气候寒冷，城市环境的宜居性受到了很大的影响，如何通过适应寒冷气候的城市规划与设计手段提高以哈尔滨为代表的寒冷地区城市环境的宜居性就成为我多年来深入思考和探索的重要课题。

特别感谢我的导师郭恩章先生在寒冷地区城市设计领域对我的引领，郭先生是国内最早一批派往国外从事城市设计研究的学者之一，一直在城市设计研究领域辛勤耕耘，并且卓有建树。郭先生尤其注重城市设计的地域性探索，多年来积极从事寒冷地区城市设计理论与实践方面的研究。先生严谨的治学作风和积极的工作态度都给我以潜移默化的熏陶，在此谨向导师郭恩章先生表示深深的谢意！无论是学术方面还是为人方面，先生的言传身教都使我终生受益。

感谢清华大学赵炳时先生、北京大学董黎明先生、天津大学荆其敏先生、重庆大学黄天其先生、东北师范大学徐效坡先生对论文的悉心评阅和指教。

感谢哈尔滨工业大学李桂文教授、张伶伶教授、梅洪元教授、徐苏宁教授、邹广天教授、刘德明教授、刘松茯教授，哈尔滨市城市规划局原局长张相汉先生，黑龙江省建筑设计研究院建筑大师陈浩荣先生等在博士论文开题及写作期间提出的宝贵意见。

感谢哈尔滨工业大学建筑学院诸位领导多年来对我工作和学习的大力支持。感谢城市规划系郭旭教授、赵天宇教授、程文教授以及陆明、郭嵘、刘晓光、邢军、赵志庆、吕飞、吴远翔、袁敬诚、赵丛霞、李罕哲、邱智勇、许大明等同事在我论文写作期间对我的支持，使我的论文得以顺利完成。感谢建筑系吴健梅副教授、资料室王宇女士以及城市规划研究所陈万军、田禹、姚雪松、王吉勇、刘晓燕、刘禹、王昊等提供的宝贵资料和帮助。

感谢中国建筑工业出版社第一图书中心的编辑徐冉女士一直以来为此书的顺利出版所付出的辛勤劳动，她对工作极为认真负责的态度令我十分感动。

感谢我的家人多年来对我学习和工作的支持。父母一直十分关心我的生活、工作和学业。兄嫂则在旅居英国期间百忙之中为我收集了大量宝贵的资料。我的先生袁青对于我的学习给予了极大的支持，不仅在我论文写作过程中分担了大量的家务，而且还为论文提出了许多宝贵的建议。活泼可爱的女儿伴随着我的论文写作从出生到一点点成长，更是带给我无尽的幸福和欢乐。家人浓浓的亲情和关怀使我在学习和工作中增加了无穷的动力，我对他们的感谢是无法用言语表达的。

衷心感谢所有曾经给予我帮助的人！

寒地城市环境研究是一项较为复杂的研究体系，涉及地理学、气候学、生态学、建筑学与城市规划、社会学、经济学、土木工程学、市政工程学等多个学科，本书旨在通过建立该项研究的体系框架，起到抛砖引玉的作用，希望以后可以对这一体系框架不断完善，并深入到内部，进入更深层次的研究。